Mathematik im Kontext

Reihe herausgegeben von
David E. Rowe, Mainz, Deutschland
Klaus Volkert, Köln, Deutschland

Die Buchreihe Mathematik im Kontext publiziert Werke, in denen mathematisch wichtige und wegweisende Ereignisse oder Perioden beschrieben werden. Neben einer Beschreibung der mathematischen Hintergründe wird dabei besonderer Wert auf die Darstellung der mit den Ereignissen verknüpften Personen gelegt sowie versucht, deren Handlungsmotive darzustellen. Die Bücher sollen Studierenden und Mathematikern sowie an Mathematik Interessierten einen tiefen Einblick in bedeutende Ereignisse der Geschichte der Mathematik geben.

Weitere Bände in der Reihe http://www.springer.com/series/8810

Dirk van Dalen · David E. Rowe

L. E. J. Brouwer: Intuitionismus

2. Auflage

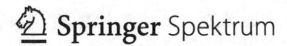 Springer Spektrum

Dirk van Dalen
Utrecht University
Utrecht, Niederlande

David E. Rowe
Institut für Mathematik
Johannes Gutenberg-Universität Mainz
Mainz, Deutschland

ISSN 2191-074X   ISSN 2191-0758   (electronic)
Mathematik im Kontext
ISBN 978-3-662-61388-7   ISBN 978-3-662-61389-4   (eBook)
https://doi.org/10.1007/978-3-662-61389-4

Die Deutsche Nationalbibliothek verzeichnet diese Publikation in der Deutschen Nationalbibliografie; detaillierte bibliografische Daten sind im Internet über http://dnb.d-nb.de abrufbar.

Planung/Lektorat: Annika Denkert
Springer Spektrum ist ein Imprint der eingetragenen Gesellschaft Springer-Verlag GmbH, DE und ist ein Teil von Springer Nature.
Die Anschrift der Gesellschaft ist: Heidelberger Platz 3, 14197 Berlin, Germany

Vorwort

Das vorliegende Buch enthält drei Arbeiten aus den 1920er-Jahren von L.E.J. Brouwer (1881–1966), dem Begründer des Intuitionismus. Die ersten zwei davon wurden erst nach seinem Tod in [Brouwer 1992] veröffentlicht, während die dritte zu seiner Lebenszeit in [Brouwer 1929] erschienen ist. Da das Buch [Brouwer 1992] längst vergriffen ist, kamen wir auf die Idee, einen Neudruck für die Reihe „Mathematik im Kontext" vorzubereiten. Angesichts der in den letzten Jahrzehnten stark anwachsenden historischen und philosophischen Literatur zu Brouwer[1] schien es uns angebracht, diese wichtigen Texte nochmals zugänglich zu machen.

Teil I dieses Buches besteht aus Brouwers im Jahre 1927 gehaltenen Berliner Gastvorlesungen. Inhaltlich stellen diese Vorlesungen die Ouvertüre zu einem erweiterten und vertieften Intuitionismus dar. Seine früheren Arbeiten dagegen sind gewissermaßen neutrale Konstruktionen zur Grundlage der zeitgenössischen Mathematik, d.h. sie sind im Wesentlichen Beschränkungen der Mathematik auf konstruktive Methoden (so wie E. Bishop dies später gemacht hat). Dabei deckte er manche Neues auf, z.B. die Feinstruktur des Kontinuums („Besitzt jede reelle Zahl eine Dezimalbruchentwicklung?" [Brouwer 1922]) und die Zerlegung mathematischer Grundbegriffe (konstruktive Analyse von Inklusion, Identität usw.).

Der Verlag Walter de Gruyter in Berlin erklärte sich bereit, diese Vorlesungen zu veröffentlichen, und eine erste Fassung derselben war schon 1927 fertig. Aber das Manuskript wurde niemals eingereicht. Vielleicht hatte der Ausgang des Grundlagenstreits im Jahre 1928 Brouwer die Lust genommen, das Büchlein fertigzustellen. Aber sein Hang zum Perfektionismus wird wohl auch mit im Spiel gewesen sein. Denn diese Berliner Gastvorlesungen sind immerhin noch bis zum Jahr 1934 wiederholt und gründlich von Brouwer revidiert worden. An einigen Stellen unterscheiden sich Erstfassung und die späteren Überarbeitungen ziemlich stark; in einigen Fällen wird deswegen die Urversion in den Anmerkungen am Ende des Textes wiedergegeben. Diese Stellen sind durch Ziffern in eckigen Klammern gekennzeichnet; diese Anmerkungen wie auch die andere Fußnoten sind im Übrigen bis auf einige klar erkennbare Ausnahmen alle von Brouwer.

Brouwer hatte sich eigentlich mehrmals vorgenommen, ein Buch zu schreiben. Schon 1915 wurde er von Wilhelm Blaschke eingeladen, ein Buch über „Ihre grundlegenden geometrischen Arbeiten" für Teubner zu verfassen. Obwohl Brouwer damals zögerte sich festzulegen, war er nicht abgeneigt, eine Übersicht über die damalige Topologie unter dem Titel „Neuere Untersuchungen über Analysis Situs" zu verfassen. Daraus aber wurde nichts [Dalen 2013, S. 252].

Teil II des vorliegenden Buches entstammt einem anderen Projekt von Mitte der 1920er-Jahre. Als Brouwer seine erste Reihe von Arbeiten zum Intuitionismus in *Mathematische Annalen* vollendete, plante er wohl eine Monografie über die Neubegründung der Theorie der reellen Funktionen. In seinem Nachlass befindet

---

[1]An dieser Stelle möchten wir auf folgende Arbeiten verweisen: [Stigt 1990], [Mancosu 1998], [Dummett 2000], [Hesseling 2003], [Dalen 2011], [Dalen 2013], [Rowe 2018], [Rowe u. Felsch 2019]. Für eine vollständige Bibliografie von Brouwers Arbeiten siehe [Dalen 2013].

sich jedenfalls ein Manuskript für eine größere Abhandlung, das ein vollständiges Kapitel über „Grundlagen aus der Theorie der Punktmengen" und einen Teil des zweiten Kapitels, „Hauptbegriffe über reelle Funktionen einer Veränderlichen", enthält. Das Manuskript ist handgeschrieben und versehen mit Korrekturen von Brouwer. Im Großen und Ganzen ist hierin der Aufbau der intuitionistischen Analysis einschließlich der elementaren Topologie euklidischer Räume und der Maßtheorie in einer Form dargelegt, wie sie schon in seinen Arbeiten von 1918 bis 1924 veröffentlicht worden war.

Ob Brouwer einen Vertrag für dieses Buchprojekt mit einem Verleger geschlossen hat, ist nicht bekannt. Wir wissen auch nicht, warum er die Arbeit an diesem Manuskript nicht weiter fortsetzte. Es sei jedoch angemerkt, dass er in der ersten Hälfte von 1924 noch mit dem Manuskript befasst war, als er seine Arbeit [Brouwer 1924] bei den *Mathematischen Annalen* einreichte. Wahrscheinlich war er davon überzeugt, dass er auf diesem Weg einen größeren Leserkreis erreichen konnte, weswegen er es vorzog, eine Reihe von Aufsätzen in den Annalen zu veröffentlichen. Auf jeden Fall war dies eine bedauerliche Entscheidung. Denn seine Darstellung der „Reellen Funktionen" war sehr detailliert und hätte ihm gewiss einige Leser mehr verschafft. Brouwer war ziemlich konservativ im Umgang mit Bezeichnungen und Symbolismen. In einzelnen Fällen ist daher seine Schreibweise modernisiert worden, z.B. indem wir die üblichen Durchschnitts- und Vereinigungssymbole eingefügt haben. Auch ist hier und da die Orthografie der heutigen Schreibweise angepasst worden.

Teil III bringt abschließend einen Neudruck von Brouwers Vortrag „Mathematik, Wissenschaft und Sprache", den er am 10. März 1928 in Wien gehalten hat. Dazu wurde er von seinen Freunden Felix Ehrenhaft und Hans Hahn eingeladen, und zwar im Namen des Komitees zur Veranstaltung von Gastvorträgen ausländischer Gelehrter der exakten Wissenschaften. Der Inhalt dieses Vortrags weicht stark von beiden vorherigen Werken ab, indem Brouwer direkt auf Fragen zur philosophischen Grundlage des Intuitionismus eingeht. Vier Tage später hielt er einen zweiten Vortrag zum Thema „Die Struktur des Kontinuums", dessen Inhalt dem der Berliner Gastvorlesungen näher steht. Leser und Leserinnen, die sich in erster Linie für Brouwers philosophische Ansichten interessieren, sind gut beraten, mit diesem Text zu beginnen.

Zum Schluss möchten wir unseren Kollegen Tilman Sauer und Duco van Straten dafür danken, dass sie die Idee eines Mainzer Brouwer-Symposiums im Mai 2018 gefördert und realisiert haben. Damals kamen wir mit ihnen, Jan van Mill und Teun Koetsier zusammen, ein fröhliches Treffen, aus dem dieses Buch sozusagen als Nebenprodukt entstanden ist. Übrigens bedanken wir uns bei Stella Schmoll vom Springer-Verlag wie auch bei Eva Kaufholz-Soldat, Natalia Poleacova und Dietlind Grüne für ihre Hilfe bei der Herstellung und Korrektur des Textes.

Dirk van Dalen
David E. Rowe

Inhaltsverzeichnis

Einleitung

Der Grundlagenstreit wurde im September 1920 durch Brouwers aufsehener-
regenden Vortrag [Brouwer 1921] auf der Naturforscherversammlung in Bad Nauheim eingeleitet. Otto Blumenthal war damals anwesend, wie auch bei einem Vortrag von Arthur Schoenflies „Zur Axiomatik der Mengenlehre" [Schoenflies 1921].
Danach traf Blumenthal mit den beiden Vortragenden zusammen, da er als ge-
schäftsführender Redakteur der *Mathematischen Annalen* ihre Texte gemeinsam
veröffentlichen wollte. Otto Blumenthal berichtete hierüber in einem Brief an Felix
Klein: „Schönflies' Arbeit soll dann unmittelbar neben Brouwers sehr anregenden
Vortrag über Zahlen, die nicht in Dezimalbrüche entwickelt werden können, gestellt werden, und ich hoffe, dass diese beiden Publikationen klar den Willen der
Redaktion betonen sollen, zu der neuen Krisis der Mengenlehre Stellung zu nehmen und Arbeiten darüber herauszufordern" [Rowe/Felsch, S. 120].

Einen Monat vor Brouwers Auftritt schrieb Blumenthal am 20. August 1920
an David Hilbert: „Ich hoffe doch sehr, dass Sie nach Nauheim kommen werden.
Von allem anderen abgesehen, halte ich die Auseinandersetzung mit Brouwers ‚In-
tuitionismus' für so wichtig, dass Sie dabei nicht schweigen sollten" [Rowe/Felsch,
S. 93]. Aus welchen Gründen auch immer entschied sich Hilbert dagegen. Blumen-
thal ließ ihn danach in einem Schreiben vom 16. September 1920 über Brouwers
Enttäuschung wissen: „Übermorgen fahre ich nach Nauheim, dann will ich noch für
ein paar [Tage] zu Brouwer nach Holland. Dieser ist auch schon enttäuscht, dass
Sie nicht nach Nauheim kommen und dort Ihren angekündigten Vortrag halten"
[Rowe/Felsch, S. 98].[2]

Weniger als ein Jahr später brach ein regelrechter Kampf zwischen Brouwer
und Hilbert aus, entfacht durch Hermann Weyls polemischen Aufsatz „Über die
neue Grundlagenkrise in der Mathematik" [Weyl 1921]. Dort warnte er vor der
„drohenden Auflösung des Staatswesens der Analysis" und appellierte an die jün-
gere Generation, indem er auf die neue Richtung hinwies: „Brouwer – das ist die
Revolution!". Es gab allerdings ein anderes Stichwort, das Weyl schon in einem
Streit mit Georg Pólya ins Spiel brachte, und zwar „Ehrlichkeit". In seinem Text
verweist er auf die „halb und dreiviertel ehrlichen Selbsttäuschungsversuche", welche als „Erklärungen von berufener Seite" für die Antinomien innerhalb der Mengenlehre ausgegeben werden. Diese hätten die Absicht, einen falschen Eindruck zu
erwecken, indem sie die Ernsthaftigkeit der Lage dementieren. Man soll glauben,
so Weyl, es handele sich um Grenzstreitigkeiten, die „nur die entlegensten Provin-
zen des mathematischen Reichs angehen und in keiner Weise die innere Solidität
und Sicherheit des Reiches selber, seine eigentliche Kerngebiete gefährden können".
Dies sei aber nicht der Fall, denn „in der Tat: jede ernste und ehrliche Besinnung
muss zu der Einsicht führen, dass jene Unzuträglichkeiten in den Grenzbezirken
der Mathematik als Symptome gewertet werden müssen; in ihnen kommt an den

---

[2]Ob Hilbert tatsächlich einen Vortrag öffentlich angekündigt hatte, scheint allerdings unklar
zu sein; auf jeden Fall stand er nicht auf der Liste der vorangemeldeten Redner im *Jahresbericht
der Deutschen Mathematiker-Vereinigung*.

© Springer-Verlag GmbH Deutschland, ein Teil von Springer Nature 2020
D. van Dalen und D. E. Rowe, *L. E. J. Brouwer: Intuitionismus*, Mathematik
im Kontext, https://doi.org/10.1007/978-3-662-61389-4_1

Tag, was der äusserlich glänzende und reibungslose Betrieb im Zentrum verbirgt: die innere Haltlosigkeit der Grundlagen, auf denen der Aufbau des Reiches ruht".

Weyls vorübergehende Bekehrung zum Intuitionismus war sicherlich dramatisch, zumal dieselbe kaum anders als ein offener Bruch mit Hilbert gedeutet werden konnte. In einem Brief an Klein schrieb er ganz offen, wie stark er von Brouwers Persönlichkeit angezogen war: „Brouwer ist ein Mensch, den ich von ganzer Seele lieb habe. Ich habe ihm jetzt in Holland in seinem Heim besucht, und das einfache, schöne, reine Leben, an dem ich dort ein paar Tage teilnahm, bestätigte mir ganz und gar das Bild, das ich mir von ihm gemacht."[3] Weyl gab seinen früheren Versuch [Weyl 1918], das Kontinuum zu erfassen, preis, um sich Brouwers allgemeinen Ansichten anzuschließen. So bekannte sich Weyl zu Brouwers schon längst bestehender Auffassung, dass das unbeschränkte *tertium non datur* keine Legitimation in mathematischen Beweisen besäße, ein Bekenntnis, das Brouwer sicherlich als einen Ausdruck der Ehrlichkeit betrachtete. Noch mehr, Brouwer lehnte jegliche Art allgemeiner Existenzbeweise als bedeutungslos für die Mathematik ab.

Ein Jahr später beendete Hilbert sein Schweigen mit einem heftigen Gegenangriff in seiner Hamburger Rede über eine „Neubegründung der Mathematik" [Hilbert 1922]. Er gab nicht zu, dass die Mathematik sich in einer Krisenlage befand. Denn Brouwer sei nicht die Revolution, wie Weyl meinte, sondern „nur die Wiederholung eines Putschversuches mit alten Mitteln", und dieser sei „von vorherein zur Erfolgslosigkeit verurteilt" [Hilbert 1922, S. 160]. Brouwer vermied eine Zeit lang derartig polemisch gefärbte Ausdrücke, bis er seine bissige Kritik in [Brouwer 1928] veröffentlichte.[4]

Diese Ereignisse und Streitigkeiten standen im Hintergrund, als Brouwer zu einer Vortragsreihe über Intuitionismus nach Berlin eingeladen wurde. Er begann seine Vorlesungen im Januar 1927, und sie dienten in der Folge als Muster für weitere Vortragsreihen, die er in Genf (1934) und Cambridge (ab 1946) gehalten hat. Es lohnt sich in diesem Zusammenhang einige zentrale Probleme zu beschreiben, die für die Entstehung von Brouwers Grundauffassungen wichtig waren. Hier gehen wir kurz auf die Wurzeln seiner Ideen ein, die schon zur Zeit der Dissertation [Brouwer 1907] sichtbar waren.

Seit Georg Cantor 1883 das Wohlordnungsproblem formulierte, ist die Wohlordnung des Kontinuums stets der Prüfstein der mengentheoretischen Grundlagen gewesen. Auch nach Zermelos Beweis des Wohlordnungssatzes im Jahre 1904 gab es noch Mathematiker, die diesem Beweis inhaltliche Bedeutung absprachen. Zu diesen gehörten nicht nur E. Borel und H. Poincaré, sondern auch Brouwer. In seiner Dissertation behauptete er:

> Nun wissen wir, daß es außer den abzählbaren Mengen, wofür der Satz *bestimmt gilt*, nur noch das Kontinuum gibt, wofür der Satz *bestimmt nicht gilt*, zunächst weil man den größten Teil der Elemente des Kon-

[3]Weyl an Klein, 15. November 1920, Nachlass Klein, SUB Göttingen, XII: 296.

[4]Zur weiteren Entwicklung des Grundlagenstreits siehe [Dalen 2013, S. 491–601]; zur Rezeption des Intuitionismus siehe [Hesseling 2003].

tinuums als unbekannt betrachten muß und man sie deshalb am aller-
wenigsten individuell ordnen kann, und dann, weil alle wohlgeordneten
Mengen abzählbar sind. [Brouwer 1907, S. 153]

In Brouwers frühen Arbeiten sind mit „Intuitionisten" fast immer die Franzo-
sen, also Borel, Poincaré usw. gemeint. In seiner Antrittsvorlesung „Intuitionismus
und Formalismus" [Brouwer 1912] bezeichnete er dann seine eigene Richtung als
Neu-Intuitionismus. (Es bedurfte eines nicht geringen Maßes an Selbstbewusst-
sein, um von „Neu-Intuitionismus" zu sprechen, in einer Zeit, als er noch dessen
einziger Vertreter war!) Die erste Fassung der Berliner Gastvorlesungen verwendet
noch die Bezeichnung „Neu-Intuitionismus", aber bei den Korrekturen wurde das
„Neu-" systematisch gestrichen.

Brouwers Ansichten über das Kontinuum änderten sich allerdings allmählich. Am Anfang war er der festen Meinung gewesen, wie alle damaligen (Semi-
und Voll-)Konstruktivisten, dass Funktionen und Folgen durch Gesetze bestimmt
werden müssten („die reellen Zahlen des Intuitionisten, bestimmt durch endliche
Konstruktionsgesetze" [Brouwer 1912, S. 92]). Aber schon in [Brouwer 1914], seiner
Rezension von Schoenflies' „Die Entwicklung der Mengenlehre", trifft man Betrachtungen über „Fundamentalreihen von Auswahlen unter den endlichen Zahlen" an.
1916 führte er dann in einer Vorlesung über Punktmengen Wahlfolgen explizit ein.
Der Begriff einer Wahlfolge nahm danach einen zentralen Platz in Brouwers Ver-
ständnis des Kontinuums ein. Eine Wahlfolge besteht aus einer Folge natürlicher
Zahlen, die keinem Gesetz unterstellt sind. Die Konstruktivisten betrachteten vor-
zugsweise unendliche gesetzmäßige Folgen, aber Brouwer wollte sich in Ergänzung
dazu ein mathematisches Universum vorstellen, in dem das menschliche Poten-
zial zur freien Schöpfung von unendlichen Reihen zugelassen sein sollte (vergl.
[Brouwer 1925]).

In der historischen Einführung zu seinen Berliner Gastvorlesungen verweist
Brouwer auf die zentrale Rolle von Wahlfolgen für das, was er *die zweite Handlung
des Intuitionismus* nennt. Hier ist die Rede von „der Selbstentfaltung der mathematischen Ur-Intuition zur *Mengenkonstruktion*". Diese trägt, so Brouwer, „das
ganze Gebäude der intuitionistischen Mathematik". Was *die erste Handlung des
Intuitionismus* betrifft, stehe diese für „die rückhaltslose Loslösung der Mathematik von der mathematischen Sprache und dementsprechend von der sprachlichen
Erscheinung der theoretischen Logik". In seinen Cambridge Lectures wird diese
erste Handlung folgendermaßen ausgedrückt:

Completely separating mathematics from mathematical language and
hence from the phenomena of language described by theoretical logic,
recognizing that intuitionistic mathematics is an essentially languageless
activity of the mind having its origin in the perception of a move of time.
This perception of a move of time may be described as the falling apart
of a life moment into two distinct things, one of which gives way to the
other, but is retained by memory. If the twoity thus born is divested of
all quality, it passes into the empty form of the common substratum of

all twoities. And it is this common substratum, this empty form, which is the basic intuition of mathematics. [Brouwer 1981, S. 4–5]

Nachdem Brouwer die Wahlfolgen eingeführt hatte, kehrte er zu seinen früheren philosophischen Überlegungen zurück. Wie man in seinem Wiener Vortrag „Mathematik, Wissenschaft und Sprache" nachlesen kann, wurzeln die Wahlfolgen in den sogenannten kausalen Folgen, die im Geiste des einzelnen Menschen erzeugt werden können. Überlegungen dieser Art findet man schon in den Fragmenten der Dissertation, die von Brouwers Doktorvater abgelehnt worden waren (vgl. [Stigt 1979], [Dalen 2013, S. 77–117]).

Dieser Erzeugungsprozess führt zu Brouwers Begriff der natürlichen Zahlen. Das hierzu gehörige Urphänomen ist nach Brouwer die Intuition von Zeit, welche die Iteration von „Ding in der Zeit" zu noch ein „Ding" möglich macht. Dieses Phänomen liegt eigentlich außerhalb der Mathematik. Denn eine Sensation kann in konstituierende Eigenschaften gespalten werden, sodass ein Einzelmoment des Lebens wie eine Reihe qualitativ verschiedener Erlebnisse betrachtet wird, die sich dann im Intellekt als *observierte* mathematische Reihen vereinigen. Brouwer behauptet, dass das Subjekt aus nachfolgenden Eindrücken einen neu zusammengestellten Eindruck schafft; dies sei die Urform von „zwei". Übrigens kann das Subjekt zu ursprünglichen Eindrücken zurückkehren. Durch Wiederholung dieses Verfahrens wird die nachfolgende Zahl, 3, hervorgerufen. Hinzu kam das Prinzip der natürliche Induktion: Wenn es uns gelingen soll, eine Eigenschaft einer beliebigen natürlichen Zahl n auf die nächstfolgende Zahl $n + 1$ zu übertragen, dann gilt diese Eigenschaft für alle natürliche Zahlen. Auf diese Weise konnte Brouwer die Gesamtheit aller natürlichen Zahlen behandeln.

Nach dem Krieg fing Brouwer an, eine Reihe neuer intuitionistischer Ideen zu entwickeln, die zur Begründung der reellen Analysis dienen sollten. Dabei musste er einen neuen Stetigkeitsbegriff konzipieren, welcher zu Funktionen passt, die auf das neue Kontinuum definiert sind. Im ersten Teil der großen Arbeit „Begründung der Mengenlehre unabhängig vom logischen Satz vom ausgeschlossenen Dritten" [Brouwer 1918] wurden schon *Mengen* und *Spezies* eingeführt und die Nichtabzählbarkeit der Menge aller Zahlenfolgen mithilfe seines Stetigkeitsprinzips bewiesen. Dieses besagt, dass, wenn es eine Zuordnung von natürlichen Zahlen zu Wahlfolgen von natürlichen Zahlen gibt, dann gibt es für jede Wahlfolge ein Anfangsstück, sodass allen Fortsetzungen dieses Anfangsstückes dieselbe Zahl zugeordnet wird.

Erst im Jahre 1923 gewann Brouwer Klarheit in Bezug auf die Frage der Stetigkeit reeller Funktionen. In einer Reihe von Arbeiten [Brouwer 1923, 1925, 1926, 1927] präzisierte er allmählich seinen Beweis der gleichmäßigen Stetigkeit der reellen Funktionen auf einem geschlossenen Intervall. Die Beweise stützen sich auf sein Stetigkeitsprinzip wie auch eine Form von transfiniter Induktion, die seit S.C. Kleenes Arbeiten *Bar Induction* genannt wird. Die in Teil I und II wiedergegeben Werke Brouwers enthalten Beweise für diesen Stetigkeitssatz, während die Berliner Gastvorlesungen zwei unmittelbar Folgerungen daraus geben, nämlich die Unzerlegbarkeit des Kontinuums und den Heine-Borel'schen Satz. In diesen Vorlesungen nahm er auch das Ordnungsproblem des Kontinuums wieder in Angriff und nutzte seinen Stetigkeitssatz, um mathematisch streng zu zeigen, dass es überhaupt keine Ordnung des Kontinuums geben kann. Etwas präziser: Es gibt keine Ordnung mit der Trichotomie-Eigenschaft: $a < b$ oder $b < a$ oder $a = b$. Merkwürdigerweise veröffentlichte Brouwer einen Beweis dieses Satzes erst in [Brouwer 1950].

Anstatt sich mit einer Form von Ordnung zufriedenzugeben, die schwächeren Axiomen genügt, wie dies die heutige konstruktive Mathematik tut, suchte Brouwer doch eine „natürliche" Ordnung des Kontinuums zu finden, die so stark wie irgend möglich wäre. Seine Lösung war die sogenannte „virtuelle Ordnung", die man einfach als $\neg\neg a < b$ definieren kann. Diese war die bestmögliche Ordnungserweiterung der natürlichen Ordnung, denn Brouwer konnte 1927 zeigen, dass die virtuelle Ordnung unerweiterbar ist, und auch umgekehrt: Jede unerweiterbare Ordnung muss virtuell sein. Sein Beweis war allerdings keineswegs durchsichtig. Später hat er seine Resultate angezweifelt und eine Modifikationen vorgeschlagen [Brouwer 1975, S. 596]. E. Martino konnte aber doch zeigen, dass sich Brouwers ursprüngliche Argumente aufrechterhalten lassen, wenn man einen modelltheoretischen Standpunkt systematisch einnimmt [Martino 1988]. Der Wunsch Brouwers, die (partielle) Ordnung des Kontinuums so weit wie möglich auszudehnen, hat ihn dazu veranlasst, fast immer in seinen Betrachtungen die virtuelle Ordnung zu benutzen. Leider hat dies die Eleganz seiner Darstellung negativ beeinflusst. Seit der Erscheinung von Heytings Monografie [Heyting 1956] hat sich die natürliche positive Ordnung durchgesetzt.

Die Wandlung in Brouwers Denken in Zusammenhang mit dem Kontinuum spiegelte sich auch in seinen Ansichten zur Rolle des klassischen Kontinuums wider. Am Anfang war er der Meinung, das klassische Kontinuum umfasse viel mehr als das konstruktive Kontinuum. Insbesondere erkannte er nur individuelle reelle Zahlen als konstruktiv gegeben an, die durch Gesetze bestimmt waren. Das klassische Kontinuum dagegen enthielt auch nicht gesetzmäßige reelle Zahlen.

Nachdem er das Kontinuum mithilfe seiner Wahlfolgen neu gestaltet hatte, war Brouwer geneigt, das klassische Kontinuum als den gesetzmäßigen Teil des intuitionistischen Kontinuums zu betrachten. Die Gesamtheit der gesetzmäßigen reellen Zahlen nannte er das *reduzierte Kontinuum*. In seinen „Addenda and corrigenda on the role of the principium tertii exclusi in mathematics" [Brouwer 1951] sprach er tatsächlich vom „klassischen Kontinuum". Man beachte, dass das reduzierte Kontinuum für Intuitionisten nicht sehr attraktiv war, weil es nur eine Spezies und keine Menge war. Letzteres erklärt vielleicht, warum Brouwer sich die Mühe gab, das volle und das reduzierte Kontinuum verschiedentlich getrennt zu behandeln. Damit hat er, vom heutigen Standpunkt aus betrachtet, teilweise die von Bishop und Markov entwickelte Mathematik vorweggenommen.

Als in den Sechzigerjahren Kleene, Kreisel und Myhill ihre Formalisierungen der intuitionistischen Analysis veröffentlichten, war einer der Streitpunkte die Frage, ob gesetzmäßige Reihen (Funktionen) als primitive Objekte akzeptiert werden sollten. Wie man sehen kann, hat Brouwer in den Berliner Gastvorlesungen die gesetzmäßigen Reihen (und reellen Zahlen) als primitiv betrachtet. Schon in [Brouwer 1918] verwendete er „Gesetz" ohne weitere Spezifizierung. Man könnte darüber spekulieren, ob Brouwer, wenn er den Begriff „rekursive Funktion" frühzeitig gekannt hätte, die Benennungen „gesetzmäßig" und „rekursiv" identifiziert hätte – oder sogar von Wahlfolgen abgesehen hätte. Aufschluss über diese Fragen ist nicht zu verschaffen, da keine Äußerungen Brouwers dazu überliefert worden sind; jedoch kann man ruhig sagen, dass seine philosophischen Anschauungen es als fast unumgänglich erscheinen lassen, dass sein Intuitionismus ihm zu Wahlfolgen führen musste. Nebenbei sei bemerkt, dass Brouwer aus erster Hand über die Vorgänge im Bereich der rekursiven Funktionen informiert war, denn Church und später auch Kleene haben ihn in Amsterdam besucht.

Man findet in den Berliner Gastvorlesungen wie auch in Brouwers Wiener Vorträgen Spuren von der Idee eines *schöpfenden Subjekts* (*scheppende subject* (Holländisch), *creating subject*). Explizit tauchte dieser Begriff allerdings zum ersten Mal in [Brouwer 1948a] auf, aber mit der Erwähnung, dass er schon seit 1927 in Vorlesungen und Vorträgen davon gesprochen habe. Das schöpfende Subjekt, wie es ab 1948 in Brouwers Arbeiten auftritt, empfindet die Wahrheit oder Unwahrheit von Aussagen (auf Holländisch *„de waarheid blijkt hem"*, also „die Wahrheit zeigt sich ihm"), und seine mathematische Tätigkeit wird durch dieses „Empfinden" (mit-)bestimmt. Nach der Auffassung Brouwers „gibt [es] keine nicht-empfundene Wahrheit" [Brouwer 1948b] für Intuitionisten.

Schon in „Die Unzuverlässigkeit der logischen Prinzipien" [Brouwer 1908] hatte Brouwer Gegenbeispiele für das *Principium tertii exclusi* gegeben. In späteren Arbeiten hat er dann ausgiebig *schwache Gegenbeispiele* benutzt, mittels denen er die Lösbarkeit einer bestimmten mathematischen Aufgabe auf die eines elementaren ungelösten Problems zurückführte. Typisch für solche elementaren Problemen sind z.B.: „Es gibt in der Dezimalbruchentwicklung von π eine Folge der Ziffern 0, 1, 2, 3, 4, 5, 6, 7, 8, 9" oder „Es gibt einen letzten Primzahlzwilling". Die Frage, ob es einen letzten Primzahlzwilling gibt oder stattdessen unendlich viele Primzahlzwillinge, entzieht sich unserem heutigen Wissen; daher spricht man in diesen Fällen oft von Allwissenheitsaussagen. Die schwachen Gegenbeispiele zeigen allerdings nur, dass man nicht annehmen darf, dass etwas eintritt, aber auch nicht, dass dies ausgeschlossen sei.

Als Brouwer dann einmal den Stetigkeitssatz bewiesen hatte, verfügte er aber auch über starke Gegenbeispiele oder, anders gesagt, er konnte klassische Theoreme widerlegen. Das einfachste Beispiel ist „Jede reelle Zahl ist entweder rational oder irrational". Denn, wenn dies stimmen würde, könnte man eine stetige Funktion f definieren mit $f(x) = 0$, wenn x rational ist, und $f(x) = 1$ für irrational x. Diese Funktion kann aber nicht stetig sein, weil sie sonst zu einer Zerlegung des Kontinuums führen würde, was nach intuitionistischen Prinzipien unmöglich ist. Brouwer führte in den Berliner Gastvorlesungen nicht nur solche starken Gegenbeispiele ein, sondern er begann auch, diese Methode der Zurückführung auf unzulässige Aussagen zu systematisieren. Weil Brouwer die inhaltliche Bedeutung der klassischen Mathematik nicht anerkennen konnte, war für ihn das Verhalten der klassischen Mathematik gegenüber der intuitionistischen nicht besonders interessant. Es gibt z.B. keinerlei Indiz, dass er auf die Gödel-Gentzen'schen Einbettungssätze der klassischen Logik (Arithmetik) in die intuitionistische Logik reagiert habe.

Brouwers Auftritte 1927 in Berlin und ein Jahr später in Wien stellten einen letzten Höhepunkt in seiner Karriere dar. Bald danach verschärfte sich der Konflikt mit Hilbert, der über die Einmischung Brouwers in der Auseinandersetzung zwischen deutschen Mathematikern in Bezug auf die Teilnahme am bevorstehenden Internationalen Kongress in Bologna besonders aufgeregt war. Hilbert nahm zunächst nicht öffentlich Stellung dazu, aber bald danach setzte er Brouwers Entfernung aus der Redaktion der *Mathematischen Annalen* durch. Nach einem harten, aber aussichtlosen Kampf zog sich Brouwer weitgehend von der mathematischen Öffentlichkeit zurück. So gerieten zwar langsam seine ureigenen philosophischen Ideen in Vergessenheit, aber seine neuen Ansätze lebten noch weiter und festigten sich in Form der modernen intuitionistischen Logik.

Teil I

Berliner Gastvorlesungen

Kapitel I.1

Historische Stellung des Intuitionismus

Der Intuitionismus hat seine historische Stellung im Rahmen der Geschichte der Anschauung *erstens* über den Ursprung der mathematischen Exaktheit; *zweitens* über die Umgrenzung der als sinnvoll zu betrachtenden Mathematik [1]. In dieser Geschichte sind hauptsächlich drei Perioden zu unterscheiden:

Erste Periode: Bis weit in das 19. Jahrhundert hinein hat man an die Existenz einer aussersprachlichen, und ausserlogischen, Mathematik der Zeit und (unabhängig davon) des Raumes geglaubt, deren Exaktheit man aber jedenfalls in einem *grösseren* wissenschaftlichen Lehrgebäude nur so aufrechterhalten könnte, dass man einige einfache oder mit der erreichten Approximation als reell empfundene Wahrheiten sprachlich registrierte und in dieser Weise exakt festlegte und sich dann, in von anschauender Empfindung gelenkten Überlegungen, mittels der vier aristotelischen Spezies zu einer Theorie, d.h. zu einem System von komplizierten Wahrheiten erhob. Wir nennen diesen Standpunkt kurz den *kantischen* Standpunkt, den wir je nachdem die betreffende Theorie die Eigenschaften der Zeit und des Raumes angeblich genau beschreibt oder auf Grund eines kategorischen Imperativs zur Exaktheit idealisiert, als den *deskriptiven* bezw. den *korrektiven* kantischen Standpunkt bezeichnen.

Die kantische Periode hat sich damit aufgelöst, dass infolge der von der Nichteuklidischen Geometrie bis zur Relativitätstheorie sich erstreckenden Entdeckungen, mit dem in erster Linie die Namen Lobatchefsky, Bolyai, Riemann, Cayley, Klein, Hilbert und Einstein verbunden sind, die selbständige Existenz der kantischen Raumlehre oder Geometrie zusammenbrach, die Mathematik sich auf die Zahlenlehre zusammenzog, und die alte Geometrie in eine Teildisziplin dieser (exakten) Zahlenlehre und in eine Teildisziplin der (nie exakten) beschreibenden Naturwissenschaften zerlegt wurde.

© Springer-Verlag GmbH Deutschland, ein Teil von Springer Nature 2020
D. van Dalen und D. E. Rowe, *L. E. J. Brouwer: Intuitionismus*, Mathematik im Kontext, https://doi.org/10.1007/978-3-662-61389-4_2

Zweite Periode: Die bei diesem Prozess der „Arithmetisierung der Geometrie" erzielten Erfolge[1] des *sprachlichen Verfahrens*, d.h. des jeden aussersprachlichen Sinn ausser Acht lassenden Studiums der sprachlichen Wirkung der vier aristotelischen logischen Spezies bei den Verkettung mathematischer Aussagen, haben die *altformalistische Schule* (Dedekind, Peano, Russell, Couturat, Hilbert, Zermelo) dazu ermutigt, den kantische Standpunkt vollständig aufzugeben, und bis auf einen (aussersprachlichen) Zweckmässigkeitsanlass, alles aussersprachliche und ausserlogische aus der Mathematik auszuschalten. Die Hoffnung, für die alt-formalistische Mathematik den Schlussstein in der Form eines Widerspruchfreiheitsbeweises zu finden, ist übrigens nie in Erfüllung gegangen [2].

Ganz anders orientiert war die *prae-intuitionistische Schule* (Kronecker, Poincaré, Borel, Lebesgue), welche für die Konstruktion der natürlichen Zahlen und das Prinzip der vollständigen Zahleninduktion den deskriptiven kantischen Standpunkt beibehalten hat, der eine von Sprache und Logik unabhängige Exaktheit postuliert, also der Widerspruchsfreiheit ohne logischen Beweis a priori sicher ist. Für die Einführung des Kontinuums hat sie den Mut dazu nicht gehabt; „das gegebene" mathematische Kontinuum entsprach nicht einer aussersprachlichen, mithin ausserlogischen intuitiven Konstruktion, sondern wurde auf Kosten der ausserlogischen Existenzsicherheit eingeführt entweder mittels (mit der Spezies der rationalen Zahlen vorgenommen logische Operation, z.B. der Erschaffung der Spezies aller konvergenten Fundamentalreihen rationaler Zahlen, oder der „Potenzspezies" der Spezies der rationalen Zahlen[2], oder mittels unmittelbare Evidenz mehr oder weniger entbehrender Axiome unter denen besonders das Vollständigkeitsaxiom durch Mangel an Anschaulichkeit hervortritt.[3]

Weil diese prae-intuitionistischen Überlegungen teilweise nicht auf anschauliche Empfindung beruhen, genügen sie weder der korrektiv-kantischen noch der deskriptiv-kantischen Forderung.

Auch bei den auf die Einführung folgenden mathematischen Herleitungen (sowohl im Bereiche der natürlichen Zahlenreihe, wie im Kontinuum) wird vom Prae-Intuitionismus fortwährend die Logik (inklusive des principium tertii exclusi) vertrauensvoll angewandt, obgleich seit der Entdeckung logischer Antinomien auf verwandte Gebieten, diese Herleitungen als ungeschützt gegen Widersprüche betrachtet werden müssen [4].

---

[1]Diese Erfolge waren der Reihe nach: 1. Aufhebung des aprioristischen Charakters für den euklidischen dreidimensionalen Raum. 2. Realisierung von verschiedenen logisch konstruierten axiomatischen Räumen als verallgemeinerte Zahlenräume und Ausbleiben anderweitiger Realisierungen derselben. 3. Herleitung der *Notwendigkeit* des arithmetischen Charakters der eingeführten axiomatischen Räume.

[2]Derartige Spezies erhalten nur durch die Gewalt der Logik (welche implizite andere als mathematische Erzeugungsmethoden zulässt) mehr als abzählbar-unfertigviele fertige (wie sie ausschliesslich in der betreffenden Schule anerkannt werden) Elemente [3].

[3]Inwiefern bei irgend einer dieser axiomatischen Grundlagen gewisse massgebende Axiome sich letzten Endes auf das principium tertii exclusi zurückführen lassen, bleibe hier dahingestellt.

Eine auf das Abzählbar-Unendliche beschränkte Mathematik hat die *neuformalistische Schule* (Hilbert, Bernays, Ackermann, v. Neumann) aufgebaut, und zwar in der Form einer, im Unterschied zur alt-formalistischen Schule *in confesso* die Intuition der natürlichen Zahlen brauchenden, mit gewissen Verknüpfungsregeln unterworfene Symbolen arbeitenden Theorie des sprachlichen Bildes der mathematischen Aussagen und Beweisen, wobei den Umstand, dass eine exakte bezw. zuverlässige Verbindung zwischen diesen sprachlichen Konstruktionen und der wirklichen Mathematik weder besteht noch herstellbar ist, ausser Betracht bleibt.

Zusammenfassend war am Ende der zweiten Periode die Sachlage diese, dass die exakte Existenz der natürlichen Zahlen und die absolute Zuverlässigkeit und Widerspruchslosigkeit der Theorie der natürlichen Zahlen aussersprachlig der Mathematik zugrunde gelegt wurden; dass man aber für die Theorie der kontinuierlichen Mathematik unter Vernachlässigung der Existenzsicherheit mittels logischer bezw. sprachlicher Studien die Folgerichtigkeit zu sichern suchte; dass ein Beweis der Widerspruchslosigkeit der kontinuierlichen Mathematik ausstand; und dass in den ganzen Zahlenlehre die vier aristotelischen Spezies als verwendbar zur Aufdeckung von exakten Wahrheiten betrachtet wurden.

Dritte Periode: In diese Sachlage hat der *Intuitionismus* durch zwei Handlungen eingegriffen, von denen die erste zunächst eine destruktive oder sterilisierende Wirkung ausüben zu müssen scheint, die zweite aber in ausgiebigster Weise die Möglichkeit zum Wiederaufbau bietet.

Erste Handlung des Intuitionismus: Die rückhaltlose Loslösung der Mathematik von der mathematischen Sprache und dementsprechend von der sprachlichen Erscheinung der theoretischen Logik. Die intuitionistische Mathematik ist eine vom menschlichen Geiste vollzogen sprachlose Konstruktion die sich in restloser Exaktheit entwickelt aus der *Ur-Intuition der Zwei-Einigkeit*, d.h. aus der empfindungslosen Abstraktion des im Auseinanderfallen eines Lebensmomentes in zwei qualitativ verschiedene Dinge, von denen das eine als dem anderen weichend und trotzdem als durch den Erinnerungsakt behauptet empfunden wird, bestehenden intellektuellen Urphänomens.

Die mathematische Sprache spielt dabei die Rolle eines zweckmässigen, aber niemals sicheren oder exakten Hilfsmittels, um das Gedächtnis für die mathematischen Konstruktionen zu unterstützen oder dieselben den Mitmenschen zu suggerieren. In dieser mathematischen Sprache erweisen sich die drei ersten aristotelischen logischen Spezies als Begleiterscheinungen bezw. Bezeichnungen von reellen mathematischen Konstruktionen [5]; von dem im Satz vom ausgeschlossenen Dritten niedergelegten vierten aristotelischen Spezies stellt sich aber heraus, dass demselben im allgemeinen keine Realität entspricht. Schon innerhalb des auch von den Prae-Intuitionisten aprioristisch konstruierten Gebietes des Abzählbar-Unendlichen können wir dies erläutern. Wenn nämlich dem sprachlichen Satz vom ausgeschlossenen Dritten eine mathematische Realität entsprechen soll, so könnte es nur diese sein, dass Eigenschaften von mathematischen Systemen [6], immer entweder bewiesen oder ad absurdum geführt, kurz immer *geprüft* werden können.

Innerhalb eines bestimmten *endlichen* Hauptsystems ist dies nun tatsächlich der Fall; es gibt nämlich nur endlichviele Konstruktionsmöglichkeiten, die betreffende Eigenschaft in Evidenz zu setzen, von denen jede für sich unternommen und in endlichvielen Schritten entweder bis zur Beendigung oder bis zur Hemmung fortgesetzt werden kann. Demzufolge besteht innerhalb eines bestimmten endlichen Hauptsystems auch der Satz von der Reziprozität der Komplementärspezies, d.h. das Princip, dass für, z.B., jedes Teilsystem des Hauptsystems aus der Unmöglichkeit der Unmöglichkeit einer Eigenschaft die Richtigkeit dieser Eigenschaft folgt. Gehen wir aber zu unendlichen Systemen über und fragen wir uns, ob in der Dezimalbruchentwicklung von π eine Sequenz 0 1 3 4 5 6 7 8 9 vorkommt, so können wir auf diese Frage weder eine bejahende noch eine verneinende Antwort geben, weil wir die betreffende Eigenschaft nicht *prüfen* können; dann aber sind wir, weil es ausserhalb des konstruktiven menschlichen Geistes weder Mathematik noch mathematische Wahrheiten gibt, auch nicht zu der Behauptung berechtigt, dass in der Dezimalbruchentwicklung von π die Sequenz 0 1 2 3 4 5 6 7 8 9 entweder vorkomme oder unmöglich vorkommen könne. Der Glaube an die ausnahmslose Gültigkeit des Satzes vom ausgeschlossenen Dritten in der Mathematik [7] ist also für den Intuitionisten ein abergläubisches Dogma von gleichem kulturhistorischem Interesse, wie der alte Glaube an die Rationalität von π oder an die Ebenheit der Erde oder an die Drehung des Himmelsgewölbes um die Erde, um von metaphysischen oder politischen Dogmen ganz zu schweigen. Erklärlich ist die lange Herrschaft dieses Aberglaubens nur durch die Naturerscheinung, dass zahlreiche Objekte und Mechanismen der Anschauungswelt in bezug auf ausgedehnte Komplexe von Tatsachen und Ereignissen dadurch beherrscht werden können, dass man das System der Zustände dieser Objekte und Mechanismen in der Raumzeitwelt als Teil eines endlichen diskreten, mit endlichvielen Verknüpfungsbeziehungen zwischen den Elementen versehenden Systems betrachtet und behandelt, so dass der Satz vom ausgeschlossen Dritten sich als auf diese Objekte und Mechanismen in bezug auf die betreffenden Komplexe von Tatsachen und Ereignissen materiell anwendbar herausstellt. Weil nun die sprachlichen Figuren der theoretischen Logik viel häufiger und von viel mehr Menschen auf diese materiellen als auf mathematische Objekte angewendet werden, so bekamen sie allmählich eine so kräftige Gewohnheitseinbürgerung, dass man ihnen einen aprioristischen Charakter zusprach und sogar dazu kam, für die autonome Denkhandlung, welche die Mathematik der endlichen Systeme darstellt, eine tiefere Rechtfertigung in den logischen Gesetzen zu suchen. Dementsprechend führte denn auch bei der logischen Behandlung der Anschauungswelt das Auftreten eines Widerspruchs nie zum Zweifel an der Unerschütterlichkeit der logischen Gesetze, sondern nur zur Modifizierung und Ergänzung der mathematischen Systeme, in welche man die Anschauungswelt einbettete.

Vom intuitionistischen Standpunkte kann dem principium tertii exclusi an die Stelle der in Fortfall kommenden Richtigkeit, nur die Nichtkontradiktorität zugesprochen werden, welche sich sodann wie folgt auf eine beliebige *endliche Gruppe* von Eigenschaften (von nicht notwendig gleichen mathematischen Entitäten oder

Spezies) erweitern lässt. Vorausgesetzt wird die Nicht-Kontradiktorität des principium tertii exclusi für die Eigenschaftengruppen $a_1, \ldots, a_n$; wir werden die Kontradiktorität des principium tertii exclusi für die Eigenschaften $a_1, \ldots, a_n, a_{n+1}$ ad absurdum führen, und zwar in dem wir aus derselben die Kontradiktorität des principium tertii exclusi für die Eigenschaft a_{n+1} herleiten.

Nehmen wir nämlich zunächst an, a_{n+1} sei richtig. Weil sämtliche Kombinationen von $a_1, \ldots, a_n$ je mit einer Richtigkeits- oder Absurditätserklärung versehen und a_{n+1} mit der Richtigkeitserklärung versehen, kontradiktorisch sind, so sind in diesem Falle alle Kombinationen von $a_1, \ldots, a_n$ je mit einer Richtigkeit- oder Absurditätserklärung versehen, kontradiktorisch. Aus diesen Widerspruch folgt die Kontradiktorität der Annahme der Richtigkeit von a_{n+1}. *In genau derselben Weise stellt sich die Kontradiktorität der Annahme der Absurdität von a_{n+1} heraus.* Beides zusammen bildet die Kontradiktorität des principium tertii exclusi für a_{n+1}.

Mit dem Fortfallen der theoretischen Logik wird die rein-mathematische Lehre der überabzählbaren fertigen Spezies, welche ja schon für den Quantitäts- bzw. Inhaltsbegriff unentbehrlich ist[4], mithin praktisch die gesammte rein-mathematische, d.h. von den beschreibenden Naturwissenschaften unabhängige, Analysis, welche durch die prae-intuitionistischen Einsichten nur ihre ausserlogische Realitätssicherheit, nicht aber ihren Umfang verloren hatte, nunmehr bis zur (in Folgenden durch Beispiele zu illustrierenden) Unfruchtbarkeit eingeschränkt, und es könnte in diesem Stadium die Frage aufkommen ob vielleicht die bestehende fruchtbare, überabzählbare, fertige Spezies studierende Analysis nicht zu einem anscheinend vernünftigen, die physikalische Endlichkeitsgrundlage der Logik abenteuerlicherweise verlassenden inexakten Ausläufer der beschreibende Naturwissenschaften deklassiert werden müsste.

Es ist *die zweite Handlung des Intuitionismus*, welch hier einen kompensierenden Ausweg schafft, nämlich das Erkennen der Selbstentfaltung der mathematischen Ur-Intuition zur *Mengenkonstruktion* [8]. Diese Mengenkonstruktion, welche leider trotz ihres einfachen gedanklichen Inhaltes eine einigermassen langatmige Beschreibung erfordert, welche aber ganz allein das ganze Gebäude der intuitionistischen Mathematik trägt, besteht in Folgendem:

Zunächst wird eine unbegrenzte Folge von Zeichen festgelegt mittels eines ersten Zeichens und eines Gesetzes, das aus jedem dieser Zeichenreihen das nächstfolgende herleitet. Wir wählen z.B. die Folge ζ der „Nummern" $1, 2, 3, \ldots$. Sodann ist eine *Menge* ein *Gesetz*, auf Grund dessen, wenn immer wieder eine willkürliche Nummer gewählt wird, jede dieser Wahlen entweder ein bestimmtes Zeichen mit oder ohne Beendigung des Prozesses erzeugt, oder aber die Hemmung des Prozesses mitsamt der definitiven Vernichtung seines Resultates herbeiführt, wobei für jedes $n > 1$ nach jeder unbeendigten und ungehemmten Folge von $n - 1$ Wahlen wenigstens eine Nummer angegeben werden kann, die, wenn sie als n-te Nummer gewählt wird, *nicht* die Hemmung des Prozesses herbeiführt. Jede in dieser Wei-

---

[4]Sämtliche abzählbare Spezies besitzten ja den Inhalt Null.

se von einer unbegrenzten Wahlfolge erzeugte Folge von Zeichen, (welche also im allgemeinen nicht fertig darstellbar ist) heisst *ein Element der Menge* [9]. Wenn zu jedem n in ζ eine solche Nummer k_n bestimmt ist, dass jedesmal, wenn bei der n-ten Wahl eine in ζ höher als k_n liegende Nummer gewählt wird, die Hemmung des Prozesses zustande kommt, so heisst die Menge *finit*. Das fundamentale Theorem der intuitionistischen Mathematik das, daselbst durch seine Fruchtbarkeit gewissermassen eine Kompensation liefert für den Verlust des Satzes vom ausgeschlossenen Dritten, ist das in Kapitel 5 zu beweisende *Haupttheorem der finite Mengen*: Wenn jedem Element e einer finiten Menge M eine natürliche Zahl β_e zugeordnet ist, so kann eine solche natürliche Zahl m angegeben werden, dass β_e durch die ersten m der e erzeugenden Wahlen vollständig bestimmt ist.

Kapitel I.2

Der Gegenstand der intuitionistischen Mathematik: Spezies, Punkte und Räume. Das Kontinuum

Zwei Mengenelemente heissen *gleich* oder *identisch*, wenn man sicher ist, dass für jedes n die n-te Wahl für beide Elemente dasselbe Zeichen erzeugt, und *verschieden* wenn die Unmöglichkeit ihrer Gleichheit feststeht, d.h. wenn man Sicherheit hat, dass sich im Laufe ihrer Erzeugung nie ihre Gleichheit wird beweisen lassen. Die Identität mit einem beliebigen Elemente der Menge M, bzw. mit dem Mengenelement e, werden wir als die Mengenspezies, oder kurz als die Menge, M, bzw. als die Elementspezies oder kurz als das Element e bezeichnen.

Wir sagen, dass zwei Mengenelemente *differieren*, wenn für passendes n die Erzeugnisse ihrer ersten n Wahlen verschieden sind.

Wenn nur gleiche ungehemmte Wahlfolgen zu gleichen Folgen von Zeichenreihen führen, so heisst die Menge *individualisiert*.

Die Bestimmungsgesetze endlicher Folgen von Zeichen sowie unbegrenzter Folgen von Zeichen von der Art der Folge ζ bilden besondere Fälle von Mengen, deren Elemente von den einzelnen Zeichen gebildet werden. Die Menge der Nummern, d.h. der Zeichen von ζ, werden wir mit A bezeichnen.

Zwei Mengen heissen *gleich* oder *identisch*, wenn zu jedem Element der einen Menge ein gleiches Element der anderen Menge angegeben werden kann, wenn also beide Mengen dieselbe Mengenspezies darstellen, und *verschieden*, wenn die Unmöglichkeit ihrer Gleichheit feststeht. Jedes mit einem beliebigen Elemente der Menge M, bzw. mit dem Mengenelemente e, identische Mengenelement heisst ein Element der Mengenspezies, bzw. der Elementspezies e. Wir sagen, dass zwei

© Springer-Verlag GmbH Deutschland, ein Teil von Springer Nature 2020
D. van Dalen und D. E. Rowe, *L. E. J. Brouwer: Intuitionismus*, Mathematik im Kontext, https://doi.org/10.1007/978-3-662-61389-4_3

Mengen bzw. Mengenspezies übereinstimmen, wenn keine von beiden ein von allen Elemente der anderen differierendes Element enthalten kann. Die Mengenspezies M heisst eine Teilspezies der Mengenspezies N, wenn jedes Element von M auch Element von N ist.

Mengenspezies und Elementspezies werden *mathematische Entitäten* oder *Spezies nullter Ordnung* genannt [10]. Unter eine *Spezies erster Ordnung* verstehen wir eine Eigenschaft, welche nur eine mathematische Entität, und zwar gleichzeitig mit ihr identische mathematische Identitäten, besitzen kann, in welchem Falle sie ein *Element* dieser Spezies erster Ordnung genannt wird. Zwei Spezies erster Ordnung heissen *gleich* oder *identisch*, wenn sie dieselbe Elemente haben [11]. Unter einer *Spezies zweiter Ordnung* verstehen wir eine Eigenschaft, welche nur eine mathematische Entität oder Spezies erster Ordnung, und zwar gleichzeitig mit allen mit ihr identischen mathematischen Entitäten oder Spezies erster Ordnung, besitzen kann, in welchem Falle sie ein *Element* dieser Spezies zweiter Ordnung genannt wird. Zwei Spezies zweiter Ordnung heissen gleich oder identisch, wenn sie dieselbe Elementen haben [12].

In analoger Weise definieren wir *Spezies n-ter Ordnung* sowie deren Gleichheit, wo n ein beliebiges Element von A repräsentiert und wo eine Spezies n-ter Ordnung und wo eine Spezies n-ter Ordnung immer gleichzeitig eine Spezies $(n + 1)$-ter Ordnung darstellt.

Die Spezies M heisst eine *Teilspezies* der Spezies N, wenn jedes Element von M auch Element von N ist. Lässt sich überdies ein Element von N angeben, das kein Element von M sein kann, so heisst M eine *echte Teilspezies* von N.

Zwei Spezies heissen *verschieden*, wenn die Unmöglichkeit ihrer Gleichheit feststeht.

Eine Spezies, von der je zwei Elemente entweder als gleich oder als verschieden erkannt werden können, nennen wir *diskret*. Man könnte fragen, ob in der Angabe der Mengenkonstruktion, mithin der unbegrenzten Folge von *freien* Wahlen, nicht etwas willkürliches gelegen ist, insofern sie vielleicht als entfaltung der mathematischen Ur-Intuition manchem weniger vollkommen gerechtfertigt erscheint als die Reihe der natürlichen Zahlen. Folgende Überlegung kann hier klärend wirken: Die Ur-Intuition der Zwei-Einigkeit ist gewissermassen die Einheit des Kontinuierlichen (continere = zusammenhalten) und des Diskreten; in ihr ist die Möglichkeit der *Zwischenfügung zwischen zwei Elemente* (nämlich die Betrachtung der *Bindung* als neues Element) mit enthalten, mithin auch die Konstruktion im Kontinuum von einer Menge der Ordinalzahl η, welch z.B. so entsteht, dass der Reihe nach Punkte mit den Indices 0, 1, $\frac{1}{2}$, $\frac{1}{4}$, $\frac{3}{4}$, $\frac{1}{8}$, $\frac{3}{8}$, $\frac{5}{8}$, $\frac{7}{8}$, u.s.w. mit durch die natürliche Ordnung dieser Indices bestimmten Ordnungsbeziehungen angebracht werden. Wenn wir nun aber zunächst die Punkte 0 und 1 und einen Punkt P dazwischen wählen, so können wir nachher die Punkte $\frac{1}{2}$, $\frac{1}{4}$, $\frac{3}{4}$ ... alle vom Punkte P verschieden und zwar in solchen Weise wählen, dass die Lage von P in bezug auf die werdende Menge der Ordinalzahl η einem beliebigen, durch eine unbegrenzte Folge von *freien* Wahlen zwischen den Ziffern 0 and 1 erzeugten unendlichen Dualbruch entspricht. Umgekehrt existiert also im Kontinuum, in welchem eine Menge M der

Ordinalzahl η konstruiert ist, zu jedem durch eine unbegrenzte Folge von *freien* Wahlen zwischen den Ziffern 0 and 1 erzeugten unendlichen Dualbruch ein Punkt, dessen Lage in bezug auf M durch den betreffenden Dualbruch charakterisiert wird. Und man sieht leicht ein, dass diese Rechtfertigung der Mengenkonstruktion als Entfaltung der Ur-Intuition nicht auf die finiten Mengen beschränkt ist.

Theorem: Jede Menge ist in einer individualisierten Menge enthalten.

Zum Beweise zählen wir von der Menge M der Reihe nach für jedes n die Menge der n-ten Wahlen durch eine jedesmal mittels des „Diagonalverfahrens" herzustellen Fundamentalreihe ab. In dieser Weise erhält jede Wahl eine neue Nummer, und wenn wir alle hierbei nach *bestimmter* erster bis n-ter Wahl für die $(n + 1)$-te Wahl nicht vorkommenden Nummern als gehemmte Nummern betrachten, so erhalten wir eine mit M identische, „monotone" Menge N, d.h. eine Menge N, in welcher *nach* einer ungehemmten n-ten Nummer α nur Nummern $\geq \alpha$ als $(n + 1)$-te Nummern ungehemmt sein können. Während überdies in der ganzen Menge N keine zwei ungehemmten n-ten Wahlen vorkommen, welche die gleichen Nummern besitzen. Nun nehmen wir *in der Menge* N eine derartige Fundamentalreihe von Änderungen a_n vor, das jedesmal die Erzeugnisse der ersten bis $(n-1)$-ten Wahlen durch a_n unbeeinflusst bleiben. Und zwar ändern wir für a_1 in der Menge N die Reihe der ersten Wahlen wie folgt: Jede gehemmte Wahl bleibt gehemmt; eine ungehemmte Wahl bleibt dann und nur dann ungehemmt, wenn ihr in der Fundamentalreihe keine andere Wahl der ersten Wahlen vorangeht, welche das gleiche Zeichen erzeugt. Hierauf werden *nach* einer beliebigen, ungehemmt *gebliebenen* ersten Wahl σ die und nur die zweiten Wahlen als ungehemmt erklärt, welche zuvor nach einer das gleiche Zeichen wie σ erzeugenden ersten Wahl ungehemmt waren, und die ganze Mengenfortsetzung dieser ungehemmten zweiten Wahlen wird bei diesem „Transport" ungeändert gelassen. Hierdurch bekommen wir eine mit N identische, monotone Menge N_1, in welcher Elemente mit gleichem erstem Zeichen immer nur aus gleichen ersten Wahlen hervorgehen.

Die Änderung a_2 wirkt in solcher Weise auf N_1, dass für eine beliebige, ungehemmte erste Wahl σ von N_1 zunächst für die auf σ folgenden zweiten Wahlen die gleiche Änderung ausgeführt wird, welche oben bei a_1 mit der Reihe der ersten Wahlen vorgenommen wurde und sodann *nach* einer beliebigen, auf σ folgenden, ungehemmt *gebliebenen* zweiten Wahl τ diejenigen und nur diejenigen dritten Wahlen als ungehemmt erklärt werden, welche in N_1 nach einer das gleiche Zeichen wie τ erzeugenden, auf σ folgenden zweiten Wahl ungehemmt waren, und die ganze Mengenfortsetzung dieser ungehemmten dritten Wahlen bei diesem „Transport" ungeändert gelassen wird. Hierdurch bekommen wir eine mit N und N_1 identische, monotone Menge N_2, in welcher Elemente mit gleichem ersten und zweiten Zeichen immer nur aus gleichen ersten und zweiten Wahlen hervorgehen.

Die Änderung a_3 wirkt in solcher Weise auf N_2, dass für beliebige σ und τ für die auf σ und τ folgenden dritten Wahlen und ihre Mengenfortsetzungen die gleiche Änderung ausgeführt wird, welche oben zunächst bei a_1 mit der Reihe der ersten Wahlen und ihren Mengenfortsetzungen und sodann bei a_2 mit den auf σ folgenden zweiten Wahlen vorgenommen wurde.

In dieser Weise bestimmen wir der Reihe nach $N_1, N_2, N_3, \ldots$, wobei jedesmal N_ν aus $N_{\nu-1}$ hervorgeht mittels Hemmung eines Teiles der vorher ungehemmten Folgen von ν Wahlen und dementsprechender „Transport" der (alle ungehemmt bleibenden) ungehemmten Folgen von $\nu + 1$ Wahlen. Hierbei bemerken wir, dass einer ungehemmten Folge von $\nu + 1$ Wahlen mit Indices $\leq m$ in $N_{\nu+1}$ eindeutig eine die gleichen Zeichen erzeugende und gleiche Indices besitzende ungehemmte Folge von $\nu + 1$ Wahlen in N_ν und der letzteren der Reihe nach in $N_{\nu-1}, N_{\nu-2}, \ldots$ N_1, N eindeutig je eine die gleichen Zeichen erzeugende ungehemmte Folge von $\nu + 1$ Wahlen mit Indices $\leq m$ entspricht. Mithin brauchen wir, um von Indices $\leq m$ besitzenden Folgen von $\nu + 1$ Wahlen in $N_{\nu+1}$ die Gehemmtheit bzw. die von ihnen erzeugten Zeichen festzustellen, der Reihe nach in $N, N_1, N_2, \ldots, N_\nu$ ebenfalls nur Folgen mit Indices $\leq m$ in Betracht zu ziehen, so dass die betreffende Feststellung einen endlichen, d.h. ausführbaren Prozess darstellt.

Wenn wir nun die Menge P dadurch definieren, dass sie für jedes ν in der Wirkung der Folgen von $1, 2, 3, \ldots, \nu$ Wahlen mit N_ν übereinstimmt, dann haben wir hierin eine fertige Mengendefinition.

Die Menge P ist individualisiert. Sei nämlich H_ν der auf die ersten ν Wahlen und deren Erzeugnisse beschränkte Teil von N_ν bzw. P, und seien e_1 und e_2 zwei gleiche Elemente von P. Dieselben enthalten für beliebiges ν gleiche Erzeugnisse der ersten ν Wahlen, mithin wegen der oben erörterten Eigenschaft von H_ν gleiche erste ν Wahlen. Wenn aber die ersten ν Wahlen von e_1 und e_2 für jedes ν identisch sind, dann werden e_1 und e_2 von gleichen Wahlfolgen erzeugt. Weiter ist N, also M, in P enthalten, womit unserer Theorem bewiesen ist.

Dagegen ist im allgemeinen P nicht in N enthalten. Sei nämlich S_ν ein Erzeugnis mit ν Wahlen von P, T_ν ein mit S_ν identisches Erzeugnis von ν Wahlen von N. Zu jedem S_ν gehört wenigstens ein, überdies zählbarviele T_ν. Zu einer Verlängerung $S_{\nu+1}$ von S_ν gehören von einem beliebigen T_ν zählbarviele Verlängerungen $T_{\nu+1}$; man kann aber im allgemeinen von keinem T_ν von vornherein entscheiden, dass zu demselben für jedes μ ein mit $S_{\nu+\mu}$ identisches $T_{\nu+\mu}$ existiert.

Im Falle einer *finiten* Menge M lehrt überdies die Haupteigenschaft der finite Mengen, dass P und M *übereinstimmen*.

Die in praxi wichtigsten Mengenelemente sind die „Punkte", nämlich die Punkte der sog. topologischen Räume und insbesondere die Punkte der Cartesischen Räume.

Wir erklären zunächst die letzteren, insbesondere die Punkte der Ebene. Dazu nennen wir in der natürlich geordneten Menge der endlichen Dualbrüche ein Intervall mit den Endpunkten $a.2^{-(n+1)}$ und $(a+2).2^{-(n+1)}$ ein $\lambda^{(n)}$-Intervall und die geordnete Kombination zweier $\lambda^{(n)}$-Intervalle ein $\lambda^{(n)}$-Quadrat. (Anschaulich wird diese Definition geleitet durch die Vorstellung eines Quadrates der mit einem rechtwinkligen Koordinatensystem versehenen Euklidischen Ebene, dessen Seiten den Koordinat-Achsen parallel sind und sich auf dieselben als $\lambda^{(n)}$-Intervalle projizieren.)

Unter einem *Punkte der Ebene* verstehen wir sodann eine unbegrenzte Folge von λ-Quadraten, (den „erzeugenden Quadraten" des Punktes) deren jedes im engeren Sinne in seinem vorangehenden enthalten ist, deren Grösse mithin „positiv gegen Null konvergiert". Eine Menge, in der jede nicht die Hemmung herbeiführende Wahl ein λ-Quadrat erzeugt, während jedes dieser λ-Quadrate in von der vorangehenden Wahl erzeugten λ-Quadrat im engeren Sinne enthalten ist, heisst eine *Punktmenge der Ebene*. Die Spezies derjenigen Punkte p der Ebene, welche mit einem gewissen Punkte p_1 der Ebene „zusammenfallen" (womit gemeint wird, dass jedes erzeugende Quadrat von p jedes erzeugende Quadrat von p_1 ganz oder teilweise überdeckt), heisst ein *Punktkern der Ebene*.

Wenn in jedem Quadrate des Punktes P ein Quadrat der Punktkernspezies Q im engeren Sinne enthalten ist, so heisst P ein *Limespunkt* von Q.

Wenn in jedem Quadrate des Punktes P zwei ausserhalb voneinander gelegene Quadrate der Punktkernspezies Q im engern Sinne enthalten sind, so heisst P ein *Grenzpunkt* von Q.

Ein Punktkern π der Ebene, dem ein Gesetz zugeordnet ist, auf Grund dessen die noch übrig bleibende Freiheit für jedes ν nur noch solche $\lambda^{(\nu)}$-Quadrate erzeugen kann, dass je zwei davon sich teilweise überdecken, heisst ein *scharfer* oder *prästabilierten Punktkern* der Ebene. Die Spezies dieser Punktkerne heisst die *reduzierte Ebene*.

In analoger Weise definieren wir Punkte, Punktmengen und Punktkerne des Linearkontinuums, bzw. des reduzierten Linearkontinuums, sowie des n-dimensionale cartesischen Raumes, bzw. des reduzierten n-dimensionalen cartesischen Raumes.

Um die Punkte, Punktmengen und Punktkerne der topologischen Räume zu erklären, gehen wir aus von einer *katalogisierten Zeichenfolge*, d.h. von einer unbegrenzten Folge $p_1, p_2, \ldots$, in welcher zu je zwei Elementen p_{ν_1} und p_{ν_2} ein Abstand $\rho(p_{\nu_1}, p_{\nu_2}) \geq 0$ definiert ist, der folgenden Bedingungen genügt: Es ist stets $\rho(p_\nu, p_\nu) = 0$ und $\rho(p_{\nu_1}, p_{\nu_2}) \leq \rho(p_{\nu_1}, p_{\nu_3}) + \rho(p_{\nu_2}, p_{\nu_3})$. Weiter existiert zu jedem n ein μ_n und ein ν_n, so dass für $\nu > \nu_n$ jedes p_ν in einer Entfernung $\leq a < 4^{-n}$ von $s_{\mu_n} = \{p_1, p_2, \ldots p_{\mu_n}\}$ gelegen ist (kurz ausgedrückt: die volle Folge wird von ihren aufeinanderfolgenden Abschnitten „positiv approximiert"). Schliesslich ist für jedes n jedes p_ν entweder ein β_n-Element oder ein α_n-Element: im ersten Falle ist für $\mu > \mu_n$ jedes p_μ in einer Entfernung $\geq \frac{5}{4} \cdot 4^{-n}$ von p_ν gelegen, im zweiten Falle gibt es eine unbegrenzte Folge von verschiedenen p_μ in einer Entfernung $\leq b < \frac{3}{2} \cdot 4^{-n} (b > \frac{5}{4} 4^{-n})$ von p_ν (kurz ausgedrückt: für jedes p_ν und für jede Approximationsgenauigkeit α ist man berechtigt zu erklären, entweder, dass p_ν für α *nötig*, oder dass p_ν für α (und ebenfalls für die höheren Approximationsgenauigkeiten) *überflüssig* ist).[1]

Zu einer katalogisierten Zeichenfolge F gehört nun ein *topologischer Raum R*, dessen *Punkte* nichts anderes sind als „positive" konvergente unbegrenzte Folgen

---

[1] [Brouwers Symbolismus für die Ordnungsarten ist hier bequemlichkeitshalber ersetzt durch einen moderneren. Brouwers ⊄, ≤, < wird ersetzt durch <, ≤, ◁. N.B. $x \leq y$ heisst $\neg x > y$, weiter fallen < und ◁ zusammen für entscheidbare Ordnungen, z.B. der Rationalzahlen.]

von verschiedenen Elementen von F. Die Spezies derjenigen Punkte p von R, welche mit einem gewissen Punkte p_1 von R *zusammenfallen* (womit gemeint ist, dass für jedes $\varepsilon > 0$ ein Endsegment von p und ein Endsegment von p_1 angegeben werden können, welche zusammen nur Punkte, in Entfernungen $< \varepsilon$ voneinander gelegen, enthalten), heisst ein *Punktkern von R*. Eine Menge, von der jedes Element einen Punkt von R darstellt, heisst eine *Punktmenge von R*.

Wir sagen, dass die Spezies M aus der Spezies N *herausragt*, wenn N ein von jedem Elemente von M verschiedenes Element besitzt.

Zwei Spezies M und N heissen *kongruent*, wenn keine von beiden aus der andern herausragen kann, mit anderen Worten, wenn jede für die Elemente der einen Spezies unmögliche, identische mathematische Entitäten oder Spezies gleichzeitig anhaftende Eigenschaft auch für die Elemente der andern Spezies unmöglich ist. Dies ist z.B. der Fall, wenn von den unendlichen Dualbruchentwicklungen des Einheitsintervalls M diejenigen enthält, von denen entweder feststeht, wieviele Ziffern 0 der ersten Ziffer 1 vorangehen, oder dass gar keine Ziffer 1 auftritt, und N diejenigen, von denen entweder feststeht, wieviele Ziffern 1 der ersten Ziffer 0 vorangehen oder dass gar keine Ziffer 0 auftritt. Offenbar sind zwei Spezies, welche beide einer dritten Spezies kongruent sind, auch untereinander kongruent.

Eine mit N kongruent Teilspezies M von N heisst auch *halbidentisch* mit N. In diesem Falle sind wir z.B., wenn M dieselbe Spezies wie oben und N die Spezies der unendlichen Dualbruchentwicklungen des Einheitsintervalls vorstellt.

Die Spezies, welche diejenigen Elemente umfasst, welche sowohl zur Spezies M wie zur Spezies N gehören, heisst der *Durchschnitt* von M und N, und wird mit $M \cap N$ bezeichnet [13].

Dass der Durchschnitt zweiter Mengenspezies kein Mengenspezies zu sein braucht, sehen wir ein, indem wir M zu derjenigen Menge gehören lassen, welche aus dem unendlichen Dualbruche besteht, der nur Nullen enthält, N zu derjenige Menge, welche aus dem unendlichen Dualbruche besteht, der an der n-ten Stelle dann und nur dann eine 1 aufweist wenn die n-te bis $(n+9)$-te Stelle der Dezimalbruchentwicklung von π eine Sequenz 0 1 2 3 ... 9 darstellt. Falls nämlich der Durchschnitt dieser beiden Mengespezies wiederum eine Mengenspezies wäre, so müssten wir über ein Mittel verfügen, um die Existenz eines Elementes der letzteren, m.a.W. die Absurdität der Existenz einer Sequens 0 1 2 3 4 5 6 7 8 9 in der Dezimalbruchentwicklung von π, von dem Zutreffen für eine natürliche Zahl von einer für jede natürliche Zahl prüfbaren Eigenschaft, als notwendiger und hinreichender Bedingung abhängig zu machen.

Die Spezies, welche diejenigen Elemente umfasst, welche entweder zur Spezies M oder zur Spezies N gehören, heisst *die Vereinigung von M und N* und wird bezeichnet mit $M \cup N$ [14]. Die Vereinigung zweier Mengen ist wiederum eine Menge; die Vereinigung zweier individualisierter Mengen braucht aber keine individualisierte Menge, und ebensowenig mit einer individualisierten Menge identisch zu sein. Betrachten wir z.B. die zuletzt definierten Mengen M und N, und bilden wir nach S.7 die individualisierte Menge P, in welcher $M \cup N$ enthalten ist.

Ein frei werdendes Element von P gehört dann weder zu M noch zu N, also nicht zu $M \cup N$.

In analoger Weise wie von zwei Spezies definieren wir Durchschnitt und Vereinigung einer beliebigen Spezies von Spezies.

Zwei Spezies M und N heissen *elementefremd*, wenn sie verschieden sind und ihr Durchschnitt *leer* ist, d.h. kein Element enthalten kann.

Sind M' und M'' elementefremd und Teilspezies von N und ist $M' \cup M''$ halbidentisch mit N, so sagen wir, dass N sich aus M' und M'' zusammensetzt und nennen M' und M'' *Komplementärspezies* voneinander in N. Dies ist z.B. der Fall, wenn N sämtliche Nummern umfasst, und M' bezw. M'' diejenigen Nummern, welche als Exponent der Fermatschen Gleichung diese Gleichung lösbar bezw. unlösbar machen.

Sind M' und M'' elementefremd und Teilspezies von N und $M' \cup M''$ und N identisch, so sagen wir, dass N in M' und M'' *zerlegbar* ist und nennen M' und M'' *konjugierte Zerlegungsspezies* von N und sowohl M' wie M'' eine *abtrennbare Teilspezies* von N. Die ist z.B. der Fall, wenn N sämtliche Nummern umfasst, M' bwz. M'' diejenigen Nummern, welche höchstens fünf, bzw. mehr als fünf Ziffern enthalten.

In analoger Weise wie zwei Komplementärspezies in N bzw. zwei konjugierte Zerlegungsspezies von N definiert man eine diskrete Spezies von Komplementärspezies von N bzw. von konjugierten Zerlegungsspezies von N.

Wenn zwischen zwei Spezies M und N eine eindeutige Beziehung hergestellt werden kann d.h. ein Gesetz, welches jedem Elemente von M ein Element von N zuordnet in solcher Weise, dass gleiche und nur gleichen Elementen von M gleiche Elemente von N entsprechen und jedes Element von N einem Elemente von M zugeordnet wird, so sagen wir dass M und N dieselbe *Mächtigkeit* oder *Kardinalzahl* besitzen oder *gleichmächtig* sind.

Eine Spezies heisst *endlich*, wenn sie mit der Menge der Nummern eines gewissen (eventuell fortfallenden) Anfangssegmentes der Folge ζ gleichmächtig ist.

Eine Spezies heisst *unendlich*, wenn sie eine mit A gleichmächtige Teilspezies enthält, und insbesondere *reduzierbar unendlich*, wenn die betreffende Teilspezies abtrennbar ist. Das Kontinuum ist z.B. unendlich, kann aber wegen des in Kapitel 5 zu beweisenden Satzes von der Unzerlegbarkeit des Kontinuums unmöglich reduzierbar unendlich sein.

Eine mit A gleichmächtige Spezies heisst *abzählbar unendlich*. Mithin enthält jede unendliche Spezies eine abzählbar unendliche Teilspezies. Eine mit einer Teilspezies bzw. abtrennbaren Teilspezies von A gleichmächtige Spezies heisst *abzählbar* bzw. *zählbar*. Abzählbar ist z.B. die Spezies der natürlichen Zahlen, die als Exponenten der Fermatschen Gleichung dieselbe lösbar machen, zählbar die Spezies der natürlichen Zahlen n, so dass die n-te bis $(n+9)$-te Ziffer der Dezimalbruchentwicklung von π eine Sequenz 0 1 2 3 4 5 6 7 8 9 bilden. Bei einer abzählbaren oder zählbaren Spezies S kann es vorkommen, dass man weder S als leer erkennen noch ein Element von S angeben kann.

Kapitel I.3

Ordnung

Wir kommen nu zur Definition der *Ordnung*, bzw. der *vollständigen Ordnung*, eine Definition, die beim mikroskopischen Studium des Kontinuums, welches das nächste Ziel dieser Entwicklungen [15] bildet, von grosser Wichtigkeit ist, obwohl zunächst im negativen Sinne, indem sich herausstellen wird: *erstens*, dass das „vor" und „nach", das im Kontinuum der naiven Empfindung vorschwebt, keineswegs eine Ordnung der Punktkerne des Kontinuums, geschweige denn eine vollständige Ordnung derselben zustande bringt; *zweitens*, dass das Kontinuum, das eine noch immer Anhänger besitzende Legende einmal als wohlordnungsfähig erklärt hat, überhaupt nicht ordnungsfähig ist, auch nicht unabhängig vom Anschluss an das naive „vor" und „nach".

Eine Spezies heisst *geordnet* wenn für je zwei *verschiedene* (aber nie für zwei gleiche) Elemente a und b der Spezies eine asymmetrische „ordnende Relation" besteht, die entweder *im einem Sinne*: „$a < b$" oder „$b > a$" oder „a links von b" oder „b rechts von a" oder „b nach a" oder „a vor b" oder *im anderem Sinne*: „$b < a$" mit den entsprechenden Variante lautet, wobei, wenn wir die Identität von a und b durch $a = b$ vorstellen, aus $a < b, a = c$ und $b = d$ die Beziehung $c < d$ und aus $a < b$, und $b < c$ die Beziehung $a < c$ folgt.

Eine diskrete geordnete Spezies heisst *vollständig geordnet*.

Zwei geordnete Spezies, zwischen denen eine ein-eindeutige Beziehung besteht, welche die ordnenden Relationen erhält, heissen *ähnlich*.

Mit der Folge ζ in der „natürlichen Rangordnung" ähnliche Spezies heissen *Fundamentalreihen*.

Wir wollen zunächst zeigen, dass das naive „vor" und „nach" weder im Kontinuum noch im reduzierten Kontinuum eine Ordnung, geschweige denn eine „vollständige" Ordnung der Punktkerne abgibt. Dazu betrachten wir eine mathematische Entität oder Spezies S, eine Eigenschaft E, und definieren wie folgt den Punkt s des Kontinuums: Das n-te λ-Intervall λ_n ist eine symmetrisch um den Nullpunkte gelegenes $\lambda^{(n-1)}$-Intervall, so lange man die Gültigkeit noch die Absurdität von E für S kennt, dagegen ist es ein symmetrisch um den Punkt 2^{-m} bzw. um den

Punkt -2^{-m} gelegenes $\lambda^{(n)}$-Intervall, wenn $n \geq m$ und zwischen der Wahl des $(m-1)$-ten und der Wahl des m-ten Intervalles ein Beweis der Gültigkeit bzw. der Absurdität von E für S gefunden worden ist. Weiter bezeichnen wir mit k_1 die kleinste natürliche Zahl n mit der Eigenschaft, dass die n-te bis $(n+9)$-te Ziffer der Dezimalbruchentwicklung von π eine Sequenz 0 1 2 3 4 5 6 7 8 9 bilden und dazu definieren wir wie folgt den Punkt r des reduzierten Kontinuums: Das n-te λ-Intervall λ_n ist ein symmetrisch um den Nullpunkt gelegenes $\lambda^{(n-1)}$-Intervall, solange $n < k_1$; für $n \geq k_1$ aber ist λ_n das symmetrisch um den Punkt $(-2)^{-k_1}$ gelegene $\lambda^{(n)}$-Intervall. Alsdann ist der zu s gehörende Punktkern des Kontinuums $\neq 0$, aber, solange man weder die Absurdität noch die Absurdität der Absurdität von E für S kennt, weder > 0 noch < 0. Bis zum Stattfinden einer dieser beide Entdeckungen kann also das Kontinuum nicht geordnet sein. Weiter ist der zu r gehörende Punktkern des reduzierten Kontinuums, solange die Existenz von k_1 weder bewiesen noch ad absurdum geführt ist, weder $= 0$, noch > 0, noch < 0. Bis zum Stattfinden einer dieser beiden Entdeckungen ist also das reduzierte Kontinuum nicht vollständig geordnet. Und auch wenn die Absurdität der Absurdität der Existenz von k_1, mithin die Verschiedenheit von 0 des zu r gehörenden Punktkernes sich herausgestellt hätte, so wäre noch immer der betreffende Punktkern weder > 0 noch < 0, solange nicht gleichzeitig die Parität eines eventuellen k_1 festgestellt wäre, so dass bei dieser Sachlage das reduzierte Kontinuum noch immer nicht geordnet wäre. Und auch, wenn die betreffenden Probleme in bezug auf k_1 einmal gelöst worden wären, könnten sie durch andere noch ungelöste Probleme derselben Art ersetzt werden, so dass die Ordnung bezw. vollständige Ordnung des reduzierten Kontinuums noch immer nicht zustande gekommen wäre. Um genauer zu formulieren, welche (auf Grund des obigen, der Reihe nach) notwendige, aber daum noch keineswegs hinreichende Bedingung für die Ordnung des Kontinuums, die Ordnung des reduzierten Kontinuums und die vollständige Ordnung des reduzierten Kontinuums im Anschluss an das naive „vor" und „nach" erforderlich wäre, formulieren wir:

Sachlage I:
Wir verfügen über ein Mittel für eine beliebige mathematische Entität oder Spezies S und eine beliebige Eigenschaft E, von der Gültigkeit von E für S entweder die Absurdität oder die Absurdität der Absurdität festzustellen.

Sachlage II:
Wir verfügen über ein Mittel, für eine beliebige und untereinander identische Elemente enthaltende abtrennbare Teilspezies α der Folge ζ und eine beliebige Zerlegung von ζ in zwei Teilspezies β und γ entweder die Absurdität der Existenz eines Elementes von α oder die Absurdität der Absurdität der Existenz eines Elementes von α mitsamt der Zugehörigkeit eines eventuellen Elements von α zu β, oder aber die Absurdität der Absurdität der Existenz eines Elementes von α mitsamt der Zugehörigkeit eines eventuellen Elementes von α zu γ festzustellen.

Sachlage III:

Wir verfügen über ein Mittel, für eine beliebige, nur untereinander identische Elemente enthaltende abtrennbare Teilspezies α der Folge ζ, in bezug auf welche die Absurdität der Absurdität der Existenz eines Elementes bewiesen ist, und eine beliebige Zerlegung von ζ in zwei Teilspezies β und γ entweder die Zugehörigkeit eines eventuellen Elementes von α zu β oder die Zugehörigkeit eines eventuellen Elementes von α zu γ zu folgern.

Alsdann müssten für die Ordnung des Kontinuums die Ordnung des reduzierten Kontinuums und die vollständige Ordnung des reduzierten Kontinuums, alle im Anschluss an die naive Anschauung, der Reihe nach die Sachlagen I, III und II bestehen.

Im Anschluss an die Definition der Ordnung kommen wir jetzt zur Definition der (für den Intuitionismus ganz besonders wichtigen) *Wohlordnung*, welche u.a. den Beweis des früher erwähnten Haupttheorems der finiten Mengen ermöglicht, und welche überdies die Grundlage der (gedanklichen) Struktur einer beliebigen (gedanklichen) mathematischen Beweisführung angibt.

Sei zunächst R eine solche endliche geordnete Spezies oder Fundamentalreihe von vollständig geordnete Spezies N_ν, dass gleiche Elemente e von $M = \cup N_\nu$ immer zu gleichen Spezies N_ν gehören und gleiche Spezies N_ν gleich geordnet sind. Die derweise vollständig geordnete Spezies M, dass $e' < e''$ in M, wenn entweder $N' < N''$ oder $N' = N'' = N^\circ$ und $e' < e''$ in N°, heisst die *ordnungsgemässe Summe* der Spezies N_ν und die Erzeugung dieser Summe wird als *Addition* der N_ν bezeichnet und in üblicher Weise durch das Zeichen $+$ zum Ausdrück gebracht.

Nunmehr sind die *wohlgeordneten Spezies* vollständig geordnete Spezies, welche auf Grund der folgenden Festsetzungen definiert sind:

1. Ein beliebiges Element einer wohlgeordneten Spezies ist entweder ein als „Vollelement" zu bezeichnendes Element erster Art oder ein als „Nullelement" zu bezeichnendes Element zweiter Art.

2. Eine Spezies mit einem einzigen Element wird, nachdem man dieses Element entweder mit dem Prädikate eines Vollelementes oder mit dem Prädikate eines Nullelementes versehen hat, zu einer wohlgeordneten Spezies und wird als solche insbesondere als *Ur-Spezies* bezeichnet.

3. Aus bekannten wohlgeordneten Spezies werden weitere wohlgeordnete Spezies hergeleitet durch die *erste erzeugende Operation*, welche in der Addition einer nicht verschwindenden endlichen Anzahl, und durch die *zweite erzeugende Operation*, welche in der Addition einer Fundamentalreihe von bekannten wohlgeordneten Spezies besteht.

Jede wohlgeordnete Spezies, welche bei der Herstellung der wohlgeordneten Spezies F nach dem obigen eine Rolle gespielt hat, heisst eine *konstruktive Unterspezies* von F. Diejenigen konstruktiven Unterspezies, welche bei der letzten erzeugenden Operation von F eine Rolle gespielt haben, heissen *konstruktive Unterspezies erster Ordnung* von F und werden durch einen Index ν voneinander unterschieden, also mit $F_1, F_2, \ldots, F_m$ bezw. $F_1, F_2, F_3, \ldots$ bezeichnet. Die konstruktiven Unterspezies erster Ordnung eines F_ν heissen *konstruktive Unterspezies zweiter Ordnung* von F und werden mit $F_{\nu 1}, F_{\nu 2}, \ldots F_{\nu m}$ bezw. $F_{\nu 1}, F_{\nu 2}, F_{\nu 3} \ldots$ bezeichnet. Die konstruktiven Unterspezies erster Ordnung eines $F_{\nu_1 \ldots \nu_n}$ heissen *konstruktiven Unterspezies $(n+1)$-ter Ordnung* von F und werden mit $F_{\nu_1 \ldots \nu_n 1}$, $F_{\nu_1 \ldots \nu_n 2}, \ldots F_{\nu_1 \ldots \nu_n m}$ bezw. mit $F_{\nu_1 \ldots \nu_n 1}, F_{\nu_1 \ldots \nu_n 2}, F_{\nu_1 \ldots \nu_n 3} \ldots$ bezeichnet (F selbst gilt als *konstruktive Unterspezies nullter Ordnung von* F). Jede bei der Herstellung von F benutzte Ur-Spezies erscheint in dieser Weise als konstruktive Unterspezies endlicher Ordnung von F (obwohl es natürlich möglich ist, dass diese Ordnung für passend gewählte Ur-Spezies von F unbeschränkt wächst). Um dies einzusehen, braucht man nur die *induktive Methode* anzuwenden, d.h. zu bemerken, dass die betreffende Eigenschaft für Ur-Spezies erfüllt ist und, dass, wenn $\xi = \xi_1 + \xi_2 + \ldots \xi_m$ auf Grund der ersten erzeugenden Operation bzw. $\xi = \xi_1 + \xi_2 + \xi_3 + \ldots$ auf Grund der zweiten erzeugenden Operation, die betreffende Eigenschaft, wenn sie für jedes ξ_ν erfüllt ist, ebenfalls für ξ besteht.

Wenn a ein Element von F, nicht aber das erste Element von F ist, so geht aus der Erzeugung von F als wohlgeordnete Spezies die Erzeugung einer bestimmten, die a in F vorangehenden Elemente von F als Element besitzenden und zwischen denselben die gleiche ordnenden Relationen wie in F aufweisenden, wohlgeordnete Spezies F_a hervor, wobei von den Elementen von F_a alle Indizes in F_a die gleichen sind wie in F. Wir nennen F_a einen *Abschnitt* von F.

Zwei wohlgeordnete Spezies (oder Teilspezies von solchen) F' und F'' heissen *inhaltsgleich*, wenn die Spezies der Vollelemente von F' und die Spezies der Vollelemente von F'' ähnlich sind.

Durch die Distinktion zwischen Nullelementen und Vollelementen bei der obigen Konstruktion entstehen die *pseudo-wohlgeordneten Spezies*, welche von den (ihre Ordnungsrelationen beibehaltenden) Vollelementen einer wohlgeordneten Spezies gebildet werden. Hierzu gehören u.a. alle zählbaren Spezies (nach ihrer „natürlichen" Rangordnung geordnet). Dass die pseudo-wohlgeordneten zählbaren Spezies nicht notwendig wohlgeordnet sind, folgt sofort daraus, dass sie nicht notwendig entweder endlich oder unendlich sind.

Es sind die pseudo-wohlgeordnete Spezies, welche die allgemeine Struktur der mathematische Beweisführungen abgeben. Diese Operationen, welche mit ihren inadäquaten sprachlichen Begleitungen nicht zu verwechseln sind, stellen nämlich pseudo-wohlgeordnete Spezies von der Intuition unmittelbar gegebenen Elementarschlüsse dar. [16]

Die beiden Hauptsätze der klassischen Wohlordnungstheorie werden in der intuitionistischen Wohlordnungstheorie hinfällig:

1. Je zwei wohlgeordnete Spezies sind *vergleichbar*, d.h. entweder sie sind ähnlich oder die eine ist einem Abschnitte der anderen ähnlich.

2. Jede wenigstens ein Element enthaltenden Teilspezies einer wohlgeordneten Spezies besitzt ein erstes Element.

(Definieren wir nämlich ℓ_1 mittels der Sequenz 9 8 ... 1 0 genau so wie k_1 mittels der Sequenz 0 1 ... 8 9; und setzen wir F_ν bzw. G_ν der Folge ζ ähnlich für $\nu < k_1$ bzw. für $\nu < \ell_1$, während sonst F_ν bzw. G_ν aus einem einzigen Elemente besteht. Alsdann versagt die Eigenschaft 1. für die wohlgeordnete Spezies $F = F_1 + F_2 + \ldots$ und $G = G_1 + G_2 + \ldots$. Definieren wir weiter k_ν als die ν-te derartige natürliche Zahl, dass die k_ν-te, ... $(k_\nu + 9)$-te Ziffer der Dezimalbruchentwicklung von π eine Sequenz 0 1 2 3 4 5 6 7 8 9 bilden; und betrachten wir die wohlgeordnete Spezies $F + G$, wo $F = f_1 + f_2 + \ldots$ und $G = g_1 + g_2 + \ldots$, während jedes f_ν bzw. g_ν aus einem einzigen Element besteht. Alsdann versagt die Eigenschaft 2 für die abtrennbare Teilspezies $f_{k_1} + f_{k_2} + \ldots + g_1 + g_2 + \ldots$ von $F + G$. Ein noch einfacheres Beispiel dieses Versagens liefert die von der Zahl 3 und den als Index eines k_ν auftretenden Elementen gebildete Teilspezies der von den natürlichen Zahlen $1, 2$ und 3 gebildeten wohlgeordneten Spezies.)

Dagegen bleibt in der intuitionistischen Wohlordnungstheorie folgendes Theorem von grosser Tragweite bestehen:

> Ein Gesetz, welches in einer wohlgeordneten Spezies ein Element e' bestimmt und jedem schon bestimmten Elemente $e^{(\nu)}$ entweder die Hemmung des Prozesses oder ein ihm vorangehendes Element $e^{(\nu+1)}$ zuordnet, bestimmt sicher eine natürliche Zahl n und ein zugehöriges Element $e^{(n)}$, dem es die Hemmung des Prozesses zuordnet.

Ein Korollar dieses Theorems bildet der Satz von der Unmöglichkeit der Ähnlichkeit von F und einer Teilspezies eines Abschnittes von F.

Wir haben oben gesehen, dass die naive Anschauung der „vor" und „nach" im Kontinuum keine Ordnung zu Stande bringt. Man kann aber der naiven Anschauung ein mit dem Relationensystem der Ordnung nahe verwandtes, nur lockeres, für das Kontinuum brauchbares Relationensystem entnehmen, das der *virtuelle Ordnung*.

> Eine Spezies P heisst *virtuell geordnet*, wenn eine ordnende Relation im obigen Sinne, nicht für jedes Paar von verschiedenen Elementen, sondern nur für *gewisse* Paare, m.a.W. für eine Teilspezies der Spezies der Paare, von Elementen von P festgelegt ist, und zwar mit der Massgabe, dass folgende fünf Axiome erfüllt sind:

1. Je zwei der Beziehungen $r = s$, $r < s$ und $r > s$ sind auf Grund der Ordnungsdefinition kontradiktorisch.

2. Aus $r = u$, $s = v$ und $r < s$ folgt $u < v$.

3. Aus $r < s$ und $s < t$ folgt $r < t$.

4. Aus der Ungereimtheit, eine der Beziehungen $r > s$ und $r = s$ aus der Ordnungsdefinition herzuleiten folgt die Herleitbarkeit aus der Ordnungsdefinition von $r < s$.

5. Aus der Ungereimtheit eine der Beziehungen $r > s$ und $r < s$ aus der Ordnungsdefinition herzuleiten, folgt die Herleitbarkeit von $r = s$.

Diese Axiome garantieren zwar nicht die Existenz einer ordnenden Relation zwischen je zwei verschiedenen Elementen, also *keine Ordnung* von P, und noch weniger die Existenz einer der drei Relationen $r = s$, $r < s$ und $r > s$ zwischen je zwei Elementen r und s von P, also *noch weniger eine vollständige Ordnung* von P, aber sie garantieren doch die Existenz jeder derartigen Relation $a = b$, $p < q$ und $r > s$ zwischen Elementen von P, welche den bestehenden derartigen Relationen widerspruchsfrei hinzugefügt werden könnte, sodass eine virtuelle Ordnung als *unerweiterbar* bezeichnet werden kann. Kann nämlich dem bestehenden Relationensystem die Relation $a = b$ (bezw. $p < q$) widerspruchsfrei hinzugefügt werden, so sind im bestehenden System sicher die beiden Relationen $a < b$ und $a > b$ (bezw. $p = q$ und $p > q$) nach Axiom 1 ungereimt, so dass zu diesem System nach Axiom 5 (bezw. nach Axiom 4) die Relation $a = b$ (bezw. $p < q$) gehört.

Übrigens gilt auch die hier nicht zu beweisende Umkehrung der vorigen Eigenschaft, also die Aussage, dass ein System von ordnenden Relationen, welches den Axiomen

1 bis 3 genügt, und welches überdies unerweiterbar ist (womit wir meinen, dass jede Relation $a = b$, $p < q$ und $r > s$, welche dem System widerspruchsfrei hinzugefügt werden kann, auch zum System gehört), auch den Axiomen 4 bis 5 genügt, mithin eine virtuelle Ordnung darstellt. Wir können also sagen, dass die Begriffe der virtuellen Ordnung und der unerweiterbaren Ordnung äquivalent sind.

Auf der Grundlage des naiven „vor" und „nach" wird nun wie folgt eine virtuelle Ordnung des Kontinuums hergestellt. Seien p' und p'' zwei Punktkerne des Kontinuums. Wir schreiben $p' < p''$, wenn ein Intervall eines Punktes π' von p' vollständig links von einem Intervall eines Punktes π'' von p'' gelegen ist; $p' \leq p''$, wenn $p' > p''$ unmöglich ist, $p' \lhd p''$, wenn $p' \leq p''$ und überdies $p' \neq p''$ ist. Die Beziehungen $p' \unrhd p''$ (d.h. $p' \lhd p''$ ist unmöglich) und $p' \geq p''$ sind äquivalent, denn einerseits können $p' \leq p''$, $p' \neq p''$ und $p' \geq p''$ nicht alle drei zusammmen bestehen, so dass $p' \unrhd p''$ folgt aus $p' \geq p''$, andererseits folgt $p'' \lhd p'$ aus $p'' > p'$, mithin $p' \geq p''$ aus $p' \unrhd p''$.[1]

Weil, wie bemerkt, $p' \leq p''$, $p' \neq p''$ und $p' \geq p''$ nicht alle drei zusammen bestehen können, so schliessen $p' < p''$ und $p' > p''$ einander aus, sodass Axiom 1 erfüllt ist.

Weiter haben wir, dass aus $r = u$, $s = v$ und $u < v$ folgt $r < s$ mithin aus $r = u$, $s = v$ und $r \leq s$ folgt $u \leq v$, mithin aus $r = u$, $s = v$ und $r < s$ folgt $u < v$, so dass Axiom 2 erfüllt ist.

Weil die Vereinigung von $p' \neq p''$ und $p' \unrhd p''$ mit der Vereinigung von $p' \neq p''$ und $p' \leq p''$, d.h. mit $p' \lhd p''$ und die Vereinigung von $p' \unrhd p''$ und $p' \geq p''$ mit der Vereinigung von $p' \geq p''$ und $p' \leq p''$, d.h. mit $p' = p''$ äquivalent ist, so gelten auch die Axiome 4 und 5.

---

[1][Weil $\leq$ und $\unrhd$ equivalent sind, werden wir überall wo Brouwer $\leq$ oder $\unrhd$ benutzt nur $\leq$ handhaben.]

Um schliesslich das Axiom 3 zu beweisen, setzen wir die Beziehungen $p' \vartriangleleft p''$ und $p'' \vartriangleleft p'''$ voraus. Wäre dann $p' = p'''$, so hätte man gleichzeitig $p''' \vartriangleleft p''$ und $p'' \vartriangleleft p'''$, was unmöglich ist. Und wäre $p' > p'''$, so hätte man (weil die Vereinigung von $p' > p'''$ und $p'' > p'$ zu $p'' > p'''$ führen würde) $p'' < p'$ und daneben (wegen $p' \vartriangleleft p''$) $p'' \geq p'$, also $p'' = p'$, was wiederum unmöglich ist. Aus $p' \vartriangleleft p''$ und $p'' \vartriangleleft p'''$ folgt, mithin die Vereinigung von $p' \neq p'''$ und $p' \leq p'''$, m.a.W. $p' \vartriangleleft p'''$, w.z.b.w.

Für die Relation $>$ versagt das Axiom 4; diese Relation liefert also keine virtuelle Ordnung.

Kapitel I.4

Analyse des Kontinuums

Bei der klassischen Auffassung, welche das Kontinuum als vollständig geordnet betrachtete, stellen sich als wesentlichen Eigenschaften dieser Spezies heraus, dass sie überall dicht, in sich dicht, zusammenhängend und kompakt war; wir wollen untersuchen, inwiefern sich diese Eigenschaften nach passender Modifizierung in der intuitionistischen Theorie aufrecht erhalten lassen.

Zunächst die *Überalldichtheit*. Diese fordert in der klassischen Theorie der geometrischen Spezies, dass „zwischen" je zwei verschiedene Elemente e' und e'' ein sowohl von e' wie von e'' verschiedenes element e''' angegeben werden kann; dieses „zwischen" bedeutet: falls $e' \lhd e''$, dass $e' \lhd e''' \lhd e''$ und falls $e' \rhd e''$, dass $e' \rhd e''' \rhd e''$. Weil nun aber im intuitionistischen Kontinuum für zwei verschiedene e' und e'' im allgemeinen weder $e' \lhd e''$ noch $e' \lhd e''$ festgestellt werden kann, so wollen wir zunächst für virtuell geordnete Spezies folgendermassen eine erweiterte Definition des „zwischen" einführen:

Wenn a und b zwei Elemente der virtuell geordneten Spezies P sind, so verstehen wir unter dem *geschlossenen Intervall ab* die Spezies derjenigen Elemente c von P, für welche weder die Beziehungen $c \rhd a$ und $c \rhd b$ noch die Beziehungen $c \lhd a$ und $c \lhd b$ zusammen bestehen können. Die Elemente a und b heissen die *Endelemente* des geschlossenen Intervalls ab.

Wenn a und b zwei Elemente der virtuell geordneten Spezies P sind, so verstehen wir unter dem *offenen Intervall ab* die Spezies derjenigen Elemente, c von P, welche *zwischen* a und b liegen, d.h. erstens sowohl von a als von b verschieden sind, zweitens zum geschlossen Intervall ab gehören. Die Elemente a und b heissen die *Endelemente* des offenen Intervalls ab. Im Falle, dass $a \lhd b$ ist, haben wir $a \lhd c \lhd b$, (nämlich einerseits $c \geq a$ und $c \neq a$, andererseits $c \leq b$ und $c \neq b$), was wieder dem klassischen „zwischen" entspricht.

Nach dieser Festlegung des intuitionistischen „zwischen" definieren wir nun der klassischen Begriffsbildung analog eine virtuell geordnete Spezies P als *überall dicht*, wenn zwischen je zwei verschiedenen Elementen von P Elemente von P liegen.

© Springer-Verlag GmbH Deutschland, ein Teil von Springer Nature 2020
D. van Dalen und D. E. Rowe, *L. E. J. Brouwer: Intuitionismus*, Mathematik im Kontext, https://doi.org/10.1007/978-3-662-61389-4_5

Dass in diesem Sinne das Kontinuum tatsächlich überall dicht ist, beweisen wir folgendermassen: Sei $p'(\lambda'_1, \lambda'_2, \ldots)$ bzw. $p''(\lambda''_1, \lambda''_2, \ldots)$ ein Punkt des Punktkernes π' bzw. π''; wir konstruieren dann wie folgt einen den Punktkern π''' bestimmenden Punkt $p'''(\lambda'''_1, \lambda'''_2, \ldots)$. Wenn λ'_ν und λ''_ν sich teilweise überdecken, so ist $\lambda'''_\nu = \lambda'_\nu$. Wenn λ'_n und λ''_n sich teilweise überdecken, λ'_{n+1} und λ''_{n+1} sich aber nicht teilweise überdecken (so dass λ'_{n+2} und λ''_{n+2} im engeren Sinne ausserhalb voneinander liegen), dann ist λ'''_{n+1} das grösste (und in Zweifelsfällen möglichst nach links gelegene) λ-Intervall, das sowohl im engeren Sinne innerhalb $\lambda'_n \cap \lambda''_n$ wie zwischen λ'_{n+2} und λ''_{n+2} und im engeren Sinne ausserhalb $\lambda'_{n+2} \cup \lambda''_{n+2}$ gelegen ist. Wenn $\nu \geq n+1$, so ist immer $\lambda'''_{\nu+1}$ konzentrisch mit λ'''_ν und halb so gross wie λ'''_ν.

Wir nehmen nun an, dass π' und π'' verschieden sind. Wäre dann $\pi''' = \pi'$, so müssten in der obigen Konstruktion λ'_ν und λ''_ν sich für jedes ν teilweise überdecken, mithin wäre $\pi' = \pi''$. Aus diesem Widerspruch folgt $\pi' \neq \pi'''$ (1) und in der gleichen Weise finden wir $\pi'' \neq \pi'''$ (2). Wären weiter $\pi''' > \pi'$ und $\pi''' > \pi''$ *beide* unmöglich, so müssten in der obigen Konstruktion λ'_ν und λ''_ν sich wieder für jedes ν teilweise überdecken, wäre also wieder $\pi' = \pi''$. Aus diesem Widerspruch folgt die Unmöglichkeit der Vereinigung von $\pi''' \leq \pi'$ und $\pi''' \leq \pi''$, mithin die *Unmöglichkeit der Vereinigung von $\pi''' \lhd \pi'$ und $\pi''' \lhd \pi''$* (3) und in der gleichen Weise finden wir die *Unmöglichkeit der Vereinigung von $\pi''' \rhd \pi'$ und $\pi''' \rhd \pi''$* (4). Aus (1), (2), (3) und (4) folgt, *dass π''' zwischen π' und π'' liegt*, so dass das Kontinuum sich tatsächlich als *überall dicht* erwiesen hat.

Wir kommen jetzt zur *Dichtheit in sich*. In der klassischen Theorie der geordneten Spezies heisst eine geordnete Spezies *insichdicht*, wenn jedes Element e Hauptelement ist, d.h. entweder Grenzpunkt einer steigenden unbegrenzte Folge $e_1, e_2, \ldots$ (womit gemeint ist: $e_\nu \lhd e_{\nu+1}$ für jedes ν; $e_\nu \lhd e$ für jedes ν; zu jedem $b \lhd e$ besteht ein $e_\nu \rhd b$) oder Grenzpunkt einer (analog definierten) fallenden unbegrenzte Folge. Nach der klassischen Theorie lässt sich dies auch so zum Ausdruck bringen, dass es zu jedem e eine unbegrenzte Folge $e_1 e, e_2 e, e_3 e, \ldots$ wo jedes $e_\nu \lhd e$ (bzw. jedes $e_\nu \rhd e$) von verschiedenen geschlossenen Intervallen gibt, von denen jedes folgende im vorhergehenden enthalten ist und welche alle das Element e enthaltend, während jedes zu ihnen allen gehörende Element mit e identisch ist. Und letzteres wiederum lässt sich nach der klassischen Theorie auch so formulieren, dass zu jedem e eine einschmelzende Intervallschachtelung mit der Kerne e besteht, d.h. eine unbegrenzte Folge $e'_1 e''_1, e'_2 e''_2, e'_3 e''_3, \ldots$ von verschiedenen geschlossenen Intervallen, von denen jedes folgende im vorhergehenden enthalten ist und welche alle das Element e enthalten, während jedes zu ihnen allen gehörende Element mit e identisch ist.

Vom intuitionistischen Standpunkte ist schon für geordnete (a fortiori also für virtuell geordnete) Spezies die zweite Aussage weniger scharf als die erste, (weil bei der zweiten Aussage kein $e_\nu \rhd b$ bestimmbar zu sein braucht), und die dritte weniger scharf als die zweite (weil die dritte Aussage im allgemeinen in der *Alternative* der zweiten Aussage keine Affirmation erlaubt; sogar wenn man weiss, dass $e'_\nu \lhd e''_\nu$ für jedes ν, ist man im Allgemeinen weder von der Existenz einer unbegrenzten

Folge von verschiedenen e'_ν, noch von der Existenz einer unbegrenzten Folge von verschiedenen e''_ν sicher) [16].

Wie man weiter leicht einsieht (indem man z.B. für den Punktkern π die linken Endpunkte der λ-Intervalle eines Punktes p von π in Betracht zieht), sind im intuitionistischen Kontinuum die letzteren zwei Aussagen für ein beliebiges Element e erfüllt, während die erstere der drei Aussagen für kein einziges ihrer Elemente erfüllt ist.

Wenn wir also in der intuitionistischen Theorie der virtuell geordneten Spezies ein Hauptelement als Kern einer einschmelzenden Intervallschachtelung definieren, so ist mehr als das Nötige erfüllt, um das Kontinuum als *in sich dicht* zu charakterisieren.

Wir nennen α und β *ordnungsgemäss getrennte* Teilspezies einer virtuell geordneten Spezies, wenn jedes Element von α jedem Element von β vorangeht. In der klassischen Theorie gilt dann das Kontinuum als *scharf* bzw. *schwach zusammenhängend*, d.h. bei jeder Zusammensetzung des Kontinuums aus zwei ordnungsgemäss getrennten Teilspezies α und β bzw. Zerlegung des Kontinuums in zwei ordnungsgemäss getrennte Teilspezies α und β, besitzt entweder α ein letztes oder β ein erstes Element besitzt. Für das intuitionistische Kontinuum aber ist der scharfe Zusammenhang falsch. Betrachten wir nämlich die Fundamentalreihe $a_1, a_2, \ldots$, wo $a_\nu = 1 - 2^{-\nu}$ für $\nu < k_1$ und $a_\nu = 2 - 2^{-\nu}$ für $\nu \geq k_1$, und verstehen wir unter K_1 bzw. K_2 die Spezies derjenige Elemente e von K, zu denen ein solches ν existiert, bzw. kein solches ν existieren kann, dass $a_\nu \lhd e$. Alsdann setzt K sich aus den ordnungsgemäss getrennte Teilspezies K_1 und K_2 zusammen; trotzdem besitzt weder K_1 ein letztes, noch K_2 ein erstes Element.

Andererseits wird der schwache Zusammenhang *illusorisch* auf Grund des in Kapitel 5 zu beweisenden Satzes von der Unzerlegbarkeit des Kontinuums.

Um für das intuitionistische Kontinuum die Eigenschaft des Zusammenhangendes mittels „logischer Umformung" der Definition wiederherzustellen, nennen wir zwei *verschiedene* Elemente a und b einer virtuell geordneten Spezies *scharf verschieden* und das Intervall als *ausgedehnt*, wenn die Komplementärspezies $k(ab)$ des offenen Intervalls ab in eine Teilspezies $k_1(ab)$, deren Elemente sowohl $\leq a$ wie $\leq b$ sind, und ein Teilspezies $k_2(ab)$, deren Elemente sowohl $\geq a$ wie $\geq b$ sind, zerlegt ist. Man zeigt leicht, dass in diesem Falle entweder $a \lhd b$ oder $b \lhd a$ ist.

Wir werden das erstere voraussetzen und zwei derartige scharf verschiedenen Punktkerne des Einheitskontinuum betrachten:

Wählen wir als i_n das kleinstmögliche geschlossene Dualintervall oder Paar von getrennten Dualintervallen, das sowohl das zwischen dem rechten Endelemente des n-ten Intervalles des Punktes p von a und dem Punktkern -2^{-n} enthaltene geschlossene Intervalle $\iota(a)$, wie das zwischen den linken Endelementen des n-ten Intervalles des Punktes q von b mit dem Punktkern $1+2^{-n}$ enthaltene geschlossene Intervall $i_n(b)$ überdeckt. Alsdann fällt $m(a,b) = i_1 \cap i_2 \cap \ldots$ als katalogisierte kompakte Punktspezies nach dem in Kapitel 5 zu beweisenden Satze mit einer finiten Punktmenge zusammen. Wenn nun ein sowohl zu $m(ab)$ wie zum offenen Intervall ab gehörige Punktkern existiere, so könnten $i_n(a)$ und $i_n(b)$ sich für kein

n trennen, sodass $m(ab)$ in $k(ab)$ enthalten sein muss. Und wenn i_n das n-te Intervall F_n des Punktes h von $k(ab)$ nicht teilweise überdeckt, so wären $i_n(a)$ und $i_n(b)$ getrennt, und würde k zum offenen Intervall ab gehören, so dass $k(ab)$ in $m(ab)$ enthalten sein muss. Also sind $k(ab)$ und $m(ab)$ identisch, und folgt aus dem Haupttheorem der finiten Mengen, dass $i_\nu(a)$ und $i_\nu(b)$ für passendes ν getrennt sind und ein a und b trennendes λ-Intervall angegeben werden kann. [17]

Wir werden nun sagen, dass die virtuell geordnete Spezies S in die ordnungsgemäss getrennte Teilspezies α und β, aus denen sie sich zusammensetzt, *erschöpfend* geteilt ist, wenn für zwei beliebige scharf verschiedene Elemente a und b ($a \triangleleft b$) entweder alle Elemente $\leq a$ zu α oder alle Elemente $\geq b$ zu β gehören, und die virtuell geordnete Spezies S *zusammenhängend* nennen, wenn bei jeder erschöpfenden Teilung von S in zwei ordnungsgemäss getrennte Teilspezies α und β ein solches Element e von S besteht, dass jedes Element $\triangleleft e$ zu α und jedes Element $\triangleright e$ zu β gehört. Dieser Charakterisierung des Zusammenhangs genügt dann das intuitionistische Kontinuum. [18]

Jetzt zur *Kompaktheit*. In der klassischen Theorie der geordnete Spezies lässt sich diese Eigenschaft in zwei äquivalenten Formen zum Ausdruck brengen, nämlich:

1. Zu jeder Intervallschachtelung, d.h. zu jeder unbegrenzten Folge von geschlossenen Intervallen $i_1, i_2, \ldots$, wo jedes $i_{\nu+1}$ eine Teilspezies von i_ν ist, existiert ein allen i_ν gemeinsames Element e.

2. Es existiert keine *hohle Intervallschachtelung*, d.h. keine Intervallschachtelung, welche zu jedem Elemente π der betreffende geordneten Spezies ein i_ν besitzt, zu dem π nicht gehören kann.

Für die intuitionistischen Auffassung aber sind die Aussagen 1. und 2. keineswegs äquivalent, ist vielmehr 1. schärfer als 2.

Dass für das intuitionistische Kontinuum die Eigenschaft 1. *nicht* gilt, zeigt die folgendermassen definierte Intervallschachtelung:

$$i_\nu = (-\frac{1}{2}, +\frac{1}{2}) \text{ für } \nu < k_1;$$

$$i_\nu = (-\frac{1}{4}, -\frac{1}{2}) \text{ für } \nu \geq k_1 \text{ und } k_1 \text{ ungerade}$$

$$i_\nu = (+\frac{1}{4}, +\frac{1}{2}) \text{ für } \nu \geq k_1 \text{ und } k_1 \text{ gerade}$$

Die Eigenschaft 2. dagegen lässt sich wie folgt für das intuitionistische Kontinuum herleiten:

Nehmen wir an, dass im Kontinuum eine hohle Intervallschachtelung $i_1, i_2, \ldots$ existiert, wo i_ν die Endelemente α'_ν und α''_ν besitzt. Bezeichnen wir mit $U_\mu(i_\nu)$ das kleinste Intervall das sowohl von α'_ν wie von α''_ν das μ-te λ-Intervall enthält, und nennen wir die beiden letzteren Intervalle die „Stützintervalle" von $U_\mu(i_\nu)$. Alsdann müssen, unabhängig von der Wahl von μ_1, μ_2 und ν_1, ν_2, $U_{\mu_1}(i_{\nu_1})$ und $U_{\mu_2}(i_{\nu_2})$ sich teilweise überdecken. Wählen wir nun ν_n so, dass kein endlicher Dualbruch $\frac{a}{2^n}$ zu i_{ν_n} gehören kann während $U_{\mu_n}(i_{\nu_n}) < 2^{-n+1}$ und überdies innerhalb $U_{\mu_n}(i_{\nu_{n-1}})$ gelegen ist, so bestimmen die $j_n = U_{\mu_n}(i_{\nu_n})$ $(n = 1, 2, \ldots)$ ein Element e des Kontinuums. Wären nun $e > \alpha'_\nu$ und $e > \alpha''_\nu$ beide unmöglich, so könnte keines von den Stützintervallen eines $U_m(i_\nu)$ sich nach links von einem j_n loslösen, mithin müssten, weil $U_m(i_\nu)$ und j_n sich für jedes m und für jedes n teilweise überdecken, die linken Endpunkte von $U_1(i_\nu), U_2(i_\nu), \ldots$ gegen e konvergieren. Wäre nun überdies sowohl $e \neq \alpha'_\nu$ wie $e \neq \alpha''_\nu$, so wäre $\alpha'_\nu < \alpha''_\nu$ unmöglich und ebenso $\alpha'_\nu > \alpha''_\nu$ unmöglich, mithin $\alpha'_\nu = \alpha''_\nu$, also $e = \alpha'_\nu = \alpha''_\nu$. Also die Kombination der vier Beziehungen $e \leq \alpha'_\nu$, $e \leq \alpha''_\nu$, $e \neq \alpha'_\nu$ und $e \neq \alpha''_\nu$, d.h. die Kombination der zwei Beziehungen $e \triangleleft \alpha'_\nu$ und $e \triangleleft \alpha''_\nu$ ist kontradiktorisch; ebenso ist die Kombination von $e \triangleleft \alpha'_\nu$ und $e \triangleright \alpha''_\nu$ kontradiktorisch, d.h. e gehört zum geschlossenen Intervall $\alpha'_\nu \alpha''_\nu$. Weil dies für jedes ν der Fall ist, ist die Intervallschachtelung $i_1, i_2, \ldots$ nicht hohl, d.h. die Annahme der Existenz einer hohlen Intervallschachtelung im Kontinuum hat zu einem Widerspruch geführt.

Die obige Definition der Punktkerne des Kontinuums mittels der λ-Intervalle beruht auf einer bestimmten Abzählung der Menge M der endlichen Dualbrüche[1]. Wir können aber dieselben noch in anderer Weise mittels der endlichen Dualbrüche definieren, wobei die Unabhängigkeit von dieser bestimmten Abzählung deutlich hervortritt. Dazu zählen wir die endlichen Dualbrüche *in beliebiger Weise* durch eine Fundamentalreihe $g_1, g_2, g_3, \ldots$ ab und setzen $\{g_1, \ldots, g_\nu\} = s_\nu$. In M nehmen wir eine „Einschaltungsteilung" vor, d.h. wir erzeugen durch eine unbegrenzte Folge von freien Wahlen in solcher Weise in M eine linke und eine rechte Teilspezies, welche ordnungsgemäss getrennt sind dass der Reihe nach in $s_1, s_2, s_3, \ldots$ die linke und die rechte Teilspezies bestimmt werden, wobei von diesen Teilspezies von s_ν nur ein einziges Element g_{α_ν} von s_ν ausgenommen bleiben darf und für jedes ν das Element $g_{\alpha_{\nu+1}}$, falls es besteht, entweder mit g_{α_ν} oder mit $g_{\nu+1}$ identisch ist. Man beweist sofort, dass eine „Einschaltungsteilung" für eine gegebene Abzählung von M'' auch für jede andere Abzählung von M eine Einschaltungsteilung bestimmt.

Die Spezies derjenigen Einschaltungsteilungen t von M, welche mit einer gewissen Einschaltungsteilung t_1 von M „zusammenfallen", womit gemeint wird, dass niemals ein Element der linken Teilspezies der einen Teilung rechts von einem Elemente der rechten Teilspezies der anderen Teilung gelegen ist, nennen wir ein *Einschaltungselement* von M, und t bzw. t_1 eine „Teilung" dieses Einschaltungselementes.

Die Spezies der Einschaltungselemente e von M ordnen wir virtuell, indem wir folgende Festsetzungen treffen: Wir schreiben $e' < e''$, wenn eine Teilung t' von

---

[1]Die Menge M besitzt *nicht* die Eigenschaft, dass sie im Kontinuum überall dicht läge, d.h. dass zwischen je zwei verschiedene Elementen des Kontinuums ein Element von M angegeben werden könnte. Überhaupt gibt es im Kontinuum keine daselbst überall dicht liegende, vollständig geordnete Fundamentalreihe, so dass die *Separabilität in sich* im klassischen Sinne für das intuitionistische Kontinuum hinfällig ist und von derselben nur die Teileigenschaft erhalten bleibt, dass im Kontinuum ein vollständig geordnete Fundamentalreihe F besteht, welche zwischen je zwei *scharf verschiedenen* Elementen des Kontinuums ein Element besitzt.

e', eine Teilung t'' von e'' und zwei Elemente von M angegeben werden können, welche zur rechten Teilspezies von t' und zur linken Teilspezies von t'' gehören; $e' \leq e''$, wenn $e' > e''$ unmöglich ist; $e' \lhd e''$, wenn $e' \leq e''$ und überdies $e' \neq e''$ ist.

Nach der am Schluss von Kapitel 3 in einem analogen Fall angewandten Methode ergibt sich, dass diese Festsetzungen in der Tat die Gültigkeit der fünf Ordnungseigenschaften nach sich ziehen.

Wir sagen nun, dass der Punktkern π des Kontinuums und das Einschaltungselemente von M *zusammenfallen*, wenn niemals ein Element der rechten bzw. linken Teilspezies einer zu e gehörigen Einschaltungsteilung von M links bzw. rechts von einem erzeugenden Intervall eines Punktes von π gelegen sein kann.

Man beweist leicht, dass durch *die Zusammenfallbeziehungen zwischen dem Kontinuum und der Spezies der Einschaltungselemente von M eine Ähnlichkeitskorrespondenz bestimmt wird.* Sei M' eine *Verzerrung* von M, d.h. eine abzählbare, „im engern Sinne" überall dichte und in M überall dichte Menge von in M paarweise örtlich verschiedenen (d.h. durch wenigstens zwei Elemente von M getrennten) Einschaltungselementen von M. Durch die in obiger Weise definierten Zusammenfallbeziehungen zwischen Einschaltungsteilungen von M und Einschaltungsteilungen von M' ist dann wieder eine Ähnlichkeitskorrespondenz bestimmt zwischen der Spezies der Einschaltungselemente von M und der Spezies der Einschaltungselemente von M', so dass wir sagen können, dass das „Kontinuum über M'" identisch ist mit dem „Kontinuum über M", während überdies M sich ihrerseits als eine Verzerrung von M' herausstellt, so dass die Beziehung zwischen M und M' eine reziproke ist. Insbesondere werden in dieser Weise von der Spezies der endlichen Dualbrüche, der Spezies der endlichen Dezimalbrüche, der Spezies der rationalen Zahlen und der Spezies der algebraischen Zahlen verschiedene, aber gleichwertige „Gerüste" des gleichen Kontinuums dargestellt.

Wenn ein Element e des Kontinuums und zwei *verschiedene* Elemente f' und f'' des Gerüstes M desselben gegeben sind, dann ist entweder eine der Relationen $e \leq f'$ und $e \geq f'$ oder eine der Relationen $e \leq f''$ und $e \geq f''$ bekannt[2]. Ebenfalls wenn ein Element e des Kontinuums und eine beliebige endliche Anzahl von verschiedenen Elementen $f', \ldots, f^{(m)}$ von M gegeben sind, dann ist für alle Werte von ν mit höchstens einer einzigen Ausnahme eine der Relationen $e \leq f^{(\nu)}$ und $e \geq f^{(\nu)}$ bekannt. Gibt es eine solche Ausnahme für e niemals, dann sagen wir, dass e *in bezug auf M eine Präzisionslage erster Ordnung* besitzt; dass dies wirklich eine ganz besondere Einbettung von e in M bedeutet, ersehen wir, wenn wir den Nullpunkt in M aufnehmen, z.B. an der Zahl r. Die Präzisionslage erster Ordnung bildet die notwendige und hinreichende Bedingung für die Eigenschaft, dass e eine Zerlegung von M in zwei ordnungsgemäss getrennte Teilspezies, d.h. einen *Dedekindschen Schnitt* in M bestimmt. (Hiermit stellt sich gleichzeitig die Unzulänglichkeit des Dedekindschen Schnittes als Definitionsprincip für das *allgemeine* Element des Kontinuums heraus.)

---

[2]Im Falle, dass f' und f'' nicht beide dem gleichen Gerüste angehören, gilt diese Eigenschaft nicht.

Markieren wir M als die Menge der endlichen Dezimalbrüche, dann lässt sich die Präzisionslage erster Ordnung des Elementes e in bezug auf M ebenfalls als die notwendige und hinreichende Bedingung für die Entwickelbarkeit von e in einen unendlichen Dezimalbruch interpretieren; um für jedes n die n-ten Dezimalziffer feststellen zu können; ist es nämlich notwendig und hinreichend, dass man für jeden endlichen Dezimalbruch $\frac{a}{10^n}$ entweder weiss dass $e \geq \frac{a}{10^n}$ oder dass $e \leq \frac{a}{10^n}$ [3]. Die Spezies der Punktkerne mit Präzisionslage erster Ordnung in Bezug auf die Menge der endlichen Dezimalbrüche steht zur Spezies der unendlichen Dezimalbruchentwicklungen nicht deshalb in ein-eindeutiger Beziehung, weil verschiedene Dezimalbruchentwicklungen sich hinterher als zu zusammenfallenden Punktkernen gehörend erweisen können. Anders wird dies bei den Punktkernen mit *Präzisionslage zweiter Ordnung in bezug auf* M, zu denen e dann und nur dann gehört, wenn für jedes Element f von M entweder die Relation $e \geq f$ oder die Relation $e \triangleleft f$ besteht.

Auf dieser Grundlage lässt sich nämlich für die Feststellung der Dezimalstellen von e eine solche Regel geben, dass die Dezimalbruchentwicklung „normal" (d.h. dass die Existenz einer letzten, von 9 verschiedenen Ziffer ausgeschlossen ist) wird und zusammenfallende Punktkerne immer die gleiche Dezimalbruchentwicklung geben.[4]

Erweitern wir nunmehr M zur Menge der Rationalzahlen M_1 und fragen wir uns, unter welcher Bedingung e sich in eine rationale ganze Zahl plus einen regelmässigen Kettenbruch entwickeln lässt. Dazu muss man für jeden Näherungsbruch f wissen, zunächst entweder dass $e = f$ oder dass $e \triangleright f$ oder aber, dass $e \triangleleft f$, und sodann im vorletzten bezw. im letzten Falle (um für die zu bestimmende nächste Zifer eine obere Grenze zu bekommen), dass $e > f$ bzw. dass $e < f$. Hieraus folgern wir weiter, dass dann auch *für eine beliebige rationale Zahl* f' *entweder* $e = f'$ *oder* $e > f'$ *oder aber* $e < f'$ *gelten muss*. Die für die regelmässige Kettenbruchentwicklung erforderliche *Präzisionslage dritter Ordnung in bezug auf* M_1 geht also über die Präzisionslage zweiter Ordnung in bezug auf M_1 erheblich hinaus. Weil die letztere ihrerseits wieder bedeutend mehr fordert als die Präzisionslage zweiter Ordnung in bezug auf M, so bringt die Existenz einer regelmässigen Kettenbruchentwicklung eine viel weiter gehende Eigenschaft der betreffenden reellen Zahl zum Ausdruck als die Existenz einer normalen Dezimalbruchentwicklung.

Früher haben wir drei Sachlagen formuliert, deren Bestehen der Reihe nach notwendige Bedingungen abgibt für die Bildung für die Ordnung des Kontinuums, für die Ordnung des reduzierten Kontinuums und für die vollständige Ordnung des reduzierten Kontinuums, alle in Übereinstimmung mit der naiven Anschauung des „vor" und „nach".

---

[3] Wie man unmittelbar ersieht, ist die Bedingung für die Zahl r nicht erfüllt.

[4] Selbstverständlich lässt sich in zur obigen symmetrischer Weise eine zweite Art der Präzisionslage zweiter Ordnung definieren, nämlich durch die Forderung des Bestehens entweder von $e \triangleright f$ oder von $e \leq f$ für jedes zu M gehörige f, in welchem Falle wenn M wieder die Menge der endliche Dezimalbrüche vorstellt, in der Dezimalbruchentwicklung von e die Existenz einer letzten von 0 verschiedenen Ziffer ausgeschlossen werden kann.

Wir wollen jetzt das allgemeine Problem behandeln inwiefern das Kontinuum und das reduzierte Kontinuum überhaupt geordnet werden können [19], und nehmen zunächst an, dass das volle Kontinuum in irgendwelcher Weise geordnet wäre.

Bezeichnen wir die entsprechenden ordnenden Relationen mit $>$ bzw. $<$, seien p_1, und v_1 zwei verschiedene scharfe Punktkerne des Kontinuums, und sei $p_1 < v_1$. Die (der naiven Anschauung entsprechend mittels der λ-Intervalle definierte) „Mitte" der Strecke $p_1 v_1$ mit w_{11} bezeichnend, haben wir entweder $w_{11} < p_1 < v_1$ oder $p_1 < v_1 < w_{11}$ oder schliesslich $p_1 < w_{11} < v_1$. Im ersten dieser drei Fälle setzten wir $w_{11} = p_2$, im zweiten und dritten dagegen $w_{11} = v_2$. Dieses Verfahren setzen wir nun zur Konstuktion weiterer p_σ und v_σ in der Weise fort, dass jedesmal, wenn μ den höchsten schon vorhandenen Index eines p und ρ den höchsten schon vorhandene Index eines v vorstellt, die „Mitte" $w_{\mu\rho}$ der Strecke $p_\mu v_\rho$ mit $p_{\mu+1}$ bezeichnet wird, wenn die Relation $w_{\mu\rho} < p_\mu < v_\rho$, und mit $v_{\rho+1}$ wenn eine der Relationen $p_\mu < v_\rho < w_{\mu\rho}$ und $p_\mu < w_{\mu\rho} < v_\rho$ gilt. In dieser Weise erzeugen wir eine Fundamentalreihe von Strecken $p_{\sigma_\nu} v_{\tau_\nu} (v = 1, 2, \ldots)$, wo für jedes entweder $\sigma_{\nu+1} = \sigma_\nu$ und $\tau_{\nu+1} = \tau_\nu + 1$ oder $\sigma_{\nu+1} = \sigma_\nu + 1$ und $\tau_{\nu+1} = \tau_\nu$ ist und die „Länge" dieser Strecken konvergiert für unbeschränkt wachsendes ν positiv gegen Null.

Zu einer beliebigen mathematischen Entität oder Spezies S und einer beliebigen Eigenschaft E bestimmen wir nun in folgender Weise ein Punktkernpaar $(u_1, u_2)_{SE}$: wir erzeugen eine „positiv-konvergente" unbegrenzte Folge von Punktkernpaaren (u_1', u_1''), (u_2', u_2''), (u_3', u_3''), ... wo, solange man weder die Gültigkeit von E für S noch die Absurdität von E für S kennt, $u_\nu' = p_{\sigma_\nu}$ und $u_\nu'' = v_{\tau_\nu}$ gewählt wird; dagegen $u_{n+1}', u_{n+2}', \ldots$ alle $= p_{\sigma_n}$ und $u_{n+1}'', u_{n+2}'', \ldots$ alle $= v_{\tau_n}$, wenn zwischen der Wahl des n-ten und des $(n+1)$-ten Punktkernpaares ein Beweis der Gültigkeit von E für S gefunden wird; schliesslich $u_{n+1}', u_{n+2}', \ldots$ alle $= v_{\tau_n}$ und $u_{n+1}'', u_{n+2}'', \ldots$ alle $= p_{\sigma_n}$, wenn zwischen der Wahl des n-ten und des $(n+1)$-ten Punktkernpaares ein Beweis der Absurdität der Gültigkeit von E für S gefunden wird. Alsdann konvergiert die Folge der (u_ν', u_ν') „positiv" zu einem Punktkernpaar $(u_1, u_2)_{SE}$, deren beide Punktkerne *verschieden* sind; denn wenn sie gleich wären, wäre sowohl die Entdeckung der Gültigkeit von E für S wie die Entdeckung der Absurdität von E für S absurd, eine offenbar kontradiktorische Annahme.

Auf Grund der vorausgesetzten Ordnung des vollen Kontinuums hätten wir also entweder $(u_1)_{SE} < (u_2)_{SE}$ oder $(u_1)_{SE} > (u_2)_{SE}$. Im ersteren Falle wäre das Gelingen eines Beweises der Absurdität von E für S, das ja zu $(u_1)_{SE} > (u_2)_{SE}$ führen würde, absurd. Im letzteren Falle dagegen wäre das Gelingen eines Beweises der Gültigkeit von E für S, das ja zu $(u_1)_{SE} < (u_2)_{SE}$ führen würde, absurd.

Damit also für ein beliebiges S und ein beliebiges E die zum Punktkernpaare $(u_1, u_2)_{SE}$ gehörende ordnende Relation bestimmt sein könne, d.h. *damit überhaupt eine Ordnung des Kontinuums möglich sei, muss notwendigerweise die Sachlage I bestehen.*

Nehmen wir weiter an, dass das reduzierte Kontinuum in irgendwelche Weise geordnet wäre, erzeugen wir genau wie oben die Fundamentalreihe von Strecken

$p_{\sigma_\nu} v_{\tau_\nu}$ $(\nu = 1, 2, \ldots)$, und bestimmen wir im Anschluss an dieselbe die „positiv-konvergente" Fundamentalreihe von Punktkernpaaren $(t_1', t_1''), (t_2', t_2''), (t_3', t_3''), \ldots$ wo $t_\nu = p_{\sigma_\nu}$ und $t_\nu'' = v_{\tau_\nu}$ für $\nu \leq k_1$, $t_\nu' = p_{\sigma_{k_1}}$ und $t_\nu'' = v_{\tau_{k_1}}$ für $\nu > k_1$ und k_1 ungerade, und $t_\nu' = v_{\tau_{k_1}}$ und $t_\nu'' = p_{\sigma_{k_1}}$ für $\nu > k_1$ und k_1 gerade. Diese Fundamentalreihe konvergiert „positiv" gegen ein scharfes Punktkernpaar $(t_1, t_2)_{k_1}$. Auf Grund der vorausgesetzten Ordnung des reduzierten Kontinuums müsste man dann aus der eventuellen Verschiedenheit von $(t_1)_{k_1}$, und $(t_2)_{k_1}$, d.h. aus der eventuellen Absurdität der Absurdität der Existenz von k_1, entweder die Beziehung $(t_1)_{k_1} < (t_2)_{k_1}$, mithin die Unmöglichkeit von $(t_1)_{k_1} > (t_2)_{k_1}$, mithin die Unmöglichkeit der Existenz eines geraden k_1, mithin die *Ungradzahligkeit eines eventuellen* k_1, oder die Beziehung $(t_1)_{k_1} > (t_2)_{k_1}$, mithin die Unmöglichkeit von $(t_1)_{k_1} < (t_2)_{k_1}$ mithin die Unmöglichkeit der Existenz eines ungraden k_1, mithin die *Gradzahligkeit eines eventuellen* k_1 herleiten können. Und die gleiche Herleitungsmöglichkeit müsste für alle analog gebildete Paare von scharfen Punktkernen im Falle ihrer eventuellen Verschiedenheit bestehen, d.h., damit eine Ordnung des reduzierten Kontinuums möglich sei, muss notwendigerweise die Sachlage III bestehen.

Kapitel I.5

Das Haupttheorem der finiten Mengen

Wir betrachten eine beliebige Menge M. Sei μ die M zugrunde liegende abzählbar unendliche Menge der endlichen (gehemmten und ungehemmten) Wahlfolgen $F_{sn_1\ldots n_2}$, wo s und die n_ν die für die betreffende Wahlfolge der Reihe nach gewählten natürlichen Zahlen vorstellen, und wobei wir ohne Einschränkung der Tragweite des Beweises von ungehemmten, beendigten Wahlfolgen Abstand nehmen können.

Sei jedem Elemente von M eine natürliche Zahl β zugeordnet. Alsdann ist in μ eine solche abtrennbare zählbare Teilmenge μ_1 von ungehemmten endlichen Wahlfolgen ausgezeichnet, dass einem beliebigen Elemente von μ_1 für alle aus ihm hervorgehenden Elemente von M dieselbe natürliche Zahl β zugeordnet ist, während weiter eine Beweisführung h vorliegt, mittels welcher sich für ein beliebiges ungehemmtes Element von μ herausstellt, dass jede aus ihm hervorgehende ungehemmte unendliche Wahlfolge einen zu μ_1 gehörigen Abschnitt besitzt (Ein ungehemmtes Element von μ soll nämlich dann und nur dann zu μ_1 gerechnet werden, wenn bei ihm — aber bei keinem seiner echten Abschnitte — nach dem *Algorithmus* des Zuordnungsgesetzes die Entscheidung hinsichtlich β nicht bis auf weitere Wahlen aufgeschoben wird; dabei ist es selbsverständlich keineswegs ausgeschlossen, dass man hinterher auch weder zu μ_1 gehörige noch einen zu μ_1 gehörigen Abschnitt besitzende Elemente von μ angeben kann mit der Eigenschaft, dass allen aus einem solchen Elemente von μ hervorgehenden Elementen von M dieselbe natürliche Zahl zugeordnet ist).

Nennen wir ein Element von μ *versichert*, wenn es entweder gehemmt ist oder einen zu μ_1 gehörigen (echten oder nicht echten) Abschnitt besitzt, so ist μ in eine zählbare Menge τ von versicherten und eine zählbare Menge σ von nicht versicherten endlichen Wahlfolgen zerlegt und die Beweisführung h zeigt, dass ein beliebiges F *versicherbar* ist, d.h. dass jede aus ihm hervorgehende für M

ungehemmte unendliche Wahlfolge einen bestimmten zu μ_1 gehörigen Abschnitt besitzt.

Sei $h_{sn_1...n_r}$ eine Beweisführung, welche die Versicherbarkeit des Elementes $F_{sn_1...n_r}$ von σ herleitet, so beruht diese Beweisführung, ausser auf dem Gegebensein von μ_1 und den gehemmten Wahlfolgen von μ ausschliesslich auf denjenigen zwischen den Elementen von μ bestehenden Beziehungen, welche sich zusammen setzen aus *Elementarbeziehungen* e von der Art, wie sie zwischen zwei Elementen $F_{mm_1...m_g}$ und $F_{mm_1...m_g m_{g+1}}$, von denen das eine eine unmittelbare Verlängerung des anderen ist, bestehen.

Weil nun zu einer beliebigen Beweisführung, wenn die in derselben benutzten Beziehungen in Grundbeziehungen zerlegbar sind, eine äquivalente „kanonisierte", d.h. in Elementarschlüsse zerlegte Beweisführung besteht, welche nur noch die Grundbeziehungen benutzt, so besteht zu $h_{sn_1...n_r}$ eine äquivalente kanonisierte Beweisführung $k_{sn_1...n_r}$, bei welcher die Versicherbarkeit von $F_{sn_1...n_r}$ in letzter Instanz ausschliesslich aus einer Kombination der von denjenigen Elementarbeziehungen e, welche $F_{sn_1...n_r}$ mit $F_{sn_1...n_{r-1}}$ und mit den $F_{sn_1...r_n\nu}$ verbinden, gebildeten Spezies $S_{sn_1...n_r}$ mit einer aus gewissen Elementarbeziehungen e sowie dem Gegebensein von μ_1 und den gehemmten Wahlfolgen, zuvor hergeleiteten Eigenschaft gefolgert wird. Zum Schlussglied von $k_{sn_1...n_r}$ braucht man also die vorherige Feststellung der Versicherbarkeit entweder von $F_{sn_1...n_{r-1}}$ oder von *allen* $F_{sn_1...n_r\nu}$. Bezeichnen wir nun die Herleitung der Versicherbarkeit eines $F_{mm_1...m_g}$ aus derjenigen von $F_{mm_1...m_{g-1}}$ als ζ-*Schluss*, die Herleitung der Versicherbarkeit eines $F_{mm_1...m_g}$ aus derjenigen von *allen* $F_{mm_1...m_g\nu}$ als $\mathcal{F}$-*Schluss*, dann bildet die Beweisführung $k_{sn_1...n_r}$ eine wohlgeordnete Spezies, von der jedes Vollelement von einem Elementarschluss gebildet wird, der im Falle, dass er die Versicherbarkeit eines Elementes von σ herleitet, entweder einen $\mathcal{F}$-Schluss oder einen ζ-Schluss darstellt.

Wir behaupten nun, dass jedes Element $F_{sn_1...n_r}$ von σ die *Wohlordnungseigenschaft* besitzt, d.h. dass die durch $F_{sn_1...n_r}$ bestimmte Teilmenge $M_{sn_1...n_r}$ von M in eine mit der Spezies der Vollelemente einer wohlgeordneten Spezies $T_{sn_1...n_r}$ ähnlichen Spezies von Teilmengen M_α, deren jede durch ein $F_{sn_1...n_r}$ enthaltendes, zu μ_1 gehöriges endliches Anfangssegment F_α von Wahlen bestimmt wird, zerlegt ist. Die Spezies $T_{sn_1...n_r}$ wird mittels erzeugender Operationen zweiter Art w konstruiert, deren jede der Umkehrung der Fortsetzung eines bestimmten, für M ungehemmten endlichen Anfangssegmentes von Wahlen mit einer freien neuen Wahl entspricht. Mit einer für M gehemmten bzw. eine Element von μ_1 abschliessenden neuen Wahl korrespondiert dabei für die entsprechende Operation w eine aus einem Nullelement bzw. Vollelement bestehende Ur-Spezies und umgekehrt. (Übrigens ersieht man, dass die Annahme, dass eine aus einem Nullelement bestehende Urspezies einer für M nicht gehemmten Wahl entspräche, sofort auf einen Widerspruch führt.)

Zum Beweise dieser Behauptung bezeichnen wir mit $f_{sn_1...n_r}$ die Spezies derjenigen Elemente von σ, von denen im Laufe von $k_{sn_1...n_r}$ die Versicherbarkeit festgestellt wird, und sagen, dass eine konstruktive Unterspezies u von $k_{sn_1...n_r}$

die Wohlordnungseigenschaft besitzt, wenn jedes Element von $f_{sn_1...n_r}$, von dem im Laufe von u die Versicherbarkeit festgestellt wird, die Wohlordnungseigenschaft besitzt. Weiter werden wir sagen, dass für eine konstruktive Unterspezies u von $k_{sn_1...n_r}$ die *Erhaltungseigenschaft* besteht, wenn *im Falle dass* jedes Element von $f_{sn_1...n_r}$, dessen Versicherbarkeit der Beweisführung u zugrunde liegt, die Wohlordnungseigenschaft besitzt, jedes Element von $f_{sn_1...n_r}$, von dem im Laufe von u die Versicherbarkeit hergeleitet wird, gleichfalls die Wohlordnungseigenschaft besitzt. Alsdann ersehen wir mittels der induktiven Methode an der Hand der Erzeugung von $k_{sn_1...n_r}$, dass für jede konstruktive Unterspezies von $k_{sn_1...n_r}$, mithin insbesondere für $k_{sn_1...n_r}$ selbst, die Erhaltungseigenschaft besteht. Aus der Erhaltungseigenschaft von $k_{sn_1...n_r}$ folgt aber unmittelbar die Wohlordnungseigenschaft von $k_{sn_1...n_r}$ mithin die Wohlordnungseigenschaft von $F_{sn_1...n_r}$.

Im Falle, dass M eine *finite* Menge ist, ist die wohlgeordnete Spezies $T_{sn_1...n_r}$ inhaltsgleich mit einer wohlgeordneten Spezies $Q_{sn_1...n_r}$, welche ohne Benutzung von Nullelementen, und zwar in solcher Weise der oben besprochenen Konstrukton von $T_{sn_1...n_r}$ parallel konstruiert wird, dass jeder für die Konstruktion von $T_{sn_1...n_r}$ verwandten Operation w_α eine für die Konstruktion von $Q_{sn_1...n_r}$ verwandte erzeugende Operation erster Art v_α entspricht, wobei die Summanden von v_α der Reihe nach ähnlich sind mit den Spezies der Vollelemente derjenigen Summanden von w_α, die Vollelemente enthalten. Die wohlgeordnete Spezies $Q_{sn_1...n_r}$ wird also unter ausschliesslicher Anwendung von erzeugenden Operationen erster Art konstruiert. Hieraus folgt aber, dass sowohl die Spezies der Elemente von $Q_{sn_1...n_r}$, wie die Spezies der Vollelemente von $T_{sn_1...n_r}$ *endlich* ist, dass also insbesondere für jede natürliche Zahl s die Spezies der Vollelemente von T_s *endlich* ist. Mithin kann eine solche natürliche Zahl z angegeben werden, dass ein beliebiges Element von μ_1 höchstens z Indices besitzt, sodass die einem beliebigen Elemente e von M zugeordnete natürliche Zahl β_e durch die ersten z erzeugenden Wahlen von e vollständig bestimmt und das Haupttheorem der finiten Mengen bewiesen ist.

Die wichtigste Anwendung des Haupttheorems bezieht sich auf die mit finiten Punktmengen zusammenfallenden Punktspezies und das sind in erster Linie (nicht aber ausschliesslich) die *katalogisierten kompakten Punktspezies*.

Eine Punktspezies heisst *katalogisiert*, wenn ihre Entfernung von einem beliebigen Elemente des „Raumgerüstes" (d.h. im Falle der Cartesischen Räume der Menge der endlichen Dualbrüche als Koordinaten besitzenden Punktkerne und im Falle der topologischen Räume der dem Raume zugrunde liegende katalogisierten Folge) sich mit jedem beliebigen Grade der Genauigkeit approximieren lässt, und *kompakt*, wenn sie erstens beschränkt ist (was nur im Falle der Cartesischen Räume gefordert werden muss, für die topologischen Räume im obigen Sinne aber aus der Definition dieser Räume folgt) und zweitens jede positiv-konvergente Folge von Elementen der Spezies positiv gegen ein Element der Spezies konvergiert. Die Herleitung der Eigenschaft des Zusammenfallens mit finiten Punktmengen, wollen wir für die katalogisierten kompakten Punktspezies der Ebene skizzieren (für katalogisierte kompakte Punktspezies anderer Räume bleibt der Beweis im Prinzip der gleiche).

Zunächst zeigt man leicht, dass die gegebene katalogisierte kompakte Punktspezies mit einer *gleichmässigen* Punktspezies Q (deren n-te Quadrate alle gleich gross, also alle $\lambda^{(\mu_n)}$-Quadrate sind, wobei überdies $\mu_{n+1} \geq \mu_n + 4$ angenommen werden darf) zusammenfällt. Sodann bestimmt man für jedes n eine solche Menge t_n von $\lambda^{(\mu_n)}$-Quadraten, dass jedes ein $\lambda^{(\mu_n)}$-Quadrat von Q teilweise oder ganz überdeckende $\lambda^{(\mu_n)}$-Quadrat zu t_n gehört, und jedes $\lambda^{(\mu_n)}$-Quadrat von t_n für jedes m eine Entfernung $< 2^{-\mu_n}$ von einem $\lambda^{(\mu_n)}$-Quadrat von Q besitzt. Jedes $\lambda^{(\mu_n)}$-Quadrat, das im engern Sinne in seinem Innern einen Punkt von Q enthält, gehört dann zu t_n.

Sei q_n ein beliebiges Quadrat von t_n; q_n' bzw. q_n'' konzentrisch zu q_n und mit auf $\frac{3}{4}$ bzw. $\frac{7}{8}$ reduzierter Seitenlänge. Wir zerlegen die Spezies der q_n (in teilweise beliebiger Weise) in eine Spezies der h_n und eine Spezies der k_n, mit der Massgabe dass Q ausserhalb eines beliebigen h_n' liegt, und dass (im engern Sinne) innerhalb eines beliebigen k_n'' ein Punkt von Q angegeben werden kann. Wir erhalten eine finite Punktmenge S, indem wir zunächst ein beliebiges k_1 wählen, und sodann der Reihe nach ein im engern Sinne innerhalb dieses k_1 gelegenes k_2, ein im engeren Sinne innerhalb des letzteren gelegenes k_3, u.s.w. Dass dieser Prozess sich unbegrenzt fortsetzten lässt, so dass tatsächlich eine Menge entsteht, geht daraus hervor, dass das k_n'' eines schon gewählten k_n (im engern Sinne) einen angebbaren Punkt von Q enthält; dieser Punkt von Q liegt (im engern Sinne) innerhalb eines k_{n+1}', dessen k_{n+1} (im engern Sinne) innerhalb des eben genannten k_n gelegen sein muss. Diese finite Punktmenge S aber fällt mit Q zusammen. Zu einer beliebigen zu S gehörigen Folge $k_1^\circ, k_2^\circ, \ldots$ gehört nämlich eine Folge $p_1, p_2, \ldots$ von der Reihe nach in $k_1^\circ, k_2^\circ, \ldots$ gelegenen Punkten von Q; diese Folge $p_1, p_2, \ldots$ ist positiv-konvergent und konvergiert positiv gegen den Punkt $(k_1^\circ, k_2^\circ, \ldots)$, der mithin mit einem zu Q gehörigen Punkt zusammenfällt. Umgekehrt liegt ein beliebiger Punkt von Q (im engern Sinne) innerhalb eines k_1', innerhalb eines k_2' u.s.w., fällt mithin zusammen mit dem von den entsprechenden $k_1, k_2, \ldots$ bestimmten Punkt von S zusammen.

Auf Grund der hiermit bewiesenen Eigenschaft gilt für die katalogisierten kompakten Punktkernspezies der folgende *intuitionistische Überdeckungssatz*:

> *Wenn durch ein Gesetz w jedem Elemente e einer katalogisierten kompakten Punktkernspezies Q eine Umgebung von e zugeordnet ist, so kann eine endliche Anzahl dieser Umgebungen angegeben werden, in denen Q vollständig enthalten ist.*

Bei der Erörterung dieses Überdeckungsgesetzes beschränken wir uns wieder auf Punktkernspezies der Ebene (eine auch hier unwesentliche Beschränkung) und formulieren für dieselben zunächst die Definition der *Umgebung*:

Eine Punktkernspezies, zu der jeder in einer Entfernung $\leq 2^{-n}$ vom Punktkerne P gelegene Punktkern gehört, heisst eine *n-Umgebung von P*. Eine Punktkernspezies, welche für passendes n eine n-Umgebung von P ist, heisst eine *Umgebung von P*.

Um nun für die katalogisierte kompakte ebene Punktkernspezies Q den Beweis des Überdeckungssatzes zu führen, konstruieren wir eine mit Q zusammenfallende finite Punktmenge S. Jedem Punkte von S ist dann mittels des damit zusammenfallenden Punktkernes von Q eine Umgebung und somit eine natürliche Zahl n, mittels welcher diese Umgebung als n-Umgebung charakterisiert wird, zugeordnet. Für n bestehen aber auf Grund des Haupttheorems nur endlich viele Werte und somit ein Maximalwert m, so dass das Gesetz w einem beliebigen Elemente e von Q eine Umgebung $w(e)$ zuordnet, welche eine m-Umgebung ist. Es ist nun leicht, eine solche endliche Menge $\pi_1, \pi_2, \ldots, \pi_k$ von endlichen-dualen Punktkernen zu bestimmen, dass jedes π_ν in einer Entfernung $< 2^{-m-1}$ von einem Punktkern $P(\pi_\nu)$ von Q gelegen ist, und überdies jeder Punktkern von Q in einer Entfernung $< 2^{-m-1}$ von einem der π_ν. Dann aber liegt jeder Punktkern von Q in einer Entfernung $< 2^{-m}$ eines Punktes $P(\pi_\nu)$, mithin innerhalb eines $w\{P(\pi_\nu)\}$. Weil aber die $w\{P(\pi_\nu)\}$ nur in endlicher Anzahl bestehen, so ist hiermit unser Satz bewiesen.

Dagegen gilt in der intuitionistischen Mathematik *nicht* der klassischen Heine-Borelsche Überdeckungssatz:

Wenn einem beliebigen Elemente e einer kompakten Punktkernspezies Q eine Umgebung von e zugeordnet ist, so existiert eine endliche Anzahl dieser Umgebungen, in denen Q vollständig enthalten ist.

Betrachten wir zunächst den klassischen Beweis dieses Satzes, der wie folgt gefasst werden kann: Wir nennen eine Umgebung von P eine α-Umgebung von P, wenn der grösste Kreis um P, dessen Inneres ganz zur betreffenden Umgebung gehört, den Radius α besitzt. Wir ordnen nun jedem Punkte von P zunächst alle diejenigen (irgend einem Punkte von Q zugeordneten) Umgebungen zu, die P als inneren Punkt enthalten, mithin für P α-Umgebungen mit variabelen α sind, wobei dieses α für P einen (übrigens vielleicht nicht erreichten) Maximalwert α_P aufweist, und behalten sodann für jedes P davon nur *eine* derartige Umgebung $u(P)$, für welche $\alpha \geq \frac{1}{2}\alpha_P$. Dann erweist sich die Voraussetzung, dass es eine gegen einen Punkt P von Q konvergierende unbegrenzte Folge von Punkten $P_1, P_2, \ldots$ von Q gäbe, für welche $\lim \alpha_{P_\nu} = 0$ wäre, als ungereimt. Hieraus folgt nach der klassischen, nicht aber nach der intuitionistischen Auffassung, dass eine reelle Zahl $\beta > 0$ existiert, so dass $\alpha_P \triangleright \beta$ für jedes P, wonach die auf der Konstruktion der endlichen Punktmenge $\pi_1, \pi_2, \ldots, \pi_k$ beruhende zweite Hälfte des Beweises genau so wie oben für den intuitionistischen Überdeckungssatz verläuft, was von intuitionistischen Standpunkte nur unter der Voraussetzung der Katalogisierung stichhaltig ist.

Der intuitionistischen Auffassung also recht unzulänglichen Charakter des obigen Beweises legt die Vermutung nahe, dass sich gegen den klassischen Überdeckungssatz Gegenbeispiele werden konstruieren lassen, und diese ist tatsächlich der Fall.

Betrachten wir z.B. auf dem Linearkontinuum die kompakte Punktspezies, welche erstens den Punktkern $+1$, zweitens, im Falle dass k_1 [siehe S. 26] existiert, auch den Punktkern -1 enthält, und ordnen wir jedem Punktkerne π dieser Spezies ein in π zentriertes Intervall der Länge 1 zu. Alsdann versagt der Heine-Borelsche Überdeckungssatz, was in diesem Falle seinen Grund darin findet, dass die Katalogisierungsbedingung nicht erfüllt ist. [20]

Ein noch schrofferes Gegenbeispiel liefert im Linearkontinuum die Zahlenreihe $c_1, c_2, c_3, \ldots$, wo $c_\nu = (-2)^{-\nu}$ für $\nu \leq k_1$ und $c_\nu = (-2)^{-k_1}$ für $\nu > k_1$, samt den eventuellen Grenzpunkten dieser Zahlenreihe, wenn wir jedem c_ν das Intervall $(\frac{3}{4}c_\nu, \frac{5}{4}c_\nu)$, einem eventuellen Grenzpunkte der c_ν dagegen das Interval $(-\frac{1}{2}, +\frac{1}{2})$ zuordnen. Der Grund, dass auch hier, trotzdem die Katalogisierungsbedingung erfüllt ist, der Heine-Borelsche Überdeckungssatz versagt, liegt im Umstande, dass in der intuitionistischen Mathematik für eine beliebige Punktspezies wohl die Spezies der Limespunktkerne, nicht aber wie in der klassischen Mathematik die Vereinigung der Spezies der Punktkerne und der Grenzpunktkerne notwendigerweise eine kompakte Punktkernspezies bildet.

Als zweite Anwendung des Haupttheorems formulieren wir die Herleitung der *Unzerlegbarkeit des Kontinuums*, d.h. der Eigenschaft, dass bei einer beliebigen Zerlegung des Kontinuums in zwei Teilspezies, eine dieser Teilspezies mit dem Kontinuum identisch, mithin die andere Teilspezies leer ist. Es genügt diese Eigenschaft für das Einheitskontinuum zu beweisen. Dazu bestimmen wir eine mit dem Einheitskontinuum zusammenfallende finite Punktmenge J indem wir für jedes ν unter den k_ν-Intervallen $k'_\nu, \ldots, k_\nu^{(s_\nu)}$, die von links nach rechts geordneten, das Intervall $(0, 1)$ teilweise überdeckenden $\lambda^{(4\nu+1)}$-Intervallen, und unter J die Menge der Intervallschachtelungen $k_1^{(\mu_1)}, k_2^{(\mu_2)}, k_3^{(\mu_3)} \ldots$ verstehen. Wenn nun das Linearkontinuum in zwei Teilspezies K_1 und K_2 und dementsprechend die Punktmenge J in zwei Punktspezies J_1 und J_2 zerlegt ist, so muss nach dem Haupttheorem ein solches n und eine solche Zerlegung der Menge der k_m in eine Menge der $_1k_m$ und eine Menge der $_2k_m$ bestehen, dass jeder aus einem $_1k_m$ hervorgehende Punkt von J zu J_1 und jeder aus einem $_2k_m$ hervorgehende Punkt von J zu J_2 gehört. Wenn nun sowohl die Menge der $_1k_m$ wie diejenige der $_2k_m$ Elemente enthielte, würde ein $_1k_m^{(\alpha)}$ bestehen, das ein $_2k_m^{(\beta)}$ teilweise überdeckte. Dann aber könnte man einen aus $_1k_m^{(\alpha)}$ hervorgehenden, mit einem aus $_2k_m^{(\beta)}$ hervorgehenden zusammenfallenden Punkt von J angeben, der einem sowohl zu K_1 wie zu K_2 gehörenden Elemente des Linearkontinuums entsprechen würde. Aus diesem Widerspruche folgern wir, dass entweder J_1 oder J_2, also entweder K_1 oder K_2 leer ist.

Aus der Unzerlegbarkeit des Kontinuums folgt sofort die Kontradiktorität des Aussage, dass *jeder* unendliche Dualbruch entweder rational oder irrational sei. Diese Kontradiktorität illustriert aufs deutlichste den *Fortfall der Widerspruchsfreiheit des principium tertii exclusi für beliebige (also nichtnotwendig endliche) Spezies von Eigenschaften* [21].

In derselben Weise wie für das Kontinuum stellt sich die Unzerlegbarkeit für ein kompaktes Dreieck heraus[1] neuen einfachen Beweis der Eigenschaft, dass

---

[1] Die Unzerlegbarkeit gilt übrigens ganz allgemein für ein beliebiges katalogisiertes kompaktes

eine Ordnung des Kontinuums unmöglich, oder genauer ausgedrückt, vom Bestehen der Sachlage I abhängig ist. Auf Grund der Unzerlegbarkeit des kompakten ebenen Dreiecks werden wir nämlich feststellen, dass eine Ordnung des Kontinuums, *wenn sie existierte*, notwendig mit der naiven, d.h. mit der auf Grund des naiven Anschauung eingeführten virtuellen Ordnung oder derselben Umkehrung identisch sein müsste [23]. Dazu bezeichnen wir die ordnende Relation einer beliebigen hypothetischen Ordnung des Einheitskontinuums mit $\dot{>}$ bez. $\dot{<}$. Weil die Punktkernpaare (x, y) des Einheitskontinuums, für welche $y \geq x + 2^{-n}$, in der (x, y)-Ebene ein abgeschlossenes Dreieck bilden, ist entweder für alle diese Punktkernpaare $y \dot{>} x$ oder für alle $y \dot{<} x$.

Wir verfolgen zunächst den ersten Fall, der für alle Punktkernpaare (x, y), für welche $y \leq x - 2^{-n}$ die Beziehung $y \dot{<} x$ nach sich zieht. Weil die gleichen Tatsachen für beliebiges n bestehen, so ist stets $y \dot{>} x$ bzw. $y \dot{<} x$, wenn $y > x$ bzw. $y < x$. Wenn weiter ein Paar existierte, für welches sowohl $y \triangleleft x$, wie $y \dot{>} x$, so wäre für dasselbe $y \dot{<} x$ unmöglich, mithin $y < x$ unmöglich, mithin $y \triangleleft x$ unmöglich. Aus diesem Widerspruch folgt, dass stets $y \dot{<} x$, wenn $y \triangleleft x$ und ebenso $y \dot{>} x$, wenn $y \triangleright x$. Weil aber die „naive" virtuelle Ordnung unerweiterbar ist, so muss nunmehr auch stets $y \triangleleft x$ bzw. $y \triangleright x$ sein, wenn $y \dot{<} x$ bzw. $y \dot{>} x$, d.h. die hypothetische Ordnung des Einheitskontinuums müsste *mit der „naiven" virtuellen Ordnung identisch sein.*

Verfolgen wir analog den zweiten Fall, so erweist sich die hypothetische Ordnung des Einheitskontinuums *mit der Umkehrung der „naiven" virtuellen Ordnung identisch.*

Als dritte Anwendung des Haupttheorems werden wir den intuitionistischen *Satz von der gleichmässigen Stetigkeit voller* (d.h. überall definierter) *Funktionen des Einheitskontinuums* beweisen. Die Vermutung der Richtigkeit dieses Satzes wird nahegelegt durch die vom intuitionistischen Standpunkte unmittelbare Evidenz des etwas schwächeren *Satzes von der augenscheinlichen Stetigkeit voller Funktionen des Einheitskontinuums.* Dabei verstehen wir unter einer *augenscheinlich stetigen* Funktion $f(x)$ eine Funktion, für welche nur das Bestehen der Sachlage III einen Argumentwert x_0 zulassen könnte, für den sie *positiv unstetig wäre,* d.h. dass eine natürliche Zahl p und eine gegen x_0 positiv konvergierende Fundamentalreihe $x_1, x_2, \ldots$ angegeben werden könnten, so dass $f(x_1), f(x_2), \ldots$ alle um mehr als $\frac{1}{p}$ von $f(x_0)$ verschieden wären. Nehmen wir nämlich an, dass $x_1, x_2, \ldots$ positiv gegen x_0 konvergieren und dass für die natürliche Zahl p und die volle Funktion $f(x)$ für jedes ν die Beziehung $\mid f(x_\nu) - f(x_0) \mid \triangleright \frac{1}{p}$ erfüllt wäre und betrachten wir nun die gegen den Argumentwert c positiv konvergierende Fundamentalreihe $c_1, c_2, \ldots$, wo $c_\nu = x_\nu$ für ν ungerade und $< k_1$; $c_\nu = x_0$ für ν gerade und $< k_1$; $c_\nu = x_{k_1}$ für $\nu \geq k_1$ und k_1 ungerade; $c_\nu = x_0$ für $\nu > k_1$ und k_1 gerade. Alsdann kann $f(c)$ nur im Falle des Bestehens der Sachlage III bestimmt werden.

Der Beweis der obengenannten gleichmässigen Stetigkeit voller Funktionen des Einheitkontinuums wird nun geführt mittels der oben zur Herleitung der Unzerlegbarkeit des Kontinuums konstruierten, mit den Einheitskontinuum zusam-

---

„Kontinuum" eines topologischen Raumes [22].

menfallenden finiten Punktmenge J. Bei einer vollen Funktion $f(x)$ ist jeder Intervallschachtelung $k_1^{(\mu_1)}, k_2^{(\mu_2)} \ldots$ eine Schachtelung von λ-Intervallen $\lambda_1, \lambda_2 \ldots$ zugeordnet, und zwar besteht auf Grund des Haupttheorems für jede natürliche Zahl ν eine solche natürliche Zahl m_ν (von der wir voraussetzen dürfen, dass sie mit wachsendem ν nicht abnimmt), dass λ_ν *durch die Wahl von* $k_1^{(\mu_1)}$, $k_2^{(\mu_2)}, \ldots k_{m_\nu}^{(\mu_{m_\nu})}$ *bestimmt ist.* Für jedes ν kann mithin nur eine endliche Anzahl ℓ_ν von λ-Intervallen als λ_ν auftreten, und es besteht für dieselben eine *maximale Breite* b_ν, die für unbeschränkt wachsendes ν gegen Null konvergiert (I).

Bezeichnen wir mit $t_\nu^{(\rho)}$ das zu $k_\nu^{(\rho)}$ konzentrisch liegende Intervall, dessen Breite $\frac{3}{4}$ der Breite von $k_\nu^{(\rho)}$ beträgt, und seien P_1 *und* P_2 *zwei beliebige Punktkerne des Einheitskontinuums, deren Abstand* $< 2^{-4\nu-3}$, d.h. $< \frac{1}{4}$ der Breite der k_ν-Intervalle ist. Alsdann kann ein $t_\nu^{(\mu_\nu)}$ bestimmt werden, in dem P_1 und P_2 beide enthalten sind, und mittels dieses $t_\nu^{(\mu_\nu)}$ eine zu P_1 gehörige Intervallschachtelung $k_1^{(\mu_1)}, \ldots k_\nu^{(\mu_\nu)}, k_{\nu+1}^{(\sigma_1)} \ldots$, und eine zu P_2 gehörige Intervallschachtelung $k_1^{(\mu_1)} \ldots k_\nu^{(\mu_\nu)}, k_{\nu+1}^{(\tau_1)}, \ldots$ (II)

Sei ε eine beliebige positive, von Null positiv verschiedene Grösse. Wählen wir ν_ϵ so gross, dass $b_{\nu_\varepsilon} < \varepsilon$ und setzen wir $2^{-4m_{\nu_\varepsilon}-3} = a_\varepsilon$, dann gehören nach (I) zu zwei beliebigen Elementen von J, für welche $\mu_1, \ldots, \mu_{m_{\nu_\varepsilon}}$ alle gleich sind, zwei „Werte" von $f(x)$, deren Differenz dem absoluten Werte nach weniger als b_{ν_ε}, mithin weniger als ε beträgt. Nach (II) gehören also auch zu zwei beliebigen Punktkernen P_1 und P_2 des Einheitskontinuums, deren Abstand $< a_\varepsilon$ ist, zwei Werte von $f(x)$, deren Differenz dem absoluten Werte nach weniger als ε beträgt, w.z.b.w.

In ganz analoger Weise wie das Theorem von der gleichmässigen Stetigkeit voller Funktionen folgt als vierte Anwendung aus dem Haupttheorem, dass, wenn eine unbegrenzte Folge von vollen Funktionen des Einheitskontinuums überall konvergiert gegen eine Grenzfunktion, diese Konvergenz gleichmässig ist. Dies bedeutet in der intuitionistischen Theorie der reellen Funktionen den Zusammenbruch der Theorie der Baireschen Funktionsklassen, welche verschmelzen zur (nicht in Klassen zerlegten) Spezies der *messbaren Funktionen.* Eine derartige messbare Funktion ist im allgemeinen nicht stetig, mithin auch nicht voll, sondern existiert „fast überall" und ist Limes einer unbegrenzten Folge von vollen Funktionen. Die messbare Funktionen besitzen weiter die Eigenschaft, dass eine Funktion, gegen welche eine Fundamentalreihe von messbaren Funktionen „fast überall" konvergiert, wiederum messbar ist.

Die intuitionistische Theorie der messbaren Funktionen, der eine intuitionistische Theorie der messbaren Punktspezies zugrunde liegt und welche eine Integrationstheorie aufzubauen gestattet, deren Integralbegriff den Riemannschen Integralbegriff als Specialfall umfasst, ist von der klassischen Theorie der messbaren Funktionen in recht vielen Punkten verschieden. Bemerkenswert ist z.B. dass nach der intuitionistischen Auffassung eine konstante Funktion nicht den klassischen Messbarkeitsbedingungen genügt; man wird z.B. für die mittels der oben konstruierten reellen Zahl r definierte konstante Funktion $y = r$ vergeblich versuchen die Spezies der Abzissenwerte für welche sie den Wert 0 besitzt als messbar zu erkennen.

Indem wir auf weiteren Erörterung der intuitionistischen Lehre von den reellen Funktionen verzichten wollen wir im Schlusskapitel durch einige Beispiele zeigen, eine wie durchgreifende Umarbeitung schon der Anfangskapitel verschiedener mathematischer Disziplinen vom Intuitionismus gefordert werden muss.

Kapitel I.6

Intuitionistische Kritik an einigen elementaren Theoremen

I.6.1 Existenzsatz des Maximums

Jede volle Funktion des Einheitskontinuums $f(x)$ weist ein Maximum auf, d.h. einen solchen Abzissenwert x_1 des Einheitskontinuums, dass für jeden Abzissenwert x des Einheitskontinuums $f(x_1) \geq f(x)$.

Zählen wir nun aber die zwischen 0 und 1 gelegenen irreduziblen endlichen Dualbrüche (ausschliesslich 0 und 1) in üblicher Weise durch eine Fundamentalreihe $\delta_1, \delta_2 \ldots$ ab, verstehen wir unter $g_n(x)$ die Funktion, die für $x = \delta_n$ den Wert 2^{-n} besitzt, für $x = 0$ sowie für $x = 1$ verschwindet, während sie sowohl zwischen $x = 0$ und $x = \delta_n$ wie zwischen $x = \delta_n$ und $x = 1$ linear verläuft, und setzen wir $f_n(x) = g_n(x)$ für $n = k_1$, sonst $f_n(x) = 0$, so besitzt die volle Funktion des Einheitskontinuums $f(x) = \sum_{n=1}^{\infty} f_n(x)$ kein Maximum, womit der Existenzsatz des Maximums hinfällig geworden ist.

Wohl aber bestehen in der intuitionistischen Mathematik in diesem Zusammenhang folgende Sätze:

1. *Eine volle Funktion des Einheitskontinuums $f(x)$ besitzt einen Maximalwert M, und es lässt sich für jedes $\varepsilon > 0$ einen solchen Abzissenwert x_ε angeben, dass $M - f(x_\varepsilon) < \varepsilon$*

2. *Eine volle Funktion des Einheitskontinuums $f(x)$, deren Endwert s kleiner ist als der Anfangswert r, besitzt unendlichviele vorwärts gerichtete Maxima, d.h. derartige Abzissenwerte x_0, dass $f(x_0) > f(x)$ für $x_0 < x$, und ebenso unendlich viele rückwärts gerichtete Minima, deren Ordinatenwerte in jedes zwischen r und s enthaltene λ-Intervall eindringen. [24]*

© Springer-Verlag GmbH Deutschland, ein Teil von Springer Nature 2020
D. van Dalen und D. E. Rowe, *L. E. J. Brouwer: Intuitionismus*, Mathematik im Kontext, https://doi.org/10.1007/978-3-662-61389-4_7

I.6.2   Bolzano-Weierstrassches Theorem

Zur intuitionistischen Widerlegung dieses Theorems genügt die Betrachtung der Menge der reellen Zahlen c_n, wo $c_n = 1 + 2^{-n}$ für $n \leq k_1$ und $c_n = 2^{-n}$ für $n > k_1$. Um für die Ebene einen intuitionistischen Rest des Bolzano-Weierstrasschen Theorems zu formulieren, definieren wir eine *zerstreute ebene Punktspezies* als eine ebene Punktkernspezies in bezug auf welche jeder Punkt der Ebene ein Quadrat besitzt, innerhalb dessen je zwei Quadrate von Punkten der Punktkernspezies nicht ausserhalb voneinander liegen. Weiter werden wir sagen, dass die Spezies N von der Spezies M *überdeckt* ist, wenn jedem Elemente α von M ein Element β von N zugeordnet ist in solcher Weise, dass gleichen Elementen α gleiche Elemente β entsprechen und die Spezies der β mit N identisch ist. Es gilt dann der mittels des Haupttheorems herzuleitende Satz, dass zu einer beschränkten zerstreuten ebenen Punktkernspezies Q eine solche endliche Spezies S angegeben werden kann, dass Q von einer Teilspezies von S überdeckt wird.

Selbstverständlich lässt der Intuitionismus auch folgende Variante des Bolzano-Weierstrasschen Theorems bestehen: Zu einer beliebigen beschränkten unendlichen Punktkernspezies Q, einer beliebigen reellen Zahl $\varepsilon > 0$ und einer beliebige natürlichen Zahl n lassen sich n Punktkernen von Q angeben, von denen je zwei einen Abstand $\lhd \varepsilon$ besitzen.

I.6.3   Satz von der reellen Wurzelexistenz

Eine volle Funktion des Einheitkontinuums, die > 0 für $x = 0$ und < 0 für $x = 1$ ist, weist einen Wert x_0 auf, für den sie sich annuliert.

Um zu diesem Satz ein intuitionistisches Gegenbeispiel zu konstruieren, zählen wir die zwischen $\frac{1}{3}$ und $\frac{2}{3}$ gelegenen irreduziblen endlichen Dualbrüche in üblicher Weise durch eine Fundamentalreihe $b_1, b_2, \ldots$ ab und definieren folgendermassen eine volle Funktion $g_n(x)$ des Einheitskontinuums: $g_n(0) = 1$; $g_n(\frac{1}{3}) = 2^{-n}$; $g_n(b_n) = 0$; $g_n(\frac{2}{3}) = -2^{-n}$; $g_n(1) = -1$, während g_n zwischen den Argumentpaaren 0 und $\frac{1}{3}$, $\frac{1}{3}$ und b_n, b_n und $\frac{2}{3}$, $\frac{2}{3}$ und 1 je linear verläuft. Sodann setzen wir $f_n(x) = g_n(x)$ für $n < k_1$; $f_n(x) = g_{k_1}(x)$ für $n \geq k_1$; $f(x) = \lim f_n(x)$. Die Funktion $f(x)$ verstösst gegen den Satz von der reellen Wurzelexistenz.

Der intuitionistisch in Kraft bleibende Teil dieses Satzes lautet folgendermassen: Eine volle Funktion des Einheitskontinuums, die > 0 für $x = 0$ und < 0 für $x = 1$ ist, weist zu jeder reellen Zahl $\varepsilon > 0$ einen Wert x auf, für den sie einen absoluten Wert $\lhd \varepsilon$ besitzt.

I.6.4 Fundamentalsatz der Algebra

Sämtliche für diesen Satz geführte Beweise der klassischen Mathematik sind vom intuitionistischen Standpunkt zu verwerfen, wie wir an drei Beispielen solcher Beweise erörtern werden.

Betrachten wir zunächst den *Vektorindexbeweis*, der für die algebraïsche Gleichung $f(x) = 0$ zunächst ein hinreichend grosses Quadrat in der x-Ebene angibt, auf dessen Umfang bei einem positiven Umlauf der f-Vektor n Male positiv herumläuft, sodann dieses Quadrat in 4 kongruente homothetische Quadrate zerlegt, unter denen es angeblich wenigstens eines gibt, auf dessen Umfang entweder eine Wurzel liegen muss oder bei einem positiven Umlauf der f-Vektor eine nicht verschwindende Anzahl von positiven Umläufte vollbringt, darauf im letzteren Falle das zuletzt betrachtete Quadrat in 4 kongruente homothetische Quadrate zerlegt, u.s.w. Denken wir nun aber, dass man bei diesem Verfahren z.B. auf das Quadrat A stösst, dessen Endpunktkoordinaten alle den absoluten Wert 1 besitzen, während sowohl auf seinem Umfange wie auf dem Umfange seiner rechten Hälfte, welche sich ihrerseits wieder aus einem oberen Quadrat B_1 und einem unteren Quadrat B_2 zusammensetzt, bei einem positiven Umlauf der f-Vektor ebenfalls einmal positiv herumläuft, und sich dabei sowohl auf der oberen wie auf der unteren Hälfte des Umfanges der rechten Hälfte je über einen Winkel π im positiven Sinne dreht, während zwischen $x = 0$ und $x = 1$ die X-Komponente des f-Vektors monoton von $+1$ bis -1 abnimmt, und die Y-Komponente zunächst monoton von 0 bis r und sodann monoton von r bis 0 variiert. Alsdann würde in der beim betreffenden Beweisverfahren konstruierte Quadratfolge im Falle eines positiven r das Quadrat B_1, im Falle eines negativen r dagegen das Quadrat B_2 bei einem Umlauf seines Umfanges einen einmaligen positiven Umlauf des f-Vektors aufweisen, mithin in der betreffenden Quadratfolge das auf A folgende Quadrat darstellen; bei der bestehenden Ungelöstheit des k_1-Problems ist es also nicht möglich, das auf A folgende Quadrat zu bestimmen, womit sich der illusorischen Charakter des Vektorindexbeweises herausgestellt hat.

Wir gehen über zum *funktionentheoretischen indirekten Beweis*. Dieser geht aus von Modulus m von $f(0)$, wählt eine positive reelle Zahl $R_1 > m$, bezeichnet mit N die Punktkernspezies mod $f \leq R_1$ der f-Ebene, wählt eine solche positive reelle Zahl R, dass das Minimum des Modulus des in der f-Ebene gelegenen Bildes des Kreises mod $x = R$ der x-Ebene $> R_1$ ist, und bezeichnet mit M das in der f-Ebene gelegene Bild der Punktkernspezies mod $x \leq R$ der x-Ebene. Behauptet wird dann, dass *entweder* N in M ganz enthalten sei, wonach die Wurzelexistenz nur noch eine Tantologie bedeute, eine intuitionistisch nicht anerkannte Folgerung, *oder* innerhalb N Randpunkte von M angegeben werden können, was gegen die konforme Korrespondenz zwischen x und f verstosse. Auch wenn die aus dieser Alternative gezogenen Konsequenzen vollkommen stichhaltig wären, würde die Alternative an sich, sogar im nicht vorliegenden Falle, dass M beweiskräftig als katalogisierte kompakte Punktkernspezies erkannt wäre, eine intuitionistisch unerlaubte Anwendung des Satzes vom ausgeschlossenen Dritten darstellen.

Schliesslich betrachten wir die Gruppe von (grossenteils arithmetischen) Beweisen, welche *für die Fälle einer von Null positiv verschieden Diskriminante und einer verschwindenden Diskriminante gesondert geführt werden.* Sie setzen sämtlich voraus, dass von diesen beiden Fällen immer entweder der erstere oder der letztere vorliege. Dass auch dies eine unerlaubte Anwendung des Satzes vom ausgeschlossenen Dritten darstellt, zeigt die Gleichung $x^3 - 3\pi^2 x + 2\rho^3 = 0$ mit der Diskriminante $-108(\pi^6 - \rho^6)$, wenn wir $\rho = \pi + r$ wählen.

Indessen besteht diese Alternative der von Null entweder positiv verschiedenen oder verschwindenden Diskriminante wohl für Gleichungen mit rationalkomplexen Koeffizienten, und es ist zunächst für diese, dass ein auf der betreffenden Alternative beruhender intuitionistisch richtiger Beweis der Zerlegung von f in Linearfaktoren gelingt, indem man für ein f mit von Null positiv verschiedener Diskriminante mittels geeigneter Konstruktionen eine solche positiv-konvergente Fundamentalreihe $x_1, x_2, \ldots$ bestimmt, dass $f(x_1), f(x_2) \ldots$ positiv gegen Null konvergieren, in dieser Weise eine erste Wurzel findet, durch einen dieser Wurzel entsprechenden Linearfaktor dividiert, und so fortfahrend in gleicher Weise die weiteren Wurzeln konstruiert, wonach der Fall der verschwindenden Diskriminante auf den Fall der von Null positiv verschiedenen Diskriminante zurückgeführt wird. Hiernach ist auch jedes solche f der Behandlung zugänglich, für welches ein solches n angegeben werden kann, dass der Koeffizient von x^n positiv von Null verschieden, der Koeffizient von x^ν für $\nu > n$ dagegen gleich Null ist, indem man nämlich gegen ein solches f eine Fundamentalreihe $f_1, f_2, \ldots$, alle n-ten Grades mit rationalkomplexen Koeffizienten, positiv konvergieren lässt, mittels geeigneter Vorsichtsmassnahmen, eine Fundamentalreihe $x^\circ_{\nu_1}, x^\circ_{\nu_2}, \ldots$, für welche $f_{\nu_n}(x_{\nu_n}) = 0$, heraushebt, welche positiv konvergiert gegen ein x°, für welches $f(x^\circ) = 0$; und in dieser Weise für f die Zerlegung in Linearfaktoren sichert.

Neue Schwierigkeiten bieten dann noch die viel allgemeineren f, deren Koeffizient von x^ν für $\nu > n$ verschwindet, und für $\nu = r$, wo $0 \leq r \leq n$, von Null positiv-verschieden ist, während einen sonstigen Wert von ν weder bekannt zu sein braucht, dass er verschwindet, noch dass er von Null positiv verschieden ist. Aber auch hier gelingt schliesslich die Zerlegung in Linearfaktoren, so dass der Fundamentalsatz der Algebra in der intuitionistischen Mathematik in einem weiten Umfang erhalten bleibt. [25]

I.6.5   Existentialgrundsätze der ebenen projektiven Geometrie

In der projektiven Ebene besteht zu je zwei verschiedenen Punkten eine und nur eine die beide enthaltende Gerade und zu je zwei verschiedenen Geraden ein und nur ein gemeinsamen Punkt.

Zur Widerlegung dieser Sätze brauchen wir nur in der euklidischen Ebene das von den Punkten $(0,0)$ und $(s, |s|)$ gebildete Punktenpaar und das von der

X-Achse und der Verbindungsgerade der Punkte $(-1, 2s)$ und $(1, |s|)$ gebildete Geradenpaar zu betrachten.

Nur folgende Teilsätze bleiben in der intuitionistischen Mathematik bestehen: Zu je zwei Punkten p_1 und p_2 der metrischen projektiven Ebene existiert für jede natürliche Zahl n eine Gerade, welche sowohl einen in einer Entfernung $\lhd 2^{-n}$ von p_1 wie einen in einer Entfernung $\lhd 2^{-n}$ von p_2 liegenden Punkt enthält. Zu je zwei Geraden ℓ_1 und ℓ_2 der metrischen projektiven Ebene existieren für jede natürliche Zahl n ein Punkt p_1 von ℓ_1 und ein Punkt p_2 von ℓ_2, die in einer Entfernung $\lhd 2^{-n}$ voneinander liegen.

I.6.6 Fixpunktsätze

Von diesen werden wir zwei Beispielen behandeln:

Zu je zwei Lagen eines um einen Fixpunkten beweglichen festen Körpers des euklidischen Raumes kann eine Gerade durch den Fixpunkt bestimmt werden, deren Lage für die beiden Lagen des festen Körpers dieselbe ist.

Zur Widerlegung dieses Satzes definieren wir wie folgt im mit einem recht-winkligen Koordinatensystem versehenen euklidischen Raume eine Fundamental-reihe $r_1, r_2, \ldots$ von Drehungen eines von den Koordinatenanfangspunkt beweglichen festen Körper, welche alle von derselben Anfangslage s_0 ausgehen und diesel-be in die Endlage s_ν überführen. Fur $\nu \leq k_1$ findet die Drehung r_f, für $\nu = 3\sigma$ um die X-Achse, für $\nu = 3\sigma + 1$ um die Y-Achse, für $\nu = 3\sigma + 2$ um die Z-Achse statt, und zwar über eine Drehungswinkel $2^{-\nu}$. Für $\nu > k_1$ dagegen ist $r_\nu = r_{k_1}$. Sei s die als Limes von $s_1, s_2, \ldots$ definierte Lage des festen Körpers. Es ist dann unmöglich, eine durch den Koordinatenanfangspunkt gehenden Gerade anzugeben, welche für s_0 und s dieselbe Lage besässe.

Als intuitionistischen Restsatz bleibt folgende Aussage: Zu je zwei Lagen eines um ein Fixpunkt beweglichen festen Körpers des euklidischen Raumes kann für jedes $\varepsilon > 0$ eine Gerade durch den Fixpunkt bestimmt werden, deren Lagen für die beiden Lagen des festen Körpers einen Winkel $\lhd \varepsilon$ einschliessen.

Jede topologische Transformation einer kompakten Kreisfläche in sich weist einen Fixpunkt auf.

Zur Widerlegung dieses Satzes werden wir, wenn in der Euklidischen Ebene P ein innerhalb des Kreises K gelegener Punktkern ist, sagen, dass eine topolo-gische Transformation der durch K bestimmten kompakten Kreisfläche κ in sich eine Drehung um P uber den Winkel ψ darstellt, wenn dabei jeder zum von P und K bestimmten Kreisbüschel gehörende, in κ liegende Kreis in sich übergeführt wird, weiter die radii vectores durch P wiederum in radii vectores durch P über-gehen und der Kreis K im positiven Sinne über einen Winkel ψ in sich gedreht wird. Wir betrachten nun die Fundamentalreihe von Punktkernen der euklidi-schen Ebene $d_1, d_2, \ldots$, von denen jedes d_{2n} bzw. jedes d_{2n+1} mit dem Punktkern

$(0, \frac{1}{2})$ bzw. mit dem Punktkern $(0, -\frac{1}{2})$ zusammenfällt, und definieren wie folgt eine von der Identität positiv-verschiedene topologische Transformation t_n der von dem mit dem Radius 2 um den Koordinatenanfangspunkt beschriebenen Kreise C° bestimmten Kreisfläche κ° in sich. Für den Kreisring zwischen C° und dem Einheitskreis C° ist (wenn r und φ Polarkoordinaten um den Koordinatenanfangspunkt vorstellen) $r' = r$; $\varphi' = \varphi + (r - 1) + (2 - r)2^{-n}$; für die von C bestimmte Kreisfläche dagegen wird eine Drehung über den Winkel 2^{-n} um den Punkt d_n ausgeführt. Sodann definieren wir $\tau_n = t_n$ für $n \leq k_1$; $\tau_n = t_{\kappa_1}$ für $n > k_1$ und $\tau = \lim \tau_n$. Alsdann besitzt die von der Identität positiv-verschiedene topologische Transformation τ von κ° in sich keinen Fixpunkt.

Als intuitionistischen Restsatz bleibt folgende Aussage:

Für eine topologische Transformation τ einer Kreisfläche κ in sich kann für jedes $\varepsilon > 0$ ein Punkt P von κ bestimmt werden, dessen Entfernung von seinem Bildpunkte $<\varepsilon$ ist. [26]

Kapitel I.7

Anmerkungen

1] Erste Version:

Bevor ich Ihnen über einige Gegenstände der intuitiven oder direkten Mathematik vortrage, will ich einiges über die Vorgeschichte des Intuitionismus auseinandersetzen. Sie ist identisch mit der Geschichte der Anschauungen über den Ursprung der Exaktheit der Mathematik; nämlich einerseits über die Existenz oder Nicht-Existenz einer sei es objektiven, sei es intuitiven oder aprioristischen Grundlage derselben, — andererseits über die Rolle, welche die menschliche Sprache und die Logik in bezug auf den exakten Charakter der Mathematik spielen.

[2] Erste Version:

Die bei dieser „Arithmetisierung der Geometrie" erzielten Erfolge der axiomatischen Methode in der 1. Periode haben die *alt-formalistische Schule* (Dedekind, - Peano, - Russell, - Couturat, - Hilbert, - Zermelo) dazu ermutigt, den kantischen Standpunkt aufzugeben, das Objektive, bezw. Intuitive aus der Mathematik gänzlich auszuschalten und nur einen Zweckmässigkeitsanlass zum Aufbau einer ausschliesslich zur Mathematik gerechneten sprachlichen Mathematik anzuerkennen. Diese sprachliche Mathematik entwickelte sich wieder mittels der vier aristotelischen Spezies aus sprachlichen Axiomen und hat immer die Hoffnung gehegt, durch die Führung eines Beweises ihrer Widerspruchsfreiheit einen Schönheitsabschluss bekommen zu können.

[3] Die französische Schule der Semi-Intuitionisten ließ nur solche Reihen bzw. Mengen zu, die durch Gesetze definiert würden, die in endlich vielen Worten formulierbar waren. Brouwer bezeichnet diese Objekte als „fertig". [Hrsg.]

[4] Erste Version:

Demgegenüber hat die *alt-intuitionistische Schule* (Kronecker, - Poincaré, - Borel, - Lebesgue) für die Zahlenlehre den kantischen Standpunkt beibehalten und überdies für die Lehre der natürlichen Zahlen den deskriptiven kantischen Standpunkt, der die Exaktheit unabhängig von der Axiomatisierung,

© Springer-Verlag GmbH Deutschland, ein Teil von Springer Nature 2020
D. van Dalen und D. E. Rowe, *L. E. J. Brouwer: Intuitionismus*, Mathematik im Kontext, https://doi.org/10.1007/978-3-662-61389-4_8

mithin unabhängig von der Sprache postuliert, also der Widerspruchsfreiheit ohne logischen Beweis a priori sicher ist. Für das Kontinuum hat sie den Mut dazu nicht gehabt; die direkte Anschauung des Kontinuums erhielt ihre Exaktheit erst auf Kosten der Realitätssicherheit durch mehr oder weniger gewalttätige Axiome, sei es durch das nicht nur nicht reale, sondern vom intuitionistischen Standpunkt aus sogar falsche Kontinuitäts-Axiom, sei es durch das jeder Anschaulichkeit bare Vollständigkeits-Axiom; die aus diesem Grunde unternommenen Versuche, die Lehre des Kontinuums mittels logischer Operationen (z.B. mittels der Definition des Dedekindschen Schnittes) aus derjenigen der natürlichen Zahlen herzuleiten und auf diese Weise ihre Widerspruchsfreiheit auch ohne logischen Beweis sicher zu stellen, mussten deshalb scheitern, weil gewissen Antinomien, in erster Linie diejenige von Burali–Forti, zur Forderung der Vermeidung der nicht-prädikativen Definitionen zwangen und bei konsequenter Durchfürung dieser Forderung die aus den natürlichen Zahlen logisch herleitbare Mathematik auf das Abzählbar-Unendliche beschränkten.

[5] Erste Version:
Gebäuden bzw. Bauhandlungen.

[6] Gestrichen: „d.h. Abbildbarkeiten derselben auf andere Systeme, mit vorgeschriebenen Element-Korrespondenzen".

[7] Gestrichen: „(und a fortiori derselbe Glaube auch ausserhalb der Mathematik)"

[8] Gestrichen: „welche sodann weiteren Entfaltungen sowie der räsonierenden Mathematik zugrunde gelegt wird".

[9] Gestrichen: „Die gemeinsame Entstehungsart der Elemente einer Menge M werden wir kurz ebenfalls als *die Menge M* bezeichnen".

[10] Erste Version:
Die Menge M heisst eine Teilmenge der Menge N, wenn zu jedem Element von M ein gleiches Element von N existiert. Mengen und Elemente von Mengen werden *mathematische Entitäten* genannt.

[11] Erste Version:
wenn zu jedem Element der einen Spezies ein gleiches Element der anderen Spezies angegeben werden kann.

[12] Gestrichen: „Indessen entfernt sich der Neu-Intuitionismus durch diese Zulassung der unbegrenzten Folge freier Wahlen noch weiter vom Satz v.a.D., indem er ihn nicht nur unzulässig (was er schon war), sondern sogar ganz widersinnig macht; der beliebige unendliche Dualbruch, der ja eventuell in unbegrenzt bestehen bleibender Freiheit konstruiert werden kann, kann ja unmöglich als sei es sicher rational, sei es sicher (negativ) irrational gelten; es ist also hier sogar widersinnig bezw. falsch zu behaupten, dass er entweder rational oder irrational sei; trotzdem ist diese widersinnige Behauptung

widerspruchsfrei. Nicht vom Satz v.a.D. ausgesagt und auch nicht widerspruchsfrei ist indessen die Behauptung, dass *jeder* unendliche Dualbruch entweder rational oder irrational sei, wie wir bald noch besonders deutlich illustrieren werden auf Grund des sog. Satzes von der Unzerlegbarkeit des Kontinuums".

Zweite Version, ebenfalls gestrichen: „Die obige Menge der durch unbegrenzte Folgen freier Wahlen erzeugten unendlichen Dualbrüche illustriert auch den Fortfall der Widerspruchsfreiheit des principium tertii exclusi für beliebige (also nicht notwendig endliche) Spezies von Eigenschaften. Die Aussage, dass jede unendliche Dualbruch entweder rational oder irrational sei, ist nämlich kontradiktorisch wie wir bald beweisen werden auf Grund des sogenannten Satzes von der Unzerlegbarkeit des Kontinuums."

[13] Bequemlichkeitshalber ist hier und später Brouwers Schreibweise $\mathfrak{D}(M, N)$ durch $M \cap N$ ersetzt. [Hrsg.]

[14] Brouwers Schreibweise $\mathfrak{S}(M, N)$ ist überall durch $M \cup N$ ersetzt. Allerdings ist hier das „entweder–oder" irreführend; Brouwer hatte die normale Vereinigung (also mit „oder") im Auge. [Hrsg.]

[15] Ursprünglich „Vorlesungen".

[16] Gestrichen: „die vierte indessen nicht weniger scharf als die dritte, weil die Sicherheit der Existenz einer vielleicht teilweisen freien unbegrenzten Folge die spezielle Sicherheit *wenigstens einer* a priori festgelegten unbegrenzten Folge, d.h. *wenigstens einer* Fundamentalreihe in sich schliesst".

[17] In diesem Beweise wird das Haupttheorem der finiten Mengen zweimal angewendet. Um zu schließen, dass $m(ab) \leq k(ab)$, verfährt man wie folgt: Wenn $i_n(a)$ und $i_n(b)$ sich niemals trennen, gilt $a = b$; also ist ab leer und $k(ab) = [0, 1]$. D.h. $\forall x \in [0, 1](x \geq a \vee x \leq a)$, und das kann man mithilfe des oben genannten Haupttheorems widerlegen.
Die zweite Anwendung betrifft den letzten Schluss: $\forall x \in m(ab)$ $(x \leq a \wedge x \leq b \vee x \geq a \wedge x \leq b)$; man beachte, dass die Disjunktion eine exklusive ist.
Das Haupttheorem besagt nun, dass $m(ab)$ von endlich vielen Intervallen $j_1, \ldots, j_k$ überdeckt wird, sodass in jedem j_ν $x \leq a \wedge x \leq b$ für alle x oder $x \geq a \wedge x \geq b$ für alle x gilt. Die j_νs teilen sich in zwei Gruppen, sodass in jeder eine dieser zwei Alternativen gilt; aus diesen Gruppen konstruiert man direkt die gewünschte $i_\nu(a)$ und $i_\nu(b)$.
Übrigens kann man das Resultat am einfachsten ablesen, indem man den folgenden Überdeckungssatz benutzt. Wenn eine finite Menge von einer Familie $A_i (i \in I)$ überdeckt wird, dann wird sie auch schon von den offenen Kernen der A_i überdeckt werden (vgl. [Troelstra-van Dalen, Ch. 7, 2.6]). Es sei übrigens darauf hingewiesen, dass Brouwer hier offenbar das Haupttheorem für $\forall\exists$ und nicht nur für $\forall\exists!$ benutzte. [Hrsg.]

[18] Das ist tatsächlich eine routinemäßige Angelegenheit der Analysis. [Hrsg.]

[19] Gestrichen: „Wir wollen nunmehr untersuchen, inwiefern das Kontinuum und das reduzierte Kontinuum überhaupt geordnet werden können, und schicken dieser Untersuchung die Formulierung zweier weiterer Sachlagen voraus; (in solcher Weise, dass von den Sachlagen I, II, III, und IV jede folgende durch die vorhergehende impliziert wird):

Sachlage III: Wir verfügen über ein Mittel, für eine beliebige und untereinander identische Elemente enthaltende abtrennbare Teilspezies α der Folge ζ und eine beliebige Zerlegung von ζ in zwei Teilspezies β und γ, entweder die Zugehörigkeit eines eventuellen Elementes von α zu β, oder die Zugehörigkeit eines eventuellen Elementes von α zu γ festzustellen.

Sachlage I: Wir verfügen über ein Mittel, für eine beliebige mathematische Entität oder Spezies S und eine beliebige Eigenschaft E von der Gültigkeit von E für S entweder die Absurdität oder die Absurdität der Absurdität festzustellen."

[20] Gestrichen: „Ein noch schrofferes Gegenbeispiel lässt sich konstruieren mittels einer (sogar katalogisierten) Punktkernspecies, welche nur nach der klassischen, nicht nach der intuitionistischen Auffassung kompakt ist, welche nämlich eingeführt wird als Vereinigung der Punktkerne und der Grenzpunktkerne einer beliebigen Punktkernspecies; nach intuitionistischer Auffassung liefert nämlich zwar die Spezies der Limespunktkerne, nicht aber die Vereinigung der Spezies der Punktkerne und der Grenzpunktkerne einer beliebigen Punktkernspecies eine kompakte Punktkernspecies; (ein Punkt P ist dann ein Limespunkt bzw. Grenzpunkt der Punktkernspecies Q, wenn in jedem Quadrate von P ein Quadrat bzw. zwei ausserhalb voneinander liegende Quadrate von Q im engeren Sinne enthalten sind)."

[21] Weil Brouwer die Unzerlegbarkeit für das volle Kontinuum bewiesen hat, ist dies kein unmittelbares Korollar. Die Unzerlegbarkeit beweist man aber genauso für die Menge der unendlichen Dualbrüche. [Hrsg.]

[22] Siehe [Brouwer, 1926]. [Hrsg.]

[23] Gestrichen: „Dass nun für den Übergang der „naiven" virtuellen Ordnung des Linearkontinuums das Bestehen der Sachlage I erforderlich wäre, ersehen wir aus der Betrachtung der mathematischen Entität oder Spezies S, der Eigenschaft E und des Limespaares der unbegrenzten Folge von Zahlenpaaren (a_ν, b_ν), wo $a_\nu = 2^{-\nu}$ und $b_\nu = -2^{-\nu}$, solange man weder die Gültigkeit noch die Absurdität von E für S kennt; dagegen $a_\nu = 2^{-n}$ und $b_\nu = -2^{-n}$ für $\nu > n$, bezw. $a_\nu = -2^{-n}$ und $b_\nu = 2^{-n}$ für $\nu > n$, wenn zwischen der Wahl des n-ten und des $(n+1)$-ten Zahlenpaares ein Beweis der Gültigkeit bzw. der Absurdität von E für S gefunden wird."

[24] Vgl. [Brouwer, 1923]. [Hrsg.]

[25] Gestrichen: „Als Beispiel des intuitionistischen Einflusses auf die Topologie behandeln wir den *Jordanschen Kurvensatz*, dessen klassische Beweise sämt-

lich auf dem principium tertii exclusi beruhen, meistens in der Weise, dass man die Eigenschaften:

1. „Ein Teilbogen der Jordanschen Kurve J bestimmt in der Ebene eine Gebietsteilung;

2. Es gibt in der Ebene drei Punkte, von denen keine zwei sich ohne Berührung von J verbinden lassen;

3. Je zwei Punkte der Ebene lassen sich ohne Berührung von J verbinden;"

der Reihe nach ad absurdum führt. Statt dessen ist nun der intuitionistische Beweis wie folgt beschaffen:

1. Ein beliebiger von J vollständig, (d.h. für passendes n um mehr als 2^{-n}) entfernter Punkt P wird einer konstruktiven Operation unterzogen, welche zu einem der (sich gegenseitig ausschliessenden) Resultate α_1 und α_2 führt;

2. Es wird ein Beispiel eines Punktes P, der auf α_1 führt und ein Beispiel eines Punktes P, der auf α_2 führt, gegeben;

3. Es wird zu zwei, beide auf α_1 bzw. beide auf α_2 führenden Punkten P_1 und P_2 ein von J vollständig entfernter, P_1 und P_2 verbindender endlicher Streckenzug konstruiert;

4. Es wird die Existenz eines einen auf α_1 führenden Punkt P_1 und einen auf α_2 führenden Punkt P_2 verbindenden, von J vollständig entfernten endlichen Streckenzuges ad absurdum geführt;

5. Von der Spezies G_1 der auf α_1 führenden Punkte bzw. von der Spezies G_2 der auf α_2 führenden Punkte wird bewiesen, dass jeder Punkt ihrer Grenze γ_1 bzw. γ_2 einen Abstand Null von J besitzt.

6. Es wird zu einem beliebigen Punkte H von J eine gegen H positiv konvergierende unbegrenzte Folge von Punkten von G_1 und eine gegen H positiv konvergierende Folge von Punkten von G_2 konstruiert. (Dass der intuitionistische Jordansche Kurvensatz sich nur auf die von J vollständig entfernten und nicht auf die von J abweichenden Punkte beziehen kann, ersehen wir, wenn wir für J den Umfang des Einheitsquadrates $(0,0;0,1;1,1;1,0)$ wählen. Unter der Voraussetzung der Absurdität der Absurdität der Existenz von k_1 weicht dann der Punkt (r,r) von J ab, gehört aber weder zu G_1, noch zu G_2.) Die entweder auf α_1 oder auf α_2 führende Konstruktion ist die Ordnungsbestimmung, welche entweder zur Zahl ± 1 oder zur Zahl 0 führt. Dass diese Konstruktion für die obigen Zwecke ausreicht, wird aber erst klar, wenn wir zunächst eine ganz andere Konstruktion definieren, deren Resultat nur zwei Möglichkeiten zulässt, von denen sich hinterher herausstellt, dass die erste eine Ordnung ± 1, die zweite eine Ordnung 0 bedingt. Die Konstruktion hängt

ab von der Entfernung zwischen P und J; sie geht aus von einer quadratischen Teilung der Ebene, welche zu dieser Entfernung „gehört", und dementsprechend um so feiner sein muss, je kleiner die betreffende Entfernung ist. Durch Teilung gewisser Quadrate in der Umgebung von J wird ein einziger, J enthaltender Bereich ausgenommen, und im Reste gibt es nicht weiter ausdehnbare Bereiche β und darunter einen P enthaltenden Bereich β°, der, wie wir sagen werden, auf Grund der obigen Teilung dem Punkte P „zuordenbar" ist, dessen Grenze in der Nähe von J verläuft, und der entweder endlich oder unendlich ist. *Im ersten Falle* konstruieren wir in der Grenze π von β° eine diese Grenze einmal positiv durchlaufende, hinreichend dichte Kette k', in bezug auf welche P die Ordnung 1 besitzt. Diese Kette wird durch kleine Abänderungen, welche „ausserhalb der Nachbarschaft von P" stattfinden, mithin die Ordnung von P in bezug auf die Kette nicht beeinflussen, schrittweise in eine in J gelegene hinreichend dichte Kette k'' übergeführt. Wenn diese Kette J a Male positiv durchläuft, ist die Ordnung von P in bezug auf J gleich $\frac{1}{a}$. Mithin ist $\frac{1}{a} = \pm 1$, also $a = \pm 1$, und die Ordnung von P in bezug auf J ist ebenfalls gleich ± 1. *Im zweiten Falle* kann man P in vollständiger Entfernung nach dem Unendlichen bringen, so dass die Ordnung von P in bezug auf J gleich 0 ist. Im ersten Falle sprechen wir von einem positiv-inneren, im zweiten Falle von einem positiv-äusseren Punkte von J.

Ein Beispiel eines positiv-äusseren Punktes zu bringen, bietet keine Schwierigkeit. Um zu einem Beispiel eines positiv-inneren Punktes zu gelangen, bestimmt man zunächst ein solches ε, dass die „Ordnung in J" einer in J gelegenen $\frac{1}{2}\varepsilon$-Kette durch $\frac{1}{2}\varepsilon$-Abänderungen in J nicht beeinflusst wird. Sodann gelangt man wieder mittels einer hinreichend feinen quadratischen Teilung der Ebene zu den Bereichen β. Man kann diese Teilung so fein wählen, dass die Annahme, dass jedes in einem endlichen Bereiche β gelegene, aus ε-Quadraten bestehende Quadrat eine Seitenlänge $< \frac{1}{16}\varepsilon$ besitzt, durch Zusammenziehung einer geeignet gewählten $\frac{1}{2}\epsilon$-Kette in J durch $\frac{1}{2}\varepsilon$-Abänderungen in J auf einen Punkt ad absurdum geführt wird, so dass ein endlicher Bereich $\beta^{\circ\circ}$ besteht, in dem ein aus ε-Quadraten bestehendes Quadrat g der Seitenlänge $\geq \frac{1}{16}\varepsilon$ enthalten ist. Betrachten wir nun den Mittelpunktkern P von g, so ist dessen Entfernung von J so gross, dass die eben gebrauchte quadratische Teilung zu dieser Entfernung „gehört", wobei $\beta^{\circ\circ}$ als ein auf Grund dieser Teilung dem Punkte P zuordenbarer Bereich β° auftritt. Dann aber ist P auf Grund der Endlichkeit von $\beta^{\circ\circ} = \beta^\circ$ ein positiv-innerer Punkt von J.

Seien P_1 und P_2 beide positiv-innere Punkte, und bestimmen wir eine quadratische Teilung, welche sowohl zu $\rho(P_1, J)$ wie zu $\rho(P_2, J)$ gehört, und auf Grund derselben einen P_1 zuordenbaren Bereich β_1° und einen P_2 zuordenbaren Bereich β_2°. Wären nun β_1° und β_2° verschieden, dann besässe P_2 der

Reihe nach in bezug auf k_1', k_2'' und J die Ordnung 0. Auf Grund dieses Widerspruches sind β_1° und β_2° identisch und kann man einen von J vollständig entfernten, P_1 und P_2 verbindenden endlichen Streckenzug konstruieren, was (ebenfalls mittels einer sowohl zu $\rho(P_1, J)$ wie zu $\rho(P_2, J)$ gehörigen Teilung) noch viel einfacher gelingt, wenn P_1 und P_2 beide positiv-äusserere Punkte sind.

Ist dagegen P_1 ein positiv-innerer, P_2 ein positiv-äusserer Punkt, dann ist die Existenz eines von J vollständig entfernten, P_1 und P_2 verbindenden endlichen Streckenzuges ungereimt, weil auf einem derartigen Streckenzuge einerseits alle Punkte gleiche, andererseits P_1 und P_2 verschiedene Ordnungen in bezug auf J haben müssten.

Es bleiben noch die obigen Beweispunkte 5 und 6, zu denen man gelangt, indem man die Konstruktion, welche oben zum Beweispunkte 1 geführt hat, für einen Jordanschen Kurvenbogen F und einen Punkt P ausführt, wobei sich herausstellt, dass der erste Fall zu einem Widerspruch führt, mithin immer der zweite Fall auftritt, so dass je zwei von F vollständig entfernte Punkte durch einen von F vollständig entfernten Streckenzug verbunden werden können. Auf Grund dieser Eigenschaft ergeben sich die Beweispunkte 5 und 6 ohne Schwierigkeit.“

[26] Hinzugefügte und wieder gestrichene Passage:

„Ebenso ist der klassische Satz, dass eine eindeutige stetige Transformation vom Grade $n + 1$ der geschlossenen Kreislinie in sich n verschiedene Fixpunkte aufweist, in der intuitionistischen Mathematik hinfällig und zu ersetzen durch die Aussage, dass zu einer beliebigen eindeutigen Transformation vom Grade $n + 1$ der geschlossene Kreislinie C in sich, eine reelle Zahl $a > 0$ bestimmt werden kann mit der Eigenschaft, dass, für jedes $\varepsilon > 0$, n Punkte von C bestehen, von denen jeder eine Entfernung $\triangleleft \varepsilon$ von seinem Bildpunkte hat, und von denen je zwei eine Entfernung $\geq a$ besitzen.“

Teil II

Theorie der reellen Funktionen

Kapitel II.1

Grundlagen aus der Theorie der Punktmengen

II.1.1 Abschnitt: Punktspecies und Punktmengen

II.1.1.1 κ- und λ-Intervalle

Wir denken uns in einer Ebene ein rechtwinkliges Koordinatenkreuz $\mathcal{O}xy$ gezeichnet und zerlegen die Ebene in Quadrate κ_1 mit der Seitenlänge 1, deren Eckpunte ν ganzzahlige Koordinaten besitzen. Jedes dieser Quadrate κ_1 zerlegen wir in vier Kongruente, homothetische Teilquadrate κ_2 von der Seitenlänge $\frac{1}{2} = 2^{1-2}$ und definieren, in dieser Weise fortfahrend, Quadrate $\kappa_3, \kappa_4, \ldots$. Unter einem Quadrat κ oder κ-*Quadrat* verstehen wir dann ein Quadrat κ_ν mit willkürlichen Index ν. Ein derartiges κ_ν-Quadrat hat dann die Seitenlänge $\frac{1}{2^{\nu-1}} = 2^{1-\nu}$.

Wir dehnen diese Definition jetzt aus, indem wir bei κ_ν auch die Null und negative ganze Zahlen für ν zulassen. So hat dann z.B. ein κ_0-Quadrat die Seitenlänge 2, ein κ_{-1}-Quadrat die Seitenlänge 4, u.s.w.

Aus diesen Festsetzungen folgt, dass ein κ_ν-Quadrat Eckpunkte hat, deren Koordinaten durch die Dualbrüche

$$\begin{cases} x_1 = \frac{a}{2^{\nu-1}} \\ y_1 = \frac{b}{2^{\nu-1}} \end{cases}, \quad \begin{cases} x_2 = \frac{a+1}{2^{\nu-1}} \\ y_2 = \frac{b}{2^{\nu-1}} \end{cases}, \quad \begin{cases} x_3 = \frac{a+1}{2^{\nu-1}} \\ y_3 = \frac{b+1}{2^{\nu-1}} \end{cases}, \quad \begin{cases} x_4 = \frac{a}{2^{\nu-1}} \\ y_4 = \frac{b+1}{2^{\nu-1}} \end{cases}$$

gegeben sind, wobei a und b ganze Zahlen bedeuten.

Neben κ-Quadraten betrachten wir in Folgendem sogenannte λ-*Quadrate*. Diese sind so definiert: Je vier Quadrate $\kappa_{\nu+1}$ mit einem gemeinsamen Eckpunkt bilden ein λ_ν-Quadrat. Hieraus folgt, dass ein λ_ν- und ein (gleich grosses) κ_ν-Quadrat entweder 1. ausserhalb von einander liegen oder aber 2. sich mit einem

© Springer-Verlag GmbH Deutschland, ein Teil von Springer Nature 2020
D. van Dalen und D. E. Rowe, *L. E. J. Brouwer: Intuitionismus*, Mathematik
im Kontext, https://doi.org/10.1007/978-3-662-61389-4_9

Viertel (Abb. II.1.1) oder 3. zur Hälfte (Abb. II.2 und Abb. II.1.3) oder 4. sich ganz überdecken.

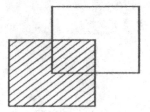

Abbildung II.1.1

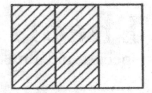

Abbildung II.1.2

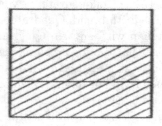

Abbildung II.1.3

Die Koordinaten der 4 Eckpunkte eines λ_ν-Quadrates sind dann gegeben durch:

$$\begin{cases} x_1 = \frac{a}{2^\nu} \\ y_1 = \frac{b}{2^\nu} \end{cases}, \begin{cases} x_2 = \frac{a+2}{2^\nu} \\ y_2 = \frac{b}{2^\nu} \end{cases}, \begin{cases} x_3 = \frac{a+2}{2^\nu} \\ y_3 = \frac{b+2}{2^\nu} \end{cases}, \begin{cases} x_4 = \frac{a}{2^\nu} \\ y_2 = \frac{b+2}{2^\nu} \end{cases}.$$

Wenn zwei Quadrate ausserhalb von einander liegen und auch keinen Randpunkte gemeinsam haben, so sagen wir sie liegen ausserhalb voneinander *im engern*

Sinne. Liegt ein Quadrat innerhalb eines anderen ohne gemeinsame Grenzpunkte, so sagen wir: es liegt *im engern Sinne innerhalb.*

Als *Abstand* zweier im engeren Sinne ausserhalb von einander liegende Quadrate definieren wir die Minimalentfernung zweier Punkte, von denen der eine dem Umfang des einen Quadrates, der andere dem Umfang des zweiten Quadrates zugehört. Von zwei sich zum Teil überdeckenden Quadraten oder von zwei Quadraten, von denen das eine innerhalb des anderen liegt, sagen wir, sie haben den *Abstand Null.*

Es bestehen dann, wie man leicht überlegt die folgenden Beziehungen:

1. Liegt ein κ_m-Quadrat im engern Sinne ausserhalb eines κ_n-Quadrates ($m \geq n$), so ist ihr Abstand grösser oder gleich der Seite des κ_m-Quadrates; also $\geq 2^{1-m}$.

2. Liegt ein λ_m-Quadrat im engern Sinne ausserhalb eines κ_n-Quadrates ($m \geq n$), so ist ihr Abstrand grösser oder gleich der halben Seitenlänge des λ_m-Quadrates; also $\geq 2^{-m}$.

3. Liegt ein κ_m-Quadrat im engern Sinne innerhalb eines κ_n-Quadrates, so ist $m \geq n + 2$, und die kleinste Randdistanz beider Quadrate ist $\geq 2^{1-m}$.

4. Liegt ein λ_m-Quadrat im engern Sinne innerhalb eines κ_n-Quadrates, so ist $m \geq n+1$, und die kleinste Randdistanz beider Quadrate ist $\geq 2^{-m}$. Dasselbe gilt, wenn ein λ_m-Quadrat im engern Sinne innerhalb eines λ_n-Quadrates gelegen ist.

Was wir bisher in einer xy-Ebene machten, können wir ebenso auf einer x-Axe und in einem n-dimensionalen Raume tun. Wir erhalten so n-dimensionale ($n = 1, 2, 3, \ldots$) κ- *und* λ-*Intervalle.* Die zweidimensionalen Intervalle nennen wir Quadrate und wir wollen im Folgenden an $n = 2$ festhalten um den Ausführungen mehr Ausschaulichkeit zu geben.

II.1.1.2 Der Punktbegriff

Nehmen wir vorerst noch $n = 1$ und betrachten eine unbegrenzt fortsetzbare Reihe[1] von *ineinander geschachtelten* λ-Intervallen $\lambda_{\nu_1}, \lambda_{\nu_2}, \lambda_{\nu_3}, \ldots$ von der Eigenschaft, dass jedes $\lambda_{\nu_{i+1}}$ *im engeren Sinne* im vorhergehenden $\lambda_{\nu_i}(i = 1, 2, \ldots)$ gelegen ist. Nach 1.1.1 ist dann die Länge des Intervalles $\lambda_{\nu_{i+1}}$ höchstens gleich der Hälfte der Länge von λ_{ν_i} und daher konvergiert die Länge dieser Intervalle gegen Null. Dies bedeutet: Ist eine positive ganze Zahl N (beliebig gross) gegeben, so lasst sich stets ein kleinster Index λ_h angeben, derart, dass die Intervall-länge von λ_{ν_h} kleiner als $\frac{1}{N}$ ist.

Eine derartige unbegrenzte Folge ineinander geschachtelter λ-Intervalle nennen wir einen Punkt P oder eine reelle Zahl P.

---

[1] Eine unbegrenzt fortsetzbare Reihe ist im Allgemeinen keine Fundamentalreihe (vgl. 1.1.3), da während ihrer Entstehung freie Wahl der Elemente nicht ausgeschlossen ist.

Wir betonen, dass bei uns die Folge

$$\lambda_{\nu_1}, \lambda_{\nu_2}, \lambda_{\nu_3}, \ldots \tag{II.1.1}$$

selbst der Punkt *P ist*, nicht etwa „der Grenzpunkt, auf welchen sich nach der klassischen Auffassung die λ-Intervalle zusammenziehen und der nach dieser Auffassung etwa als einziger Häufungspunkt der Intervallmittelpunkte definiert werden könnte".

Jedes der Intervalle (1) *gehört* dann zum Punkte *P*.

Wir weisen noch darauf hin, dass jedes Approximationsverfahren auf die Konstruktion einer derartigen Schachtelung von λ-Intervallen zurückführbar ist.

Gehen wir nun in die Ebene über. Hier ist ein Punkt *P* (= Zahlenpaar) eine Folge (1) von ineinander geschachtelten λ-*Quadraten*. Jedes λ_{ν_i}-Quadrat von (1) *gehört* zum Punkte *P*,

Jetzt definieren wir:

Zwei Punkte

$$P' = \lambda'_{\mu_1}, \lambda'_{\mu_2}, \ldots \quad \text{und} \quad P'' = \lambda''_{\mu_1}, \lambda''_{\mu_2}, \ldots$$

fallen zusammen, wenn jedes λ'-Quadrat ein λ''-Quadrat im engeren Sinne in seinem Inneren enthält und umgekehrt.[2]

Zwei Punkte P' und P'' sind örtlich verschieden, wenn zwei Quadrate λ'_{μ_ℓ} und λ''_{ν_k} angegeben werden können, die im engeren Sinne ausserhalb voneinander liegen.

Wir heben hervor, dass das Zusammenfallen von *P'* und *P''* nicht mit dem üblichen „der Punkt *P'* ist identisch mit *P''*" übereinstimmt. Bei uns sind zwei Punkte nur dann identisch, wenn das Quadrat λ' mit dem Quadrat λ'' identisch ist für jedes *i*, wenn also *P'* und *P''* durch dieselbe Quadratfolge gegeben sind.

Fallen *P'* und *P''*, sowie *P'* und *P'''* zusammen, so auch *P''* und *P'''*. Sind *P'* und *P''* örtlich verschieden und fallen *P''* und *P'''* zusammen, so sind auch *P'* und *P'''* örtlich verschieden.

Die beiden Relationen: $(\alpha) = P'$ fällt mit *P''* zusammen und $(\beta) = P'$ ist von *P''* örtlich verschieden schliessen sich gegenseitig aus, d.h. ist (α) erfüllt, so kann (β) *nicht* erfüllt sein und umgekehrt. Aber: Ist (α) nicht erfüllt, so folgt daraus noch keineswegs dass (β) erfüllt sein muss; *es ist also hier ein Drittes nicht ausgeschlossen*. Hingegen: Ist (β) nicht erfüllt, so (α) sicher, d.h. sind *P'* und *P''* *nicht* örtlich verschieden, so müssen sie zusammenfallen.

Der Begriff „örtlich verschieden" deckt sich genau mit dem der Verschiedenheit von 2 reellen Zahlen nach der klassischen Auffassung: wenn eine endliche Grösse $\frac{1}{N}$ angegeben werden kann die kleiner als die Differenz der beiden Zahlen ist.

Auf Eines sei noch besonders hingewiesen: Der übliche Kontinuumsbegriff wird von uns nicht als konsistent betrachtet. Bei uns ist die Gesamtheit der reellen

---

[2]Liegt in jedem Quadrat von *P'* ein Quadrat von *P''*, so folgt daraus, dass auch umgekehrt in jedem λ-Quadrat von *P''* ein Quadrat von *P'* gelegen ist.

Zahlen keine geordnete Menge und das scheinbar so anschauliche der kontinuierlichen Ausfüllung der Zahlen durch die reellen Zahlen findet bei uns sein Äquivalent in der *Willkür*, die bei der Wahl der λ-Intervalle bei einer *werdenden* Intervallfolge vorhanden ist.

II.1.1.3 Punktspecies und Punktmengen

Unter einer *Punktspecies* Q verstehen wir eine *Eigenschaft*, die nur eine Punkt besitzen kann. Besitzt ein Punkt A diese Eigenschaft, so sagen wir A *gehört* zur Punktspecies Q oder A *ist ein Punkt von* Q oder A ist ein Element von Q.

Beispiel: $Q =$ Eigenschaft mit einem gegebenen Punkte P zusammen zu fallen (vgl. 1.1.2). P ist dan selbst ein Element von Q.

Wir werden später auch sogenannte Species „zweiter Ordnung" betrachten, das sind Eigenschaften von Species. (Species von Species.)

Besondere Punktspecies sind die *Punktmengen*. Unter einer *Punktmenge* verstehen wir ein *Gesetz*, dem zufolge den aus der Folge $1, 2, 3, \ldots$ der natürlichen Zahlen willkürlich der Reihe nach herausgegriffenen Zahlen $n_1, n_2, n_3, \ldots$ entweder *erstens* ein λ-Quadrat zugeordnet wird, wobei zwei erhaltene, aufeinander folgende λ-Quadrate im engeren Sinne ineinander liegen, oder *zweitens* bei der Wahl der ersten Zahl n_1 *nichts* zugeordnet wird, oder, falls an $n_1, n_2, \ldots, n_{h-1}$ ($h \geq 2$) λ-Quadrate zugeordnet werden, bei der Wahl der h-ten Zahl n_h alle diese bisher erzeugten Quadrate vernichtet werden, wodurch der Prozess abgelaufen ist. In diesem Falle muss es aber wenigstens ein von n_h verschiedenes n_h' geben, bei dessen Wahl wieder ein λ-Quadrat durch das Gesetz zugeordnet wird.

Diese langatmige Definition lässt sich leider nicht durch eine kürzere ersetzen. Zur Verdeutlichung fügen wir Folgendes hinzu. Ein Punkt einer Punktmenge kommt so zustande:

Wir wählen zunächst aus $1, 2, 3, \ldots$ willkürlich ein n_1. Diesem n_1 ordnet das Gesetz oder die Menge zu: entweder ein λ-Quadrat λ_μ oder nichts. Im ersten Falle wählen wir wieder willkürlich aus $1, 2, 3, \ldots$ eine Zahl n_2 (die auch $= n_1$ sein kann). Diesem n_2 ordnet die Menge zu: erstens entweder ein in λ_μ liegendes λ-Quadrat λ_ν oder zweitens die Streichung des schon erhaltenen Quadrates λ_μ. In letzterem Falle kommt, wenn die zweite Wahl gerade auf n_2 viel, kein Element ($=$ Punkt) der Menge zustande. Dann gibt es aber sicher ein $n_2' \neq n_2$, dem das Gesetz ein λ-Quadrat zuordnet, wodurch die Sache weiter laufen kann. Wir wählen dann wieder aus $1, 2, 3, \ldots$ willkürlich ein n_3, u.s.f.

Ist das Gesetz so beschaffen, dass man beweisen kann, dass jedem n_1 *nichts* zugeordnet wird, so gehört *kein* Punkt zur Menge, die Menge ist *leer*.

Noch deutlicher wird obige Definition vielleicht durch nachstehendes Schema (Abb. II.1.4).

Eine Punktmenge M ist immer auch eine Punktspecies, aber nicht umgekehrt. Die gemeinsame Entstehungsart der durch das Gesetz M zu erzeugenden Quadratfolgen bezeichnen wir kurz ebenfalls mit M.

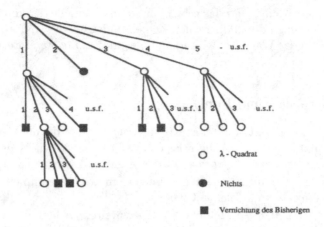

Abbildung II.1.4

Die Festsetzung, dass bei der ersten Wahl von n_1 durch das Gesetz nichts zugeordnet wird erkennt man als notwendig zur Ermöglichung *leerer* Mengen. Und damit man die Möglichkeit der Leere „überall in der Menge" bekommt, ist es notwendig, den Prozess „Vernichtung des Bisherigen" (x im Schema) bei den folgenden Wahlen zur Verfügung zu haben. Bei uns sind ein Punkt und daher auch die Punkte einer Menge immer etwas werdendes und manchmal etwas dauerhaft unbestimmtes, im Gegensatz zur Klassischen Auffassung, wo der Punkt sowohl als bestimmt, wie als fertig gilt.

Eine *Fundamentalreihe* von Punkten ist eine Punktmenge, bei der bei der ersten Wahl jeder Zahl n_1 ein λ-Quadrat entspricht, bei den weiteren Wahlen aber für jedes ν allen Zahlen n_ν mit Ausnahme einer einzigen zur Vernichtung führen. (vgl. nachfolgendes Schema, Abb. II.1.5)

Eine Fundamentalreihe von ineinander geschachtelten λ-Quadraten ist ein Punkt, aber nicht umgekehrt.

Gibt es bei jeder Wahl nur endlich viele aus den Zahlen $1, 2, 3, \ldots$, die eine Fortsetzung des Erzeugungsprozesses ermöglichen, dann sprechen wir von einer *finiten* Punktmenge. Es besteht dann für jedes n_α ein Maximum m_α, so, dass durch die Wahl eines $n_\alpha > m_\alpha$ der Erzeugungsprozess gehemmt wird.

II.1.1.4   Uniforme Punktspecies

Es seien Q_1 und Q_2 zwei ebene Punktspecies. Wenn jeder Punkt von Q_2 zusammenfällt mit einem Punkte von Q_1, so sagen wir, dass Q_2 *eine örtliche Teilspecies* von Q_1 ist. Ist auch umgekehrt Q_1 eine örtliche Teilspecies von Q_2, so sagen wir, dass Q_1 und Q_2 *zusammenfallen*.

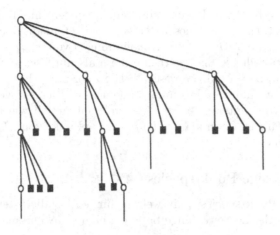

Abbildung II.1.5

Zusammenfallende Punktspecies sind also dann vorhanden, wenn jeder Punkt der einen mit einem Punkt der andere Species zusammenfällt und umgekehrt. Es ist hiernach auch klar, was unter örtlichen Teilmengen und unter zusammenfallenden Punktmengen zu verstehen ist.

Eine Punktspecies, bei der je zwei ihrer Punkte zusammenfallen, soll eine *punktierte* Species heissen.

Ist eine endliche Quadratgrösse λ_0 angebbar, die durch kein zu einem Punkte einer Punktspecies Q gehöriges λ-Quadrat übertroffen wird, so sagen wir Q ist *uniform*. Sei nun Q irgend eine Punktspecies. Wir lassen bei jedem Punkte von Q die λ-Quadrate weg, die $> \lambda_0$ sind. Dann erhalten wir eine *uniforme, mit Q zusammenfallende Punktspecies*. Es fällt also jede Punktspecies mit einer uniformen zusammen.

Sei nun M eine Punkt*menge*. Dann können wir vorerst nur behaupten, dass auch M mit einer uniformen Punkt*species* M_0 zusammen fällt. Es lässt sich aber leicht zeigen, dass M_0 wieder als eine *Menge* gewählt werden kann, dass also auch jede Punkt*menge* M mit einer uniformen Punkt*menge* M_0 zusammenfällt.

Zum *Beweise* blicken wir zurück auf das im vorigen Paragraphen gegebene Schema. Sind die bei der ersten Wahl zugeordneten λ-Quadrate nicht grösser als ein λ_1, so ist nichts weiter zu beweisen. Es seien also $\lambda_{-n_1}, \lambda_{-n_2}, \ldots$ ($n_i \geq 0$) die λ-Quadrate der ersten Wahl. Dann ist z.B. das erste davon 2^{1+n}-mal zu gross. Gehe ich aber von diesem λ_{-n_1} weiter bis zu seinen $(n_1+1)^{ten}$ Abkömmlingen die bei den $(n_1+2)^{ten}$ Wahlen erzeugt werden, so bin ich sicher, dass diese Abkömmlinge $\leq \lambda_1$ sind, denn bei jeder neuen Wahl wird die Seitenlänge der λ-Quadrate wenigstens halbiert. Diese Abkömmlinge von λ_{-n_1} bilden eine geordnete Menge von λ-Quadrate $\leq \lambda_1$, die sich durch eine einzige Fundamentalreihe abzählen lässt. Das kommt auf den bekannten Satz hinaus, dass eine Teilreihe einer Fundamentalreihe von Teilreihen von Fundamentalreihen wieder eine Teilreihe einer Fundamentalreihe bildet. Nach eben diesem Satze bilde ich nun aus den $(n_1+1)^{ten}$ Abkömmlingen von λ_{-n_1}, den $(n_2+1)^{ten}$ Abkömmlingen von $\lambda_{-n_2}, \ldots$ eine Teilreihe einer Fundamentalreihe F und betrachte diese als durch erste Wahlen bei einer Punktmenge uniformen M_0 hervorgehend. Die Zuordnung bei den weiteren Wahlen von M_0 ist dann durch M bestimmt, indem jedes Element von F in M_0 dieselbe Verzweigung von weiteren Abkömmlingen erhalten soll wie in M. Dass M_0 mit M zusammenfällt ist dann klar, es fällt ja jeder Punkt von M_0 mit einem Punkte von M zusammen.

II.1.1.5   Gleichmässige Punktspecies

Wir nennen eine Punktspecies Q, in welcher für jedes ν die ν-ten Quadrate von allen Punkten die gleiche Seitenlänge besitzen, eine *gleichmässige* Punktspecies.

Es gilt dann der *Satz:*

Jede uniforme Punktspecies Q (Punktmenge) fällt mit einer gleichmässigen Punktspecies Q_0 (Punktmenge) zusammen.

Beweis. Es sei Q eine nicht leere, uniforme Punktspecies und A irgend ein Punkt von Q, dargestellt durch die λ-Schachtelung $\lambda_{\nu_1}(A), \lambda_{\nu_2}(A), \ldots$. Es liegt dann jedes Quadrat $\lambda_{\nu_{h+1}}(A)(h \geq 1)$ im engeren Sinne innerhalb des Quadrates $\lambda_{\nu_h}(A)$. Da Q uniform ist, können wir weiter voraussetzen, dass für jeden Punkt A von Q das erste Quadrat $\lambda_{\nu_1}(A) \leq \lambda_1$ sei, wobei λ_1 die Seitenlänge 1 hat.

Wir konstruieren jetzt eine mit Q zusammenfallende Punktspecies Q' indem wir jeder Punkt A von Q ersetzen durch einen mit ihm zusammenfallenden Punkt A'. Dieses Ersetzen von A durch A' kommt zustande durch das Ersetzen der λ-Schachtelung

$$A = \lambda_{\nu_1}(A), \lambda_{\nu_2}(A), \ldots \quad (1 \leq \nu_1 < \nu_2 < \ldots) \tag{II.1.2}$$

durch die Teilschachtelung

$$A' = \lambda_{\nu_{h_1}}(A), \lambda_{\nu_{h_2}}(A), \ldots \quad (4 \leq \nu_{h_1} < \nu_{h_2} < \ldots), \ (1 \leq h_1 < h_2 < \ldots), \tag{II.1.3}$$

die jedenfalls einen mit A zusammenfallenden Punkt A' darstellt. Hierbei ist $\lambda_{\nu_{h_1}}$ das *erste* der λ-Quadrate (1), das $\leq \lambda_4$, $\lambda_{\nu_{h_2}}$ das *erste* der λ-Quadrate (1), das $\leq \lambda_7, \ldots, \lambda_{\nu_{h_i}}$ *erste* der λ-Quadrate von (1), das $\leq \lambda_{3i+1}$ ist, u.s.f. Die Seitenlängen der Quadrate (2) sind also höchstens gleich $\frac{1}{8}, \frac{1}{64}, \ldots, \frac{1}{2^{3i}}, \ldots$.

Aus der Punktspecies Q' konstruieren wir nun eine mit Q' und also auch mit Q selbst zusammenfallende *gleichmässige* Punktspecies Q_0 indem wir wieder jeden Punkt A' von Q' ersetzen durch einen mit ihm zusammenfallenden Punkt $\mathcal{A}_0$: wir überlagern im engeren Sinne jedes $\lambda_{\nu_{h_i}}$ von (2) möglichst konzentrisch mit einem λ_{3i-2}-Quadrat. Also $\lambda_{\nu_{h_1}}$ mit einem λ_1-Quadrat, $\lambda_{\nu_{h_2}}$ mit einem λ_4-Quadrat, u.s.f. Jeder Punkt $\mathcal{A}_0$ von Q_0 ist dann eine λ-Schachtelung.

$$A_0 = \lambda_1, \lambda_4, \lambda_7, \ldots, \lambda_{3i-2}, \ldots \tag{II.1.4}$$

und die Konstruktion von Q_0 ist beendet.

Es bleibt jetzt nur noch nachzuweisen, dass durch die so gefundenen λ-Quadrate (3) tatsächlich eine Schachtelung im engeren Sinne dargestellt wird. Wir gehen dazu aus von einem Quadrat $\lambda_{\nu_{h_i}}$ von (2), das höchstens die Seitenlänge 2^{-3i} hat. Es wird möglichst konzentrisch überdeckt mit einem λ_{3i-2}-Quadrat von der Seitenlänge 2^{-3i-3}. Sind mehrere derartige, möglichst konzentrisch-überdeckende λ_{3i-2} möglich, so nehmen wir unter ihnen das, was möglichst hoch und möglichst rechts liegt, dessen Mittelpunkt also möglichst grosse Koordinaten besitzt. Hierdurch wird unsere obige Konstruktion eindeutig. Jetzt nennen wir, um uns kürzer ausdrucken zu können, die Quadrate $\lambda_{\nu_{h_i}}$ und λ_{3i-2} kurz λ_ν und λ_ρ und bezeichnen ihre Seitenlängen mit demselben Buchstaben. Dann ist

$$\lambda_\nu \leq \frac{1}{8}\lambda_\rho \tag{II.1.5}$$

und wegen der möglichst konzentrischen Überdeckung von λ_ρ durch λ_ν haben wir (vgl. Abb. II.1.6) für die Randdistanz d zwischen λ_ρ und λ_ν:

$$\frac{1}{4}\lambda_\rho - \frac{1}{2}\lambda_\nu \leq d \leq \frac{3}{4}\lambda_\rho - \frac{1}{2}\lambda_\nu \tag{II.1.6}$$

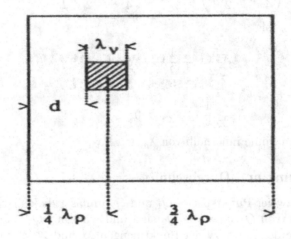

Abbildung II.1.6

In Abbildung II.1.7 sind λ_ρ und λ_ν gezeichnet; ferners das auf λ_ν in der Reihe (2) folgende λ'_ν und sein überdeckendes λ'_ρ. Analog (4) und (5) ist dann

$$\lambda'_\nu \leq \frac{1}{8}\lambda'_\rho \qquad \frac{1}{4}\lambda'_\rho - \frac{1}{2}\lambda'_\nu \leq d \leq \frac{3}{4}\lambda'_\rho - \frac{1}{2}\lambda_\nu \tag{II.1.7}$$

Bezeichnen wir jetzt mit ε die Randdistanz zwischen λ_ρ und λ'_ρ, so liest man aus Abb. II.1.7 ab:

$$\varepsilon \geq d_{\min} + \delta_{\min} - d'_{\max} \quad \text{, d.h.}$$

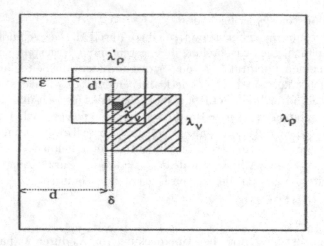

Abbildung II.1.7

$$\varepsilon \geq \left(\frac{1}{4}\lambda_\rho - \frac{1}{2}\lambda_\nu\right) + \frac{1}{2}\lambda'_\nu - \left(\frac{3}{4}\lambda'_\rho - \frac{1}{2}\lambda'_\nu\right)$$

woraus wegen $\lambda'_\rho = \frac{1}{8}\lambda_\rho$ folgt:

$$\varepsilon \geq \frac{5}{32}\lambda_\rho - \frac{1}{2}\lambda_\nu + \lambda'_\nu,$$

also wegen (4):

$$\varepsilon \geq \frac{1}{4}\lambda_\nu + \lambda'_\nu > 0,$$

d.h. λ'_ρ liegt im engeren Sinne innerhalb von λ_ρ, w.z.b.w.

II.1.1.6   Vereinigung und Durchschnitt

Die *Vereinigung* zweier Punktspecies Q_1 und Q_2 umfasst diejenigen Punkte, die entweder Elemente von Q_1 oder von Q_2 sind und wird mit $Q_1 \cup Q_2$, [1] bezeichnet. Die Vereinigung $M \cup N$ zweier Punktmengen M und N ist wieder eine Punkt*menge*.

Der *Durchschnitt* $Q_1 \cap Q_2$ zweier Punktspezies enthält als Elemente die Punkte, welche zu Q_1 und zu Q_2 gehören. Der Durchschnitt $M \cap N$ zweier Punktmengen ist eine Punktspecies, aber nicht notwendig wieder eine Punkt*menge*.

Es sei Q eine Punktspecies. Die Species der mit Punkten von Q zusammenfallenden Punkten nennen wir die *Ergänzung* $\mathcal{E}(Q)$ von Q. Q fällt daher immer mit ihrer Ergänzung $\mathcal{E}(Q)$ zusammen und ist sicher eine Teilspecies von $\mathcal{E}(Q)$, da jeder Punkt mit sich selbst zusammenfällt. Eine Punktspecies Q, zu der mit einem Punkte A gleichzeitig alle mit A zusammenfallenden Punkte gehören, ist mit ihrer Ergänzung $\mathcal{E}(Q)$ identisch und heisst eine *ganze Punktspecies*. Die Vereinigung

$Q \cup \mathcal{E}(Q)$ ist somit eine ganze Punktspecies, während der Durchschnitt $Q \cap \mathcal{E}(Q)$ mit Q identisch ist.

Neben Vereinigung $Q_1 \cup Q_2$ und Durchschnitt $Q_1 \cap Q_2$ unterscheiden wir *örtliche Vereinigung* $Q_1 \cup^ö Q_2$ und *örtlichen Durchschnitt* $Q_1 \cap^ö Q_2$ zweier Punktspecies Q_1 und Q_2.

Die *örtliche Vereinigung* $Q_1 \cup^ö Q_2$ ist die Species der Punkte die entweder mit einem Punkte von Q_1 oder mit einem Punkte von Q_2 zusammenfallen. Mit Benützung des Begriffes „Ergänzung" können wir daher auch sagen: $Q_1 \cup^ö Q_2 \equiv \mathcal{E}(Q_1) \cup \mathcal{E}(Q_2)$. Die örtliche Vereinigung enthält somit die Vereinigung $Q_1 \cup Q_2$ als Teilspecies. Sind Q_1 und Q_2 ganze Species, so besteht zwischen $Q_1 \cup Q_2$ und $Q_1 \cup^ö Q_2$ kein Unterschied.

Der *örtliche Durchschnitt* $Q_1 \cap^ö Q_2$ ist die Species der Punkte, die sowohl mit einem Punkte A_1 von Q_1 als auch mit einem Punkte A_2 von Q_2 zusammenfallen. Es ist also $Q_1 \cap^ö Q_2 \equiv \mathcal{E}(Q_1) \cap \mathcal{E}(Q_2)$ und der örtliche Durchschnitt enthält den Durchschnitt $Q_1 \cap Q_2$ als Teilspecies. Sind Q_1 und Q_2 ganz, dann ist wieder $Q_1 \cap^ö Q_2 \equiv Q_1 \cap Q_2$.

Die in diesem Paragraphen erklärten Begriffe lassen sich wörtlich auf beliebige *Species von Species* übertragen.

II.1.1.7 Sonstige Benennungen

Wir haben in 1.1.4 definiert, wann zwei Punktspecies Q_1 und Q_2 *zusammenfallen*. Jeder Punkt von Q_1 fällt dann mit einem Punkte von Q_2 zusammen und umgekehrt.

Ausser dem Zusammenfallen zweier Punktspecies Q_1 und Q_2 unterscheiden wir noch die Beziehungen: *örtlich übereinstimmend* und *örtlich kongruent*. Wir sagen, dass Q_1 und Q_2 *örtlich übereinstimmen*, wenn es unmöglich ist, einen Punkt von Q_1 anzugeben, der von jedem Punkte von Q_2 örtlich verschieden ist und umgekehrt. Wir sagen ferners, Q_1 und Q_2 sind *örtlich kongruent,* wenn es unmöglich ist, einen Punkt von Q_1 anzugeben, der unmöglich mit einem Punkte von Q_2 zusammenfallen kann und umgekehrt.

Die örtliche Kongruenz von Q_1 und Q_2 ist eine engere Beziehung der beiden Punktspecies als das örtliche Übereinstimmen, und das Zusammenfallen von Q_1 und Q_2 ist wieder enger als die örtliche Kongruenz.

Zur Verdeutlichung obiger Begriffe ein *Beispiel,* bei dem wir der Einfachheit halber von der Ebene auf die Zahlenaxe herabsteigen. Wir betrachten die folgenden vier Punktspecies auf der Einheitsstrecke:

S = Species aller reellen Zahlen (Zahl = λ-Schachtelung)

R = Species aller rationalen Zahlen

I_1 = Species aller positiv-irrationalen Zahlen

I_2 = Species aller negativ-irrationalen Zahlen.

Die übliche Definition der irrationalen Zahlen als solche, die nicht rational sind, können wir hier nicht aufrecht erhalten. Wir unterscheiden deshalb zweierlei Sorten: 1) positiv-irrationale Zahlen i_1; das sind λ-Schachtelungen i_1 mit der Eigenschaft, dass sich, wenn τ eine λ-Schachtelung einer rationalen Zahl bedeutet, immer zwei Intervalle $\lambda_{(i_1)}$ und $\lambda_{(r)}$ angeben lassen, die ausserhalb von einander liegen. i_1 und r sind also örtlich verschieden. Somit: $I_1 = $ *alle Punkte i_1, die nachweisbar von jeder rationalen Zahl örtlich verschieden sind.*
2) Negativ-irrationale Zahlen i_2 nenne wir solche, bei denen die Annahme $i_2 = $ rational ad absurdum geführt werden kann. Positiv-irrationale Zahlen sind daher auch negativ-irrational; aber das Umgekehrt muss nicht zutreffen.

Aus obigen vier Punktspecies S, R, I_1 und I_2 bilden wir nun die 3 Folgenden:

A $=$ S $=$ alle reellen Zahlen

B $= R \cup I_1 = $ Vereinigung von R und I_1

C $= R \cup I_2 = $ Vereinigung von R und I_2

Dann sind (α): A und B *örtlich übereinstimmend* und (β): A und C *örtlich kongruent.*

Zu (α): Es kann kein Punkt von A existieren, der von allen Punkten von B nachweisbar örtlich verschieden wäre. Gäbe es nämlich einen solchen Punkt von A, so wäre er insbesondere örtlich verschieden von allen Punkten von R, müsste also definitionsgemäss zu I_1 gehören. Also kann er nicht von jedem Punkte von I_1 örtlich verschieden sein, kann also erst recht nicht von jedem Punkte von B örtlich verschieden sein. Umgekehrt: Es kann kein Punkt von B existieren, der nachweisbar von allen Punkten von A örtlich verschieden wäre; denn jeder Punkt von B ist ein Punkt von A.

Zu (β): Es kann erstens kein Punkt von A existieren, dessen Zusammenfallen mit einem Punkte von C unmöglich ist, d.h. es ist ausgeschlossen, dass für einen Punkt von A das Zusammenfallen mit einem Punkte von C ad absurdum geführt würde. Sei nämlich P ein Punkt von A und nehmen wir an, dass das Zusammenfallen von P mit einem beliebigen Punkt von C ad absurdum geführt sei. Dann wäre insbesondere das Zusammenfallen von P mit einem Punkte von R ad absurdum geführt, d.h. P würde definitionsgemäss zu I_2 gehören, also mit einem Punkte von I_2 zusammenfallen, was der Annahme widerspricht, dass dieses Zusammenfallen ad absurdum geführt wäre.

Zweitens kann kein Punkt von C existieren, dessen Zusammenfallen mit einem Punkte von A unmöglich wäre, da ja A alle Punkte von C enthält.

Wenn kein mit einem Punkte der Punktspecies Q_1 zusammenfallender Punkt der Punktspecies Q_2 existieren kann und die Vereinigung $Q_1 \cup Q_2$ mit der Punktspecies Q_3 örtlich kongruent ist, so sagen wir, dass Q_3 sich aus Q_1 und Q_2 *örtlich zusammensetzt* und nennen Q_1 und Q_2 *örtliche Komplementärspecies* von Q_3.

Beispiel: Q_1 sei eine beliebige örtliche Teilspecies (vgl. 1.1.4) von Q_3 und Q_2 sei die Species derjenigen Punkte von Q_3, deren Zusammenfallen mit einem Punkte von Q_1 unmöglich ist.

Im obigen Beispiele ist: $Q_3 = A$, $Q_1 = R$ und $Q_2 = I_2 =$ Species der negativ-irrationalen Zahlen.

II.1.2 Grenzpunkte, Katalogisierung

II.1.2.1 Limespunkte, Grenzpunkte

Wenn ein Quadrat des Punktes A im engeren Sinne innerhalb eines Quadrates q liegt, so sagen wir, *dass A in q enthalten ist*. Wenn alle Punkte einer Punktspecies Q in einem bestimmten Quadrate q enthalten sind, so nennen wir Q eine *geschränkte* Punktspecies. Die im Folgenden in Betracht kommenden Punktspecies und Punktmengen werden ohne ausdrückliche Erwähnung des Gegenteiles als geschränkt vorausgesetzt.

Ein Punkt A heisst ein *Limespunkt* der Punktspecies Q, wenn in jedem Quadrate von A ein Quadrat eines Punktes von Q enthalten ist. Jede nicht leere Punktspecies Q besitzt Limespunkte, z.B. die Punkte von Q selbst oder die Punkte der Ergänzung $\mathcal{E}(Q)$ (vgl. 1.1.6).

Ein Punkt B heisst *Grenzpunkt* einer Punktspecies Q, wenn in jedem Quadrate von B zwei ausserhalb voneinander liegende Quadrate von Punkten von Q enthalten sind. Nicht jede Punktspecies Q besitzt Grenzpunkte. *Beispiel:* $Q =$ Species der Punkte die in einem gegebenen Quadrate q enthalten sind. Jeder in q enthaltene, also zu Q gehörige Punkt ist Grenzpunkt. *Gegenbeispiel:* $Q =$ Species der mit dem gegebenen Punkte A zusammenfallenden Punkte; diese Species besitzt keine Grenzpunkte. Jeder Grenzpunkte ist auch Limespunkt, aber nicht umgekehrt. Ein Punkt von Q, der gleichzeitig Grenzpunkt von Q ist, heisst *Kondensationspunkt* von Q (vgl. obiges Beispiel).

Wenn das Quadrat q des Punktes Q kein Quadrat eines Punktes von Q in seinem Innern enthalten kann, so heisst A ein *von Q freier Punkt*. *Beispiel:* $Q =$ Punktspecies gebildet aus den Punkten, die in einem Quadrate s enthalten sind; A ein Punkt ausserhalb dieses Quadrates s. A ist dann *von Q frei*.

Wenn das Quadrat q des Punktes A die Eigenschaft besitzt, dass je zwei in q enthaltene Quadrate von Punkten von Q nicht ausserhalb voneinander liegen, so heisst A ein *von Q unbegrenzter Punkt*. Gehört A ausserdem noch zu Q, so ist A ein *isolierten Punkt* von Q. *Beispiel 1*: $Q =$ Species der Punkt die entweder in einem gegebenen Quadrate s enthalten sind oder mit einem ausserhalb von s liegenden Punkte A zusammenfallen. A ist dann isolierter Punkt von Q.

Beispiel 2: Gehört ein Q ein einziger Punkt A, so ist jeder mit A zusammenfallender Punkt von Q unbegrenzt.

Beispiel 3: Wir denken uns auf der Zahlenlinie die folgende Punktspecies Q definiert: $Q =$ Species der *algebraischen* Punkte der Fundamentalreihe $1, C + 1$, $2, C + 2, \ldots$, wo C die Eulersche Constante ist, von der man bekanntlich bisher nicht weiss ob sie algebraisch oder tranzendent ist. Die Punkte $1, 2, 3, \ldots$ gehören sicher zu Q und sind *isolierte* Punkte von Q. Ob die Punkte $C + 1, C + 2, \ldots$ zu Q

gehören weis man nicht, und solange man das nicht weiss ist jeder dieser Punkte
ein von Q *unbegrenzter* Punkt. Im Augenblicke, dass man weiss: $C =$ transzendent,
ist $C+1$ ein von Q *freier* Punkt; im Augenblicke, dass man weiss $C =$ algebraïsch,
wird auch $C+1$ ein *isolierter* Punkt von Q.

II.1.2.2   Abschliessung, Ableitung

Eine Punktspecies Q, von der *jeder* Punkt Kondensationspunkt (vgl. 1.2.1)
ist, heisst *in sich dicht*.

Wenn jeder Limespunkt der Punktspecies Q mit einem Punkte von Q zusammenfällt, so heisst Q *abgeschlossen*. Bei einer abgeschlossenen Punktspecies
Q gibt es also keinen, von einem Punkte von Q örtlich verschiedenen (vgl. 1.1.2)
Limespunkt.

Der Durchschnitt $Q_1 \cap Q_2$ zweier abgeschlossener ganzer (vgl. 1.1.6) Species
ist wieder eine abgeschlossene ganze Species.

Beweis: Zunächst ist klar, dass $Q_1 \cap Q_2$ wieder ganz ist, wenn Q_1 und Q_2 ganz
sind. Ist dann A ein Limespunkt von $Q_1 \cap Q_2$, so ist A Limespunkt von Q_1 und
Limespunkt von Q_2 und folglich, da Q_1 und Q_2 abgeschlossen sind, auch zu Q_1
und Q_2 gehörig, d.h. A gehört zu $Q_1 \cap Q_2$ und also ist auch $Q_1 \cap Q_2$ abgeschlossen.

Eine Punktspecies, welche sowohl in sich dicht wie abgeschlossen ist, heisst
perfect.

Eine Punktspecies Q heisst in einem λ-Quadrate *überall dicht*, wenn in jedem
von diesem λ-Quadrate überdeckten λ'-Quadrate ein Punkt von Q enthalten ist. Q
heisst in einem λ-Quadrate *nirgends dicht* wenn in jedem von diesem λ-Quadrate
überdeckten λ'-Quadrate ein weiteres λ''-Quadrat liegt, in dem kein Punkt von Q
enthalten sein kann.

Die Species der *Limespunkte* der Punktspecies Q heisst die *Abschliessung*
von Q. Sie enthält Q und die Ergänzung $\mathcal{E}(Q)$ immer als Teilspecies und ist eine
ganze Species, da jeder, mit einem Limespunkt zusammenfallende Punkt ebenfalls
Limespunkt von Q ist.

Eine abgeschlossene Punktspecies lässt sich auch als Punktspecies definieren,
deren Abschliessung und Ergänzung identisch sind. Ist nämlich letzteres der Fall,
so gehört jeder Limespunkt von Q zu $\mathcal{E}(Q)$, fällt also mit einem Punkte von Q
zusammen.

Die Abschliessung der Abschliessung von Q ist mit der Abschliessung von Q
identisch denn jeder Limespunkt der Abschliessung von Q gehört zur Abschliessung von Q.

Die Species der *Grenzpunkte* der Punktspecies Q heisst die *Ableitung* von Q.
Ist A ein Grenzpunkt von Q, so ist auch jeder mit A zusammenfallende Punkt
ein Grenzpunkt von Q; daher gehören nebst A auch alle mit A zusammenfallende
Punkte zur Ableitung von Q, d.h. die Ableitung ist eine *ganze* Punktspecies.

Jeder Limespunkt P der Ableitung von Q ist ein Punkt der Ableitung. Ist
nämlich q ein Quadrat von P, so liegt erstens innerhalb von q ein Quadrat r eines
Punktes der Ableitung von Q und zweitens liegen innerhalb von r zwei getrennte

Quadrate von Q. Die beiden Quadrate liegen daher auch innerhalb von q, d.h. P ist Grenzpunkt von Q.

Die Ableitung einer Punktspecies Q ist somit abgeschlossen, und eine perfecte Punktspecies lässt sich deshalb auch als Punktspecies definieren, bei der Ableitung und Ergänzung identisch sind.

Man zeigt ferners ebenso leicht, dass jeder Grenzpunkt der Abschliessung von Q wieder der Ableitung von A angehört und ebenso, dass jeder Grenzpunkt der Ableitung wieder ein Grenzpunkt von Q ist.

II.1.2.3   Katalogisierung

Die Möglichkeit eine Punktspecies als Punkt*menge* betrachten zu können, kommt – ganz grob gesprochen – darauf hinaus, dass man angeben kann in welchen Teilen der Ebene Punkte der Species liegen und bis zu welchen Stellen der Ebene die Punktspecies vordringt.

Zwecks scharfer Erfassung dieser Umstände definieren wir vorerst: Eine Punktspecies Q soll *limitierbar* heissen, wenn eine mit der Abschliessung von Q zusammenfallende Punkt*menge* existiert.

Wir setzen jetzt Q als geschränkt und gleichmässig voraus. Dann sagen wir: Eine gleichmässige Punktspecies Q, deren n^{te} Quadrate die Seitenlänge $2^{1-\mu_n}$ besitzten, *ist katalogisiert* oder *lässt eine Katalogisierung* zu, wenn $\sigma_1, \sigma_2, \ldots$ eine solche Fundamentalreihe von nicht abnehmender Zahlen ist, dass σ_n für hinreichendes grosses n jede Grenze übersteigt und für jedes n eine solche endliche Menge s_n von Quadraten λ_{μ_n} angegeben werden kann, dass jedes nicht zu s_n gehörige Quadrat λ_{μ_n} zu keinem Punkte von Q gehört und zu jedem Quadrate von s_n für jedes nicht-negative m ein Quadrat $\lambda_{\mu_{n+m}}$ von Q existiert, von dem es eine Entfernung (vgl. 1.1.1) $< \frac{1}{2^{\sigma_n}}$ besitzt.

Zur Erläuterung fügen wir Folgendes bei. Es sei Q eine gleichmässige katalogisierte Punktspecies bei der die Grössen der λ-Quadrate ihrer Punkte durch $\lambda_{\mu_1}, \lambda_{\mu_2}, \ldots$ festgelegt sind. Das n^{te} Quadrat jedes Punktes A von Q ist also ein λ_{μ_n}-Quadrat von der Seitenlänge $2^{1-\mu_n}$.

Dann sei $\sigma_1, \sigma_2, \sigma_3, \ldots$ eine Fundamentalreihe nicht abnehmender natürlicher Zahlen mit $\lim\limits_{n \to \infty} \sigma_n = \infty$.

Nun sei n ein beliebiger Index. Es gibt dann eine endliche Menge s_n von λ_{μ_n}-Quadraten, die etwa schematisch in Abb. II.1.8 dargestellt sei.

Die Katalogisierung von Q bewirkt dann Folgendes.

Erstens kann kein Punkt von Q ausserhalb eines dieser Quadrate von s_n liegen. Wäre dies nämlich der Fall, so würde dieser Punkt von einem λ_{μ_n}-Quadrate überdeckt, das zu ihm gehört und das nicht zu s_n gehören würde, im Widerspruche mit obiger Definition. Die Gesamtheit der Punkte von Q liegt also innerhalb des „Quadratpolygons" s_n. Man kann aber *zweitens* von einem bestimmten Quadrate q (vgl. die Figur) von s_n nicht behaupten, dass es einen Punkt von Q enthält. Die Katalogisierung gibt mir die Gewähr dafür, dass es im Innern des Quadratpoly-

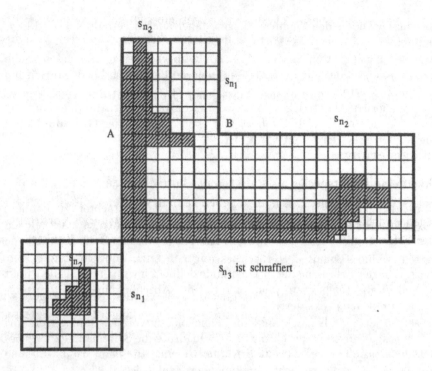

Abbildung II.1.8

gons s_n Punkte von Q gibt, die in q oder in einer durch die σ_n gemessenen Nähe bei q liegen. Enthält also das Innere von q keinen Punkt von Q, so muss in einem Streifen von der Breite $\frac{1}{2^{\sigma_n}}$ unterhalb der Seite AB von q wenigstens ein Punkt von Q gelegen sein. Die Katalogisierungsvorschrift verlangt nämlich keineswegs, dass jedes Quadrat von s_n auch Punkte von Q enthält, sondern sie verlangt nur, dass jedes nicht zu s_n gehörige Quadrat keine Punkte von Q enthält. Es gibt also auch hier wieder ein *nicht ausgeschlossenes Drittes*, nämlich Quadrate von s_n, bei denen man gar nicht zu wissen braucht ob sie Punkte von Q enthalten oder nicht.

Drittens können wir nicht ganz streng, aber anschaulich, sagen, dass sich bei wachsendem n das Quadratpolygon s_n mehr und mehr zusammenzieht und so ein immer genaueres Bild über die Verteilung der Punkte von Q in der Ebene abgibt. Etwa so wie man aus einer Landkarte mit grösserem Massstab ein schärferes Bild der Landesgrenzen ablesen kann.

In Abb. II.1.8 haben wir im Beispiel für drei aufeinanderfolgende Quadrat-polygone s_{n_1}, s_{n_2} und s_n gezeichnet. Es ist leicht zu sehen, dass jedes $s_{n_{k+1}}$ im *weitere* Sinne innerhalb von s_{n_k} gelegen ist.

Es ist schliesslich leicht nachzuweisen, dass jede mit Q zusammenfallende Punktspecies Q' mit Q gleichzeitig katalogisiert ist.

II.1.2.4   Jede katalogisierte Punktspecies ist limitierbar

Dieser Satz sagt aus, dass sich zu jeder katalogisierten Punktspecies Q eine finite Punkt*menge* S konstruieren lässt, die mit der Abschliessung R von Q zusammenfällt.

Beweis: Wir setzen wieder Q als gleichmässig voraus und das n^{te} Quadrat jedes Punktes A von Q sei ein λ_{μ_n}-Quadrat. Wir konstruieren vorerst eine zweite, gleichmässige, mit Q zusammenfallende Punktspecies Q' indem wir aus der Folge $\lambda_{\mu_1}, \lambda_{\mu_2}, \ldots$ eine Teilfolge $\lambda_{\mu_{n_1}}, \lambda_{\mu_{n_2}}, \ldots$ herausgreifen, für welche $\mu_{n_{\nu+1}} \geq \mu_{n_\nu} + 4$ ist. Dadurch wird erreicht, dass bei jedene Punkte A' von Q die Seitenlänge eines λ-Quadrates wenigstens 16 mal so gross ist als die Seitenlänge des nächstfolgenden λ-Quadrates in der Schachtelung.

Q' fällt mit Q zusammen, daher ist R auch die Abschliessung von Q' und überdies ist auch Q' katalogisiert. Daher gibt es zu jedem Index n_ν eine endliche Menge s_n von λ-Quadraten. Zu dieser Menge s_{n_ν} konstruieren wir eine zweite endliche Menge t_{n_ν} von λ-Quadraten durch die Vorschrift: zu t_{n_ν} gehören alle und nur diejenigen λ_{n_ν}-Quadrate, die ein beliebiges Quadrat von s_{n_ν} ganz oder zum Teil überdecken.

Wir wählen jetzt ein beliebiges λ-Quadrat aus t_n und bezeichnen es mit q_ν und seine Seitenlänge mit a (Abb. II.1.9).

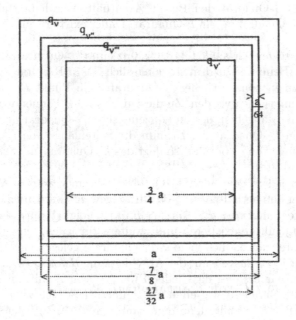

Abbildung II.1.9

Konzentrisch zu q_ν zeichnen wir die Quadrate q'_ν ($=$ „$\frac{3}{4}$-Quadrat" von q_ν) mit $\frac{3}{4}a$ und q''_ν ($=$ „$\frac{7}{8}$-Quadrat" von q_ν) mit $\frac{7}{8}a$ als Seitenlänge (das vierte Quadrat q'''_ν der Figur wird später gebraucht).

Nun lässt sich eine Methode angeben, mit welcher man bei jedem Quadrate q_ν der endlichen Menge t_{n_ν} entscheiden kann: *entweder* ($=$ „α-Resultat"), dass alle Punkte P der Abschliessung R ausserhalb des Quadrates q'_ν liegen, *oder* ($=$ „β-Resultat"), dass wenigstens *ein* Punkt P von R innerhalb des Quadrates q''_ν (nicht wieder q'_ν!) gelegen ist.

Es ist auch möglich, dass (α) und (β) zugleich erfüllt sind; ist hingegen (α) ausgeschlossen, so muss (β) stattfinden und ist (β) ausgeschlossen, so muss (α) stattfinden. Um den Beweis nicht zu unterbrechen, geben wir eine Methode, die (α) oder (β) liefert, am Schlusse dieses Paragraphen.

Liegt ein (β)-Resultat vor, so nennen wir das Quadrat q_ν *ein k_ν-Quadrat* und mit Hilfe dieser k_ν-Quadrate konstruieren wir jetzt eine Punktmenge S, von der wir dann zeigen, dass sie mit der Abschliessung R von Q zusammenfällt. (Der Leser wird jetzt gut tun, auf die in 1.1.3 gegebene Mengendefinition zurückzugreifen.)

In erster Linie zeigen wir, dass sicher ein k_1-Quadrat existiert. Es ist nämlich ausgeschlossen (wir setzen voraus, dass von Q wenigstens ein Punkt angegeben werden kann), dass bei jedem t_{n_1}-Quadrat ($= q_1$) das α-Resultat eintritt. Sie A ein Punkt von Q, dann gibt es zu A immer ein λ-Quadrat vorgebener Grösse, dessen konzentrisches $\frac{3}{4}$-Quadrat den Punkt A enthält. Wir haben also ein β-Resultat und dieses λ-Quadrat ist ein k-Quadrat. Daher existiert auch wenigstens ein k_1-Quadrat.

In zweiter Linie zeigen wir analog die Existenz eines k_2-Quadrates, *innerhalb dieses k_1-Quadrates*. Beim k_1-Quadrat liegt nämlich das β-Resultat vor, d.h. es kann innerhalb des zu k_1 konzentrischen $\frac{7}{8}$-Quadrates ein Punkt B von der Abschliessung R von Q angegeben werden. Zu diesem Punkte B können wir dann ein λ-Quadrat der Grösse q_2 angeben, dessen konzentrisches $\frac{3}{4}$-Quadrat den Punkt B enthält und daher ein k_2-Quadrat ist. Da nun die Seitenlänge von q_2 höchstens gleich $\frac{1}{16}$ der Seitenlänge von q_1 beträgt, so liegt das k_2-Quadrat im *engeren* Sinne innerhalb des k_1-Quadrates.

Es kann also zu jedem gewählten k_1-Quadrat bei einer zweiten Wahl eines der (endlich-vielen) in ihm enthaltenen k_2-Quadrate gewählt werden usw., d.h. wir erhalten so eine finite Punkt*menge* S. Dass S *finit* ist, folgt daraus, dass erstens nur endlich viele k_1-Quadrate existieren und zweitens für jedes ν innerhalb eines beliebigen k_ν-Quadrates nur endlich viele $k_{\nu+1}$-Quadrate gelegen sind.

Von S zeigen wir jetzt, dass sie mit der Abschliessung R von Q zusammenfällt.

Hierzu beweisen wir *erstens*, dass jeder Punkt P von R mit einem Punkte von S zusammenfällt. Geradeso wie eben ausgeführt, lässt sich zu jedem ν ein k_ν-Quadrat angeben das P enthält; denn man kann immer ein $\lambda_{\mu_{n_\nu}}$-Quadrat über P legen, sodass P auch noch in dem dazu gehörigen $\frac{3}{4}\lambda_{\mu_{n_\nu}}$-Quadrat liegt. Daher ist dieses $\lambda_{\mu_{n_\nu}}$-Quadrat ein k_ν-Quadrat. Es gibt also insbesondere ein k_1-Quadrat, dessen $\frac{3}{4}$-Quadrat P enthält und ebenso ein k_2-Quadrat dessen $\frac{3}{4}$-Quadrat P enthält. Da nur die Seitenlänge des k_1-Quadrates wenigstens 16-mal so gross ist, als die des k_2-Quadrates, so muss das k_2-Quadrat im engern Sinne innerhalb des k_1-Quadrates liegen.

Auf diese Art finden wir eine Fundamentalreihe $k_1, k_2, k_3, \ldots$ von k-Quadraten, also einen Punkt P' der Menge S, der mit P von R zusammenfällt.

Zweitens beweisen wir, dass jeder Punkt P' der Menge S mit einem Punkte P von R zusammenfällt. Jedes Quadrat von P' ist ein k-Quadrat, enthält also in seinem Inneren einen Punkt P von R. Jeder Punkt P' von S ist also Limespunkt von R und also, da ein Limespunkt der Abschliessung zu dieser selbst gehört, ein Punkt von R, w.z.b.w.

Die so konstruierte Menge S ist abgeschlossen und katalogisiert. Denn S fällt mit der abgeschlossenen Abschliessung zusammen, ist daher selbst abgeschlossen. Und um S zu katalogisieren, brauche ich nur an Stelle der endlichen Mengen s_n die Mengen k_n zu wählen und die Abstände $< \frac{1}{2^{\sigma_n}}$ sind hier alle Null, da man die Quadrate innerhalb voneinander wählen kann.

Jetzt haben wir nur noch nachträglich eine *Methode* anzugeben, mit der man in jedem Falle entscheiden kann, ob bei einem Punkte P der Abschliessung R *das α- oder das β-Resultat* vorliegt, wenn wir ein bestimmtes Quadrat q_ν vor uns haben. Wir zeichnen (vgl. Abb. II.1.9) noch das $\frac{27}{32}$-Quadrat q_ν''' von q_ν. Es liegt innerhalb des q_ν'' und hat von diesem die Randdistanz $\frac{a}{64}$. Ferner bestimmen wir den kleinsten Index ρ, bei dem sowohl $\mu_{n_\rho} \geq \mu_{n_\nu} + 7$ als auch $\sigma_{n_\rho} \geq \mu_{n_\nu} + 6$ erfüllt ist, wobei ν als gegeben zu betrachten ist. Nun beschauen wir die Quadratmenge s_{n_ρ} und unterscheiden zwei Fälle: 1) Ein q_{n_ρ} dringt in q_ν''' ein, 2) kein q_{n_ρ} dringt in q_ν''' ein. (Ein drittes ist hier ausgeschlossen). Der 2te Fall ist rasch erledigt: wir haben ein α-Resultat, da ja q_ν' innerhalb von q_ν''' liegt. Beim Falle 1) schliessen wir so: ein in q_ν''' eindringendes q_{n_ρ} ragt höchstens um $\frac{a}{256}$ über q_ν'' hinaus, da die Seitenlänge von q_{n_ρ} wegen $\mu_{n_\rho} \geq \mu_{n_\nu} + 7$ höchstens gleich $\frac{a}{128}$ ist. Daher ist zwischen diesem q_{n_ρ} und q'' noch eine Randdistanz $\geq \frac{a}{64} - \frac{a}{256} = \frac{3a}{256}$. Wegen der zweiten Ungleichung $\sigma_{n_\rho} \geq \mu_{n_\nu} + 6$ ist $\frac{1}{2^{\sigma_{n_\rho}}}$ höchstens gleich $\frac{a}{128} = \frac{2a}{256}$; ein Punkt von R hat also (zufolge der Katalogisierungsvorschrift) vom Rande von q_ν'' nach innen noch wenigstens den Abstand $\frac{a}{256}$, d.h. wir haben das β-Resultat.

II.1.2.5 Ein Satz über Fundamentalreihen von Quadratmengen

Die im vorigen Paragraphen gebrauchte Schlussweise ergibt den Beweis des folgenden *Satzes:*

Wenn für jedes n eine endliche Menge s_n von Quadraten λ_{μ_n} definiert ist in solcher Weise, dass jedes Quadrat von s_{n+1} im engeren Sinne im Innern eines Quadrates von s_n enthalten ist und $\sigma_1, \sigma_2, \ldots$ eine solche Fundamentalreihe von nicht abnehmenden endlichen Zahlen darstellt, dass σ_n für hinreichend grosses n jede Grösse übersteigt, während zu jedem Quadrate von s_n für jedes positive m eine Quadrat von s_{n+m} existiert, von dem es einen Abstand $< \frac{1}{2^{\sigma_n}}$ besitzt, so ist die Species R

der in jedem s_n enthaltenen Punkte mit einer *abgeschlossenen, katalogisierten Punktmenge* identisch.

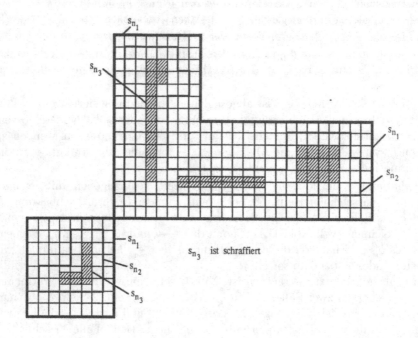

Abbildung II.1.10

Die im Satze mit s_n bezeichneten Quadratmengen wollen wir wieder kurz
„Quadratpolygonen" nennen, auch wenn sie aus getrennten Stücken bestehen (so
wie z.B. s_{n_2} nur s_{n_3} in Abb. II.1.10). Zum Unterschiede gegen früher (vgl. Abb.
II.1.9) liegt aber jetzt jedes $s_{n_{k+1}}$ im engeren Sinne innerhalb von s_{n_k}. Das allmäh-
liche Zusammenschrumpfen der s_n gibt dann wieder ein Bild der Punktspecies R,
deren Punkte in allen s_n enthalten sind.

Es sei nun P ein Limespunkt von R (im Beweise obigen Satzes wird sich
ergeben, dass R nicht leer ist). Wir zeigen zuerst, dass jedes Quadrat r von P
zusammenhängt mit jedem Quadratpolygon s_n d.h., dass jedes Quadrat r von P
nicht im engeren Sinne ausserhalb eines s_n gelegen ist.

Da P Limespunkt von R, so liegt in jedem Quadrate r von P ein Punkt von
R selbst; dieser letztere gehört aber allen s_n an, daher reichen alle s_n in das Innere
von r, d.h. r hängt mit allen s_n zusammen. Hieraus folgt insbesondere, dass alle
Quadrate r von P mit dem Quadratpolygon s_{n+1} zusammenhängen. Da nur dieses
s_{n+1} im engeren Sinne innerhalb des Quadratpolygons s_n gelegen ist, kann ich r
so klein nehmen, dass auch dieses Quadrat r im engeren Sinne innerhalb von s_n

liegt. Daher liegt der Punkt P innerhalb s_n und da dies für jedes n gilt, so ist P selbst zu R gehörig. Damit ist bewiesen, dass R eine *abgeschlossene* Punktspecies darstellt.

Jetzt zeigen wir weiters, dass R mit einer Punkt*menge* zusammenfällt. Hierzu wählen wir wieder aus der Folge $s_1, s_2, \ldots$ eine Teilfolge $s_{n_1}, s_{n_2}, \ldots$ derart aus, dass $\mu_{n_{\nu+1}} \geq \mu_{n_\nu} + 4$ ist, wobei die Quadrate von s_{n_ν} λ_{n_ν}-Quadrate sein sollen. Ferners überdecken wir wieder jedes Quadrat von s_{n_ν} mit den gleichgrossen λ_{n_ν}-Quadraten t_{n_ν}, die mit ihm Teile gemein haben. Aus dem Quadratpolygon s_{n_ν} entsteht so ein grösseres Quadratpolygon t_{n_ν} und ein beliebiges Quadrat dieses t_{n_ν} sei wie früher mit q_ν bezeichnet.

In dieses q_ν zeichnen wir nun (vgl. die Abb. II.1.9) die zu ihm konzentrischen $\frac{3}{4}$- und $\frac{7}{8}$-Quadrate q'_ν bezw. q''_ν. Dann können wir wieder ein α-Resultat und ein β-Resultat durch die in 1.2.4 gegebene Methode feststellen. Bei einem α-Resultat liegt ein gewisses s_n ausserhalb q'_ν; bei einem β-Resultat besitzt jedes s_n Punkte innerhalb von q''_ν. Bei einem β-Resultat dringen also alle s_{n_ν} in q''_ν ein. Die Quadrate q_ν, bei denen das β-Resultat vorliegt, nennen wir wieder k_ν-Quadrate.

Nun konstruieren wir so wie im vorigen Paragraphen mit diesem k-Quadraten eine Punkt*menge* S, die mit R zusammenfällt. Wir wählen also zuerst ein k_1-Quadrat. Dies ist immer möglich, wenn wir die Existenz eines solchen nachweisen. Hierzu bemerken wir zuerst, dass *jeder q_2 im engeren Sinne* innerhalb eines q_1 gelegen ist, (aber nicht jedes q_1 muss in seine Innern eine q_2-Quadrat enthalten), wie man an einer einfachen Figur leicht übersehen kann.

Nehmen wir nun an, dass kein k_1-Quadrat vorhanden ist, d.h., dass für *jedes* q_1 ein ausserhalb des dazugehörigen q'_1 liegendes s_n existiert. n kann wechseln für die verschiedenen, endlich-vielen Quadrate q_1 von t_1, dabei tritt ein höchstes n auf, das wir mit m bezeichnen. Nach Annahme liegt dann s_m ausserhalb jedes q'_1. Dies ist aber nicht möglich; wir brauchen nur einen Eckpunkt eines Quadrates von s_m zu betrachten: dieser Eckpunkt kann nicht ausserhalb jedes q'_1 liegen. Unsere Annahme ist somit unrichtig, es kann also nicht für jedes q_1 das α-Resultat vorliegen. Unsere Methode zur Feststellung des α - und β-Resultates muss daher wenigstens bei einem q_1 das β-Resultat liefern, d.h. es existiert wenigstens ein k_1-Quadrat.

Nun beweisen wir, dass innerhalb (im engeren Sinne) dieses k_1-Quadrates sicher ein k_2-Quadrat vorkommt. Das geht genau so wie eben ausgeführt, nur hat man sich auf die q_2-Quadrate und die s_2-Quadrate innerhalb dieses k_1-Quadrates zu beschränken.

Wir können also durch Wahlen die Folgen $k_1, k_2, k_3, \ldots$ erzeugen ohne dass jemals der Prozess aufhört, d.h. wir erhalten eine Punkt*menge* S. Diese fällt mit R zusammen. Hierzu zeigen wir *erstens*, dass jeder Punkt von R zusammenfällt mit einem Punkte von S. Dies geht genauso wie in 1.2.4. Zweitens fällte jeder Punkt P von S zusammen mit einem Punkte von R, ja noch mehr: jeder Punkt P von S *ist* ein Punkt von R. Denn es hängt jedes Quadrat von P mit jedem s_n zusammen, da jedes Quadrat von P ein k-Quadrat ist, in das jedes s_n eindringt. Daher liegt P innerhalb aller s_n und ist also im Punkt von R.

II.1.2.6   Bereiche und Bereichkomplemente

Unter einem *Bereiche β* verstehen wir eine Fundamentalreihe von κ-Quadraten (vgl. 1.1.3), bei der jedes κ-Quadrat durch eine endliche Menge von angrenzenden κ-Quadraten, die ebenfalls zu β gehören, vollständig umrahmt wird. (Vgl. Abb. II.1.11, in der diese Umschliessung bei einem κ_1- und einem κ_2-Quadrat gezeichnet ist.)

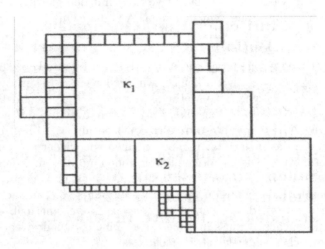

Abbildung II.1.11

Selbstverständlich kann ein Bereich auch aus mehreren Teilen von der Art der obigen Figur (Abb. II.1.11) bestehen.

In Übereinstimmung mit der Definition in 1.2.1 sagen wir, *dass ein Punkt P in einem Bereiche β enthalten* ist, wenn P in einem von β vollständig überdeckten Quadrate enthalten ist. Hingegen *gehört ein Punkt P zu einem Bereiche β*, wenn er Limespunkt ist von Punkten, die in β enthalten sind.

Die Species der im Bereiche β enthaltenen Punkte werden wir im Folgenden kurz *auch* als „Bereich β" bezeichnen. In diesem Sinne bildet unter anderen auch *die Species der in einem Quadrate enthaltenen Punkte einen Bereich.*

Eine Punktspecies Q heisst in einem Bereiche β *überall dicht*, wenn in jedem von β vollständig überdecktem λ-Quadrate ein Punkt von Q enthalten ist.

Ein Punktspecies Q heisst in einem Bereiche β *nirgends dicht*, wenn innerhalb jedes von β vollständig überdeckten λ-Quadrat ein weiteres λ-Quadrat liegt, in dem kein Punkt von Q enthalten sein kann.

Wir beschränken uns weiterhin auf geschränkte Bereiche, überdecken sie mit einem Quadrat und verkleinern die ganze Figur, so dass dieses Quadrat ein λ-Quadrat, das „Einheitsquadrat E" wird. Wir betrachten also weiterhin nur Bereiche in E.

Ferner wollen wir im Weiteren alle Punkte der Ebene, deren Koordinaten x und y endliche Dualbrüche sind, auf Punkte in E reduziert denken indem wir x und $y \equiv \pmod 1$ nehmen. Es wird also jedes λ_ν-Quadrat ausserhalb E mit einem homothetisch kongruenten λ_ν-Quadrat innerhalb E identifiziert. Hierdurch entsteht die „reduzierte" x-y-Ebene mit dem topologischen Zusammenhange des Torus. Es hat dann z.B. ein λ_3-Quadrat, dessen Mittelpunkt auf der linken Seitenkante von E liegt die eine Hälfte längs dieser Kante, die andere längs der rechten Seitenkante von E. Und analog hängen obere und untere Kante von E zusammen.

Es seien $\kappa', \kappa'', \kappa''', \ldots$ die Quadrate des Bereiches β und ℓ_ν sei das Minimum der Seitenlängen von $\kappa', \kappa'', \ldots, \kappa^{(\nu)}$. Dann sei M_ν die endliche Menge der Teilquadrate von E der Seitenlänge ℓ_ν, welche von *keinem* der Quadrate $\kappa', \kappa'', \ldots, \kappa^{(\nu)}$ überdeckt werden. Die Species der für jedes ν zu M_ν gehörigen Punkte bildet eine abgeschlossene ganze Species $K(\beta)$, ein „*Bereichkomplement*", nämlich *das Komplement des Bereiches* β. Ebenso werden wir umgekehrt β als Komplement von $K(\beta)$ bezeichnen. Wenn wir die Species der Punkte der Ebene kurz als E bezeichnen, so sind β und $K(\beta)$ örtliche *Komplementärspecies voneinander in E*. (vgl. 1.1.7) Denn es kann erstens in β keiner mit einem Punkte von $K(\beta)$ zusammenfallenden Punkt geben und zweitens ist die Vereinigung $\beta \cup K(\beta)$ mit E örtlich kongruent (vgl. 1.1.7).

Wenn $K(\beta)$ mit einer katalogisierten Punktspecies zusammenfällt, so nennen wir β *komplementär katalogisiert*.

Wie man leicht sieht *ist die Vereinigung einer endlichen Menge sowie einer Fundamentalreihe von Bereichen wiederum ein Bereich.*

Eine endliche Bereichsmenge B heisst *durchsichtig*, wenn *entweder* ein Quadrat κ angegeben werden kann, das von jedem Elemente von B überdeckt wird *oder* wenn nachweisbar kein Quadrat κ existieren kann, das von jedem Bereiche der Menge B überdeckt wird. Man zeigt dann leicht:

Der Durchschnitt einer durchsichtigen endlichen Menge von Bereichen ist entweder leer oder wieder ein Bereich.

Ein analoger Satz gilt für *Bereich Komplemente*:

Der Durchschnitt einer endlichen Menge oder einer Fundamentalreihe von Bereichkomplementen ist wieder ein Bereichkomplement.

Ein Bereichkomplement ist nämlich nichts anderes als der Durchschnitt einer Fundamentalreihe von endlichen Quadratmengen und umgekehrt ist ein solchen Durchschnitt ein Bereichkomplement.

Dass nämlich jeder solche Durchschnitt $\bigcap \{e_1, e_2, \ldots\}$ ein Bereichkomplement ist, sehen wir so. Selbstverständlich können wir annehmen, dass $e_{\nu+1}$ für jedes ν zu e_ν gehört. Wir umgeben nun jede endliche Quadratmenge e_ν mit einem Rande r_ν der Breite $\frac{1}{2^\nu}$ und sehen $c''_\nu = e_\nu + r_\nu$. Alsdann ist $\bigcap \{e_1, e_2, \ldots\} = \bigcap \{c''_1, c''_2, \ldots\}$. Denn ein beliebiger Punkt von $\bigcap \{c''_1, c''_2, \ldots\}$ gehört zu einem beliebigen e_ν.

Er gehört nämlich der Reihe nach:

zum mit einem Rande der Breite $\frac{1}{2^\nu}$ umgebenen e_ν,

zum mit einem Rande der Breite $\frac{1}{2^{\nu+1}}$ umgebenen $e_{\nu+1}$,

also erst recht

zum mit einem Rande der Breite $\frac{1}{2^{\nu+1}}$ umgebenen e_ν

u.s.f., er gehört zum e_ν, das mit einem beliebig schmalen Rande versehen ist, also zu e_ν selbst.

Umgekehrt gehört jeder Punkt von $\bigcap \{e_1, e_2, \ldots\}$ von selbst zu jeden c_ν''.

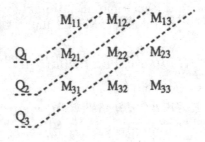

Abbildung II.1.12

Wenn daher

$$D_1 = \bigcap \{M_{11}, M_{12}, M_{13}, \ldots\}$$

$$D_2 = \bigcap \{M_{21}, M_{22}, M_{23}, \ldots\} \text{ u.s.f.}$$

eine Fundamentalreihe von Bereichkomplementen darstellt (wobei die $M_{\rho\sigma}$ endliche Quadratmengen sind, derart, dass $M_{\rho,\sigma+1}$ überdeckt ist), so ist der Durchschnitt

$$D = \bigcap \{D_1, D_2, D_3, \ldots\}$$

dieser Bereichkomplemente nichts anders als der Durchschnitt aller $M_{\rho\sigma}$. Nach dem *Diagonalverfahren* erhalten wir aber diesen Durchschnitt D als Durchschnitt einer einzigen Fundamentalreihe von endlichen Quadratmengen $Q_1, Q_2, \ldots$, wobei diese Q_i aus dem Schema (Abb. II.1.12) zu entnehmen sind.

Es existiert kein Grund zu behaupten, dass die *Vereinigung* $K_1 \cup K_2$ von zwei Bereich-komplementen K_1 und K_2 wieder ein Bereichkomplement sei, auch dann nicht, wenn der Durchschnitt ihrer Komplemente einen Bereich bildet. Sei nämlich z.B. so wie oben $K_1 = \bigcap \{M_{11}, M_{12}, M_{13}, \ldots\}$ und $K_2 = \bigcap \{M_{21}, M_{22}, M_{23}, \ldots\}$ und bezeichnen wir die Vereinigung $M_{1\nu} \cup M_{2\nu}$ mit M_ν, so wird jedes $M_{\nu+1}$ von M_ν überdeckt und

$$\bigcap \{M_1, M_2, M_3, \ldots\} = K$$

ist ein Bereichkomplement. Nach der üblichen Auffassung ist dann K die Vereinigung von K_1 und K_2. Dies trifft aber nicht immer zu, weil es sehr gut möglich sein kann, dass man einen Punkt von K angeben kann, von dem sich weder zeigen lässt, dass er zu K_1 noch dass er zu K_2 gehört. Und ein Punkt P gehört definitionsgemäss erst dann zur Vereinigung zweier Bereichskomplemente K_1 und K_2 (allgemeiner: Punktspecies), wenn sich beweisen lässt entweder dass P zu K_1 gehört oder dass P zu K_2 gehört.

Sei z.B. $M_{1\nu}$ das lineare Intervall $(-\alpha_{1,\nu}, 1 + \alpha_{3,\nu})$ und $M_{2\nu}$ das lineare Intervall $(1 - \alpha_{2,\nu}, 2 + \alpha_{4,\nu})$, wo jedes $\alpha_{\rho,1} = 1$ und jedes $\alpha_{\rho,\nu+1} = \frac{1}{2} \alpha_{\rho,\nu}$, ausgenommen, wenn für ein gewisses gerades bzw. ungerades h die $h^{te}, (h+1)^{ste}, \ldots (h+4)^{te}$ Ziffer der Dezimalbruchentwicklung von π alle gleich sind, während für $\nu < h$ die $\nu^{te}, (\nu+1)^{ste}, \ldots (\nu+4)^{te}$ Ziffer der Dezimalbruchentwicklung von π *nicht* alle gleich sind. In diesem Fall soll $\alpha_{2,h+1} = -\frac{1}{4} \alpha_{2,h}$ bzw. $\alpha_{3,h+1} = -\frac{1}{4} \alpha_{3,h}$ und für jedes $\nu > h + 1$ $\alpha_{2,\nu} = \alpha_{2,h+1}(1 + 2^{h+1-\nu})$ bzw. $\alpha_{3,\nu} = \alpha_{3,h+1}(1 + 2^{h+1-\nu})$ gewählt werden. Alsdann gehört der Punkt mit Abzisse 1 zu K, während sich weder behaupten lässt, dass es zu K_1, noch dass es zu K_2 gehört.

II.1.2.7   Innere und äussere Grenzspecies

Unter einer *inneren Grenzspecies* verstehen wir den Durchschnitt I einer Fundamentalreihe von Bereichen $\beta : I = \bigcap \{\beta_1, \beta_2, \beta_3 \ldots\}$.

Eine innere Grenzspecies I nennen wir *durchsichtig, erstens* wenn sie wenigstens einen Punkt enthält, *zweitens*, wenn sie unmöglich einen Punkt enthalten kann (vgl. die analoge Definition bei Bereichsmengen im vorigen Paragraphen).

Wenn I durchsichtig ist, so lässt sich die innere Grenzspecies I immer betrachten als Durchschnitt einer möglichenfalls von $\beta_1, \beta_2, \ldots$ verschiedenen, zusammenschrumpfenden Fundamentalreihe $\gamma_1, \gamma_2, \ldots$ von Bereichen γ_ν. Damit ist kurz ausgedrückt, dass man von jedem Bereiche $\gamma_{\nu+1}$ der Fundamentalreihe zeigen kann dass er im vorhergehenden Bereiche γ_ν liegt (d.h., dass jedes Quadrat von $\gamma_{\nu+1}$ von γ_ν überdeckt wird).

Offenbar bedarf der Satz nun für den Fall, dass I wenigstens einen Punkt P enthält, eines Beweises. Sei also P ein Punkt der inneren Grenzspecies I. Dieses Punkt P gehört zu jedem $\gamma_\nu = \bigcap \{\beta_1, \beta_2, \ldots, \beta_\nu\}$, und diese γ_ν sind Durchschnitte von durchsichtigen endlichen Bereichsmengen und also wieder Bereiche. Nun wird aber jedes Quadrat von $\gamma_{\nu+1}$ von γ_ν überdeckt, während $I = \bigcap \{\gamma_1, \gamma_2, \ldots\}$.

Der Durchschnitt einer endlichen Menge oder einer Fundamentalreihe von inneren Grenzspecies ist wieder eine innere Grenzspecies. Dies zeigt man geradeso wie im vorigen Paragraphen bei den Bereichkomplementen mit Hilfe des Diagonalverfahrens.

Wie die *Vereinigung* einer endlichen Menge von inneren Grenzspecies anbelangt, so existiert auch hier kein Grund für die Behauptung, dass diese Vereinigung wiederum eine innere Grenzspecies sei.

Unter einer *äusseren Grenzspecies* verstehen wir die Vereinigung A einer solchen Fundamentalreihe $k_1, k_2, k_3, \ldots$ von Komplementen von Bereichen $\beta_1, \beta_2, \beta_3, \ldots$, wo $k_\nu = \bigcap \{M_{\nu 1}, M_{\nu 2}, \ldots\}$ ist, dass jedes $M_{\nu+1,\mu}$ ein $M_{\nu\sigma}$ als Teil enthält. Wenn dabei jedes k_ν mit der Abschliessung einer katalogisierten Punktspecies identisch ist, so heisst A *konsolidiert*. Gleichzeitig mit der äusseren Grenzspecies A wird eine innere Grenzspecies $I = \bigcap \{\beta_1, \beta_2, \ldots\}$ der speziellen Art, dass jedes $\beta_{\nu+1}$ in β_ν enthalten ist, definiert, welche wir das *Komplement* $K(A)$ *von* A nennen werden. Ebenso wird A als das *Komplement* $K(I)$ *von* I bezeichnet werden.

Bereichkomplemente sind besondere Fälle sowohl von inneren als von äusseren Grenzspecies.

Über die *Vereinigung* einer endlichen Menge von äusseren Grenzspecies lässt sich — so wie inneren Grenzspecies im Allgemeinen wieder nichts aussagen. Hingegen ist der *Durchschnitt einer endlichen Menge von äusseren Grenzspecies wieder eine äussere Grenzspecies*.

Beweis: Es seien etwa $A_1, A_2, \ldots, A_n$ die gegebenen äusseren Grenzspecies und es sei

$$A_\nu = \bigcup \{k_{\nu 1}, k_{\nu 2}, \ldots\}, \quad (\nu = 1, 2, \ldots, n)$$

wobei also $k_{\nu h}$ das h^{te} Bereichkomplement in der Fundamentalreihe $k_{\nu 1}, k_{\nu 2}, \ldots$ von Bereichkomplementen darstellt, durch die A_ν bestimmt ist. Wir setzen

$$\bigcap \{k_{11}, k_{21}, \ldots, k_{n1}\} = k_1'$$

$$\bigcap \{k_{12}, k_{22}, \ldots, k_{n2}\} = k_2'$$

$$\ldots\ldots\ldots$$

Diese k_n' sind nach dem über den Durchschnitt von Bereichkomplementen im vorigen Paragraphen bewiesenen Satze wieder Bereichkomplemente. Die *äussere Grenzspecies* $A' = \bigcup \{k_1', k_2', \ldots\}$ ist dann mit $A = \bigcap \{A_1, A_2, \ldots, A_n\}$ identisch. Gehört nämlich *erstens* ein Punkt P zu $A = \bigcap \{A_1, A_2, \ldots, A_n\}$, dann gehört er zum Bereichkomplement k_{1m_1} von A_1, zum Bereichkomplement k_{2m_2} von $A_2, \ldots$ und schliesslich zum Bereichkomplement k_{nm_n} der n^{ten} Species A_n. Sei dann m gleich dem Maximum der Indizes $m_1, m_2, \ldots, m_n$, dann gehört der Punkt P auch zu den Bereichkomplementen $k_{1m}, k_{2m}, \ldots, k_{nm}$, also auch zu k_m' also auch zu A'. Ist *zweitens* P ein Punkt, der zu A' gehört, so gehört P zu einem k_μ', also für jedes ν zu $k_{\nu\mu}$, und daher auch zu jedem A_ν, also zu A.

Dieser Beweis lässt sich nicht auf den Durchschnitt einer Fundamentalreihe von äusseren Grenzspecies übertragen (da bei den m_ρ kein Maximum angebbar ist). Hier ergibt sich also ein weiterer Unterschied gegenüber den *inneren* Grenzspecies. Dass es tatsächlich Durchschnitte von Fundamentalreihen von äusseren Grenzspecies gibt, die selbst kein äusseren Grenzspecies sind, geht daraus hervor, dass man leicht innere Grenzspecies definieren kann, die unmöglich äussere Grenzspecies sein können. Wir erläutern dies durch folgendes *Beispiel* bei dem wir uns einfachheitshalber wieder nur auf eine Dimension beschränken.

Wir definieren eine *äussere* Grenzspecies

$$A = \bigcup \{k_1, k_2, k_3, \ldots\}$$

auf der Einheitsstrecke so, dass k_n die Species der unendlichen Ternalbrüche mit höchstens $n - 1$ Ziffern 1 darstellt. Wir wollen beweisen, *dass A nicht mit einer inneren Grenzspecies I zusammenfallen kann*, daher auch selbst keine innere Grenzspecies ist. Wäre dies nämlich der Fall und etwa $I = \bigcap \{\beta_1, \beta_2, \beta_3, \ldots\}$, wo die β_n Bereiche sind, so müsste A, also auch jedes Bereichkomplement k_m in jedem Bereiche β_n enthalten sein. Nur lässt sich aber k_m darstellen als Punkt*menge* (vgl. die Definition in 1.1.3), bei der auf jeder Stufe nur endlich-viele Wahlen „ungehemmt" sind, d.h. nicht die Hemmung des Prozesses herbeiführen. Nämlich: beim allgemeinen Ternalbruch hat man drei ungehemmte Wahlen (die Ziffern $0, 1, 2$), beim Aufbau von k_m hat man zunächst auch drei solche Wahlen bis $(m - 1)$-mal die Ziffer 1 gewählt wurde; von da ab bleiben nur noch 2 ungehemmte Wahlen (die Ziffern $0, 2$) übrig.

Es lässt sich deshalb zu jedem Punkte P von k_m eine Zahl $h(P)$ angeben, sodass nach $h(P)$ Wahlen das κ-Intervall $i(P)$ von β_n gefunden ist, zu dem P gehört. (P gehört zu einem κ-Intervall, wenn er Limespunkt von Punkten ist, die in diesem κ-Intervall enthalten sind, Vgl. 1.2.1.)

Weil in der Punktmenge k_m auf jeder Stufe nur endlich-viele Wahlen ungehemmt sind, so bilden für in k_m veränderliches P die $i(P)$ eine endliche Intervallmenge, sind also in einem bestimmten kleinsten Abschnitte $a_{m,n}$ von β_n enthalten. Zu diesem Abschnitte $a_{m,n}$ lässt sich nun (nach der Definition eines Bereiches) ein weiterer Abschnitt $a'_{m,n}$ von β_n und eine reelle Zahl $c_{m,n}$ in solcher Weise angeben, dass jeder Punkt in einer Entfernung $< c_{m,n}$ von einem Punkte von $a_{m,n}$ zu $a'_{m,n}$, also auch zu β_n gehört. Die Zahl $c_{m,n}$ ist dabei einfach die Länge des kleinsten der endlich vielen x-Intervalle, die an die Intervalle von $a_{m,n}$ bei der Erzeugung des Bereiches β_n rechts und links anschliessen.

Jetzt können wir eine unbeschränkt wachsende Fundamentalreihe $g_1, g_2, g_3, \ldots$ von positiven ganzen Zahlen g_ν bestimmen, so, dass für jedes ν die Ungleichheit

$$3^{-\sum_{\nu=1}^{\nu} g_\nu} < c_{\nu,\nu}$$

besteht. Dann bezeichnen wir mit $[g_\nu]$ eine durch irgendein Gesetz für jedes ν bestimmte Folge von *wenigstens* ν Ziffern 0 oder 2 und analog mit $[g_\infty]$ eine beliebige, aber fest gewählte Fundamentalreihe von Ziffern 0 oder 2. Wir behaupten: *die Zahl*

$$\alpha = 0, [g_1] 1 [g_2] 1 [g_3] 1 \ldots$$

gehört zur inneren Grenzspecies I, nicht aber zur äusseren Grenzspecies A. Damit ist dann bewiesen, dass A nicht gleichzeitig innere Grenzspecies ist.

Dass α nicht zu A gehört, folgt einfach daraus, dass in α die Ziffer 1 unendlich oft auftritt. Ein Ternalbruch mit unendlich-vielen Einsen kann unmöglich zusammenfallen mit einem Ternalbruch mit höchstens m Einsen (m im vorgegebene natürliche Zahl); es kann also α unmöglich mit einem Punkte von A zusammenfallen und daher auch nicht zu A gehören.

Dass α zur inneren Punktspecies I gehört zeigen wir, indem wir beweisen, dass α für ein beliebiges n zu β_n gehört. Hierzu nehmen wir die zu k_n gehörige Zahl

$$\alpha' = 0, [g_1]1[g_2]1 \ldots 1[g_{n-1}]1[g_n][g_\infty]$$

und berechnen die Differenz $\alpha - \alpha'$. Wir finden dass sie absolut kleiner als $3^{-\sum\limits_{n=1}^{\nu} g_n}$ ist, d.h. es ist $|\alpha - \alpha'| < c_{n,n}$. Daraus folgt, dass α gleichzeitig mit α' zu β_n, also auch zu I gehört.

Der vorstehenden Beweis lässt sich erweitern auf eine beliebige konsolidierte, überall dichte äussere Grenzspecies $A = \bigcup \{K_1, K_2, \ldots\}$, für welche jedes K_ν nirgends dicht ist. Nehmen wir nämlich wieder an, dass A mit der innern Grenzspecies $I = \bigcap\{\beta_1, \beta_2, \ldots\}$ zusammenfiele, so liessen sich die $c_{\nu,\nu}$ genau so wie im vorstehenden Beweise definieren. Mithin könnte man einen solchen Punkt P_1 und eine solche positieve reelle Grösse b_1 bestimmen, dass P_1 einen Abstand $> b_1$ von K_1 besässe, während jeder Punkt in einer Entfernung $\leq b_1$ zu β_1 gehörte. Weiter könnte man n_2 und $a_2(\leq \frac{1}{4}b_1)$ in solcher Weise wählen, dass die Entfernung von P_1 und K_{n_2} kleiner als a_2 wäre, und darauf P_2 und b_2 in solcher Weise, dass P_2 einen Abstand $< a_2$ von P_1 und einen Abstand $> b_2$ zu β_{n_2} besässe, während jeder Punkt in einer Entfernung $\leq b_2$ zu β_{n_2} gehörte. Sodann könnte man n_3 und $a_3(\leq \frac{1}{4}b_2$ und $\leq \frac{1}{4}a_2)$ so wählen, dass die Entfernung von P_2 und K_{n_3} kleiner als a_3 wäre, und darauf P_3 und b_3 in solchen Weise, dass P_3 einen Abstand $< a_3$ von P_2 und einen Abstand $> b_3$ von K_{n_3} besässe, während jeder Punkt in einen Entfernung $\leq b_3$ zu β_{n_3} gehörte. In dieser Weise fortfahrend würde man eine unbegrenzt fortgesetzten Folge $P_1, P_2, P_3, \ldots$ von Punkten erzeugen, welche gegen einen Punkt P konvergieren würde, der zu I gehören müsste, aber unmöglich zu A gehören könnte.

Ebenso wie es äussere Grenzspecies gibt, welche nicht mit einer innern Grenzspecies zusammenfallen können, gibt es innere Grenzspecies, welche nicht mit einer äusseren Grenzspecies zusammenfallen können. Betrachten wir z.B. die innere Grenz*menge* $I = \bigcap \{\beta_1, \beta_2, \ldots\}$, welche auf der Einheitsstrecke von den unendlichen Ternalbrüchen mit einer Fundamentalreihe von Ziffern 1 gebildet wird, und nehmen wir einen Augenblick an, dass sie mit den äussern Grenzspecies $A = \bigcup \{K_1, K_2, \ldots\}$ zusammenfällt. Alsdann ist (weil die Menge I auf jeder Stufe eine Fundamentalreihe von ungehemmten Wahlmöglichkeiten besitzt) in der Menge alle Wahlen aller Stufen von I in solchen Weise eine Fundamentalreihe $w_1, w_2, \ldots$ von Wahlen und zu jedem w_ν ein K_{n_ν} bestimmt, dass jede einen Punkt

P von I erzeugende unbegrenzt fortgesetzte Wahlfolge ein und nur ein Element w_{ν_p} der gesammten Fundamentalreihe enthält und zu diesem w_{ν_p} zugeordneten K_{ν_p} gehört. Wenn wir nun aber ein bestimmtes w_α betrachten, so bilden die von derjenigen Wahlfolgen, die w_α enthalten, erzeugten Punkte von I eine in einen gewissen Intervall i_α überall dichte Punktmenge π_α. Damit diese Punktmenge π_α in ihren Ganzen zum *abgeschlossenen* Punktspecies K_{n_α} gehören kann, muss K_{n_α} das ganze Intervall i_α enthalten, und dies ist deshalb unmöglich, weil *jedes* Intervalle der Einheitsstrecke Punkte enthält, welche *nicht* zu I, also *nicht* zu A, also erst recht *nicht* zu K_{n_α} gehören.

II.1.3   Der genetische Inhaltsbegriff

II.1.3.1   Limitierte Folgen, Messbarkeit von Bereichen und Bereichkomplementen

Wir erklären vorerst den Begriff *„limitierte Folge"*. Es sei $i = i_1, i_2, \ldots$ eine Fundamentalreihe von Dualbrüchen $i_\nu = \frac{a_\nu}{2^\nu}$ gegeben, wo a_ν eine ganze Zahl ist. Diese Fundamentalreihe i nennen wir eine *limitierte Folge*, wenn jedem ganzen positiven μ ein solches ν zugeordnet werden kann, dass

$$|i_{\nu+\lambda} - i_\nu| < \frac{1}{2^\mu} \ (\lambda = 1, 2, 3, \ldots)$$

ist. Anders ausgedrückt: Wenn von einem gewissen i_ν an der Unterschied zweier Zahlen der Folge absolut genommen unter einer durch μ festgelegten Schranke liegt.

Bildet die Fundamentalreihe i eine limitierte Folge, so sprechen wir auch kurz von der *„Zahl i"*. Wir sagen eine limitierte Folge ist Null, wenn zu jedem $\varepsilon > 0$ ein ν angegeben werden kann, derart, dass $|a_{\nu+\lambda}| < \varepsilon(\lambda = 1, 2, 3, \ldots)$ ist; eine limitierte Folge i ist grösser als a (bzw. $< a$), wenn zu $\varepsilon > 0$ ein ν angebbar ist, derart, dass $a_{\nu+\lambda} > a + \varepsilon$ (bzw. $a_{\nu+\lambda} < a - \varepsilon$) ist.

Ferner verstehen wir unter der Summe bezw. Differenz zweier limitierter Folgen $i' = i'_1, i'_2, \ldots$ und $i'' = i''_1, i''_2, \ldots$ die limitierten Folgen mit den Elementen $i'_\nu + i''_\nu$ bzw. $i'_\nu - i''_\nu$. Es ist hiernach klar, was es bedeutet, wenn wir zwei limitierte Folgen *gleich* nennen oder wenn z.B. $i' > i''$ bzw. $i' < i''$ genannt wird. Hierzu ist aber zu bemerken, dass es bei zwei Folgen i' und i'' nicht immer festzustehen braucht ob sie in einem der drei durch $=, <$ und $>$ ausgedrückten Verhältnisse zu einander stehen.

Ist $r_1, r_2, r_3, \ldots$ eine Fundamentalreihe von limitierten Folgen und bedeutet $r_\alpha - r_\beta$ die limitierte Folge, die durch Subtraktion entsprechender Glieder aus r_α und r_β entsteht, so nennen wir die Fundamentalreihe $r_1, r_2, r_3, \ldots$ eine *limitierte Folge von limitierten Folgen*, wenn zu jedem natürlichen ρ ein ν angebbar ist, derart, dass

$$|r_{\nu+\lambda} - r_\nu| < \frac{1}{2^\rho}$$

wird.

Jetzt sei ein *Bereich* β gegeben (vgl. 1.2.6), den wir uns wie früher in der reduzierten Ebene, also im Quadrate κ_1 gelegen denken (vgl. 1.2.6). nennen wir das Quadrat der Seitenlänge eines κ-Quadrates seinen Inhalt (sodass also ein κ_h-Quadrat den Inhalt $\frac{1}{4^{h-1}}$ besitzt) und addieren diese Inhalte für die ersten ν κ-Quadrate von β, so erhalten wir einen Dualbruch i_ν. *Bilden diese i_ν eine limitierte Folge i, so heisst der Bereich β messbar und i heisst der Inhalt $i(\beta)$ von β.*

In genau derselben Weise definieren wir die Messbarkeit bzw. den *Inhalt einer beliebigen Fundamentalreihe* von einander nicht-überdeckenden κ-Quadraten.

Sei ferner $k = \bigcap \{M_1, M_2, \ldots\}$ ein *Bereichkomplement* (vgl. 1.2.6), wobei also jede endliche Quadratmenge $M_{\nu+1}$ im engeren Sinne in M_ν enthalten ist. Bilden die Inhalte i_ν dieser Quadratmengen M_ν eine limitierte Folge i, so heisst das Bereichkomplement k *messbar* und $i = i(k)$ ist sein *Inhalt*.

Offenbar ist die Vereinigung einer beliebigen endlichen Anzahl von messbaren Bereichen wiederum ein messbaren Bereich. Von der Vereinigung einer Fundamentalreihe von messbaren Bereichen lässt sich dasselbe nur dann aussagen, wenn die Inhalten der Vereinigungen ihrer Anfangssegmente eine limitierte Folge bilden.

Analog ist der Durchschnitt einer beliebigen endlichen Anzahl von messbaren Bereichkomplementen wiederum ein messbares Bereichkomplement, während sich vom Durchschnitt einer Fundamentalreihe von messbaren Bereichskomplementen nur dann dasselbe aussagen lässt, wenn die Inhalte der Durchschnitte ihren Anfangssegmenten eine limitierte Folge bilden.

II.1.3.2 Sätze über den Inhalt von Bereichskomplementen

Die messbaren Bereichskomplementen mit positivem Inhalt besitzen eine besondere Eigentümlichkeit, die durch folgenden **Satz 1** hervorgehoben wird:

> *Zu jedem messbaren Bereichkomplemente k vom Inhalte i und jedem ganzen $\rho > 0$ existiert eine in k als Teilspecies enthaltene, messbare Abschliessung* (vgl. 1.2.2) *einer katalogisierten* (vgl 1.2.3) *Punktspecies k_1, deren Inhalt grösser als $i - \frac{1}{2^\rho}$ ist.*

Es kann also zu einem solchen Bereichkomplement k eine volle, abgeschlossene, katalogisierte und ebenfalls messbare Teilspecies k_1 angegeben werden, deren Inhalt $i(k_1)$ beliebig wenig von $i(k)$ abweicht.

Beweis: Es sei also ρ gegeben, $i = i(k)$ und wie früher $k = \bigcap \{M_1, M_2, \ldots\}$. Wir ersetzen die Fundamentalreihe $M_1, M_2, \ldots$ durch eine Teilreihe

$$M_{\tau_1} = L_1, M_{\tau_2} = L_2, \ldots, M_{\tau_\nu} = L_\nu, \ldots,$$

sodass also wieder $k = \bigcap \{L_1, L_2, L_3, \ldots\}$ ist, und bei der die endlichen Quadrat-mengen L_ν derart gewählt sind, dass

$$i(L_\nu) - i(L_{\nu+\lambda}) < \varepsilon_\nu (\lambda = 1, 2, \ldots) \text{ ist, wobei } \varepsilon_\nu = \frac{1}{2^{4\nu+\rho}}. \qquad \text{(II.1.8)}$$

Eine derartige Wahl der L_ν ist möglich, da bei gegebenem ν ein M_{τ_ν} wegen der Limitierbarkeit der Folge $i(M_\nu)$ stets so bestimmt werden kann, dass

$$i(M_{\tau_\nu}) - i(M_{\tau_\nu} + \sigma) = i(L_\nu) - i(L_{\nu+\lambda}) < \varepsilon_\nu$$

wird.

Die so gefundenen L_ν benutzen wir nun, um eine doppelt-unendliche Funda-mentalreihe von endlichen Quadratmengen $_\sigma L_\nu$, oder ausführlicher

$$_1L_1 \quad _1L_2 \quad _1L_3 \quad \ldots$$

$$_2L_1 \quad _2L_2 \quad _2L_3 \quad \ldots$$

zu definieren, bei der schliesslich die Species $k' = \bigcap \{ _1L_1, _2L_2, \ldots\}$ der für jedes ν zu $_\nu L_\nu$ gehörigen Punkte zusammenfällt mit dem in obigen Satze genannten messbaren und katalogisiertem Bereichkomplement k_1.

Die Quadratmengen $_\sigma L_\nu$ finden wir wie folgt: Unser κ_1-Quadrat enthält 4 κ_2-Quadrate, 4^2 κ_3-Quadrate, 4^3 κ_4-Quadrate u.s.w. Die Quadratmenge L_1 hat mit jedem einzelnen der vier κ_2-Quadraten einen (eventuell leeren) Durchschnitt. Hat dieser einen Inhalt $\geq 2\varepsilon_1$, so halten wir das betreffende κ_2-Quadrat fest und suchen seinen Durchschnitt mit jedem L_ν. Tun wir das für alle vier κ_2-Quadrate, so bil-den diese vier Durchschnitte zusammen die Quadratmenge $_1L_\nu$. Also bekommen wir $_1L_\nu$, wenn wir von L_ν nur den Durchschnitt mit denjenigen κ_2-Quadraten betrachten, deren Durchschnitt mit L_1 einen Inhalt $\geq 2\varepsilon_1$ besitzen, oder auch: wenn wir von jedem L_ν die Durchschnitte mit denjenigen κ_2-Quadraten *weglas-sen*, deren Durchschnitte mit L_1 einen Inhalt $< 2\varepsilon_1$ besitzen. Wenn wir weiters von jedem $_1L_\nu$ die Durchschnitte mit denjenigen κ_3-Quadraten weglassen, deren Durchschnitte mit $_1L_2$ einen Inhalt $< 2\varepsilon_2$ besitzen, so erhalten wir $_2L_\nu$. Wenn wir von jedem $_2L_\nu$ die Durchschnitte mit denjenigen κ_4-Quadraten weglassen, deren Durchschnitte mit $_2L_3$ einen Inhalt $< 2\varepsilon_3$ haben, so bekommen wir $_3L_\nu$ u.s.f.

Nun zeigen wir *erstens*, dass die Inhalte $i(_\nu L_\nu)$ eine limitierte Folge i' bilden und dass $i - i' < \frac{1}{2^\rho}$ ist. Nehmen wir $\sigma > \nu$, dann ist

$$i(_\nu L_\nu) - i(_\sigma L_\sigma) = \{i(_\nu L_\nu) - i(_\nu L_\sigma)\} + \{i(_\nu L_\sigma) - i(_\sigma L_\sigma)\}. \qquad \text{(II.1.9)}$$

Hier ist rechts die zuerst bestehende Differenz wegen (1) $< \varepsilon_\nu$, während die zweite Differenz so geschrieben werden kann:

$$i(_\nu L_\sigma) - i(_\sigma L_\sigma) = \{i(_\nu L_\sigma) - i(_{\nu+1}L_\sigma)\} + \{i(_{\nu+1}L_\sigma) - i(_{v+2}L_\sigma)\} \qquad \text{(II.1.10)}$$

$$+ \ldots + \{i(\ _{\sigma-1}L_\sigma) - i(\ _\sigma L_\sigma)\}.$$

Jetzt gehen wir auf obige Konstruktion von $_\rho L_\sigma$ zurück und erkennen, dass in (3) die erste Differenz rechts $<$ ist als $2^{2\nu+3}\varepsilon_{\nu+1}$. Es entsteht nämlich $_{\nu+1}L_\sigma$ aus $_\nu L_\sigma$, wenn wir von $_\nu L_\sigma$ die Durchschnitte mit denjenigen Quadraten $\kappa_{\nu+2}$ fortlassen, deren Durchschnitte mit $_\nu L_{\nu+1}$ einen Inhalt $< 2\varepsilon_{\nu+1}$ besitzen. Nun haben wir aber im Ganzen $4^{\nu+1} = 2^{2\nu+2}$ Quadrate $\kappa_{\nu+2}$. Daher tritt bei diesem Weglassen ein Inhaltsverlust von höchstens $2^{2\nu+2}2\varepsilon_{\nu+1} = 2^{2\nu+3}\varepsilon_{\nu+1}$ ein. Für das zweite und die folgenden Glieder in (3) findet man analoge Schranken, die stets bedeutend kleiner sind als die Hälfte der Grenzen für das vorhergehende Glied. Wegen $1 + \frac{1}{2} + \frac{1}{4} + \ldots + \frac{1}{2^n} < 2$ ist daher die ganze rechte Seite von (3) kleiner als $2^{2\nu+3}\varepsilon_{\nu+1} \cdot 2 = 2^{2\nu+4}\varepsilon_{\nu+1}$; somit nach (2) und wegen $\varepsilon_\nu = \frac{1}{2^{4\nu+\rho}}$:

$$i(\ _\nu L_\nu) - i(\ _\sigma L_\sigma) < 2^{2\nu+4}\varepsilon_{\nu+1} + \varepsilon_\nu,$$

d.h. die Inhalte $i(\ _\nu L_\nu)$ bilden eine limitierte Folge i'.

Wie gross ist nun der Unterschied $i - i'$, wo $i = i(k)$ und $i' = i(k')$ ist? Wir haben, wieder zufolge obiger Konstruktion der $_\nu L_\nu$:

$$i(L_\nu) - i(\ _\nu L_\nu) \leq 2^3\varepsilon_1 + 2^5\varepsilon_1 + 2^5\varepsilon_2 + \ldots < 12\varepsilon_1 = \frac{3}{4}2^{-\rho},$$

d.h.

$$i(k) - i(k') = i - i' < \frac{1}{2^\rho}. \tag{II.1.11}$$

Jetzt zeigen wir *zweitens*, dass das Bereichkomplement $k' = \bigcap \{\ _1L_1, \ _2L_2, \ldots\}$ zusammenfällt (vgl. 1.1.4) mit einer *vollen* (vgl. 1.1.4), *abgeschlossenen* (vgl. 1.2.2) und *katalogisierten* (vgl. 1.2.3) Punktspecies k_1, die wieder eine Bereichkomplement ist. Hieraus folgt dann, dass auch k_1 *messbar* ist und für seinen Inhalt i_1 nach (4) ebenfalls $i - i_1 < \frac{1}{2^\rho}$ gültig ist.

Die Punktspecies k_1 finden wir als Durchschnitt von endlichen Quadratmengen P_ν:

$$k_1 = \bigcap \{P_1, P_2, P_3, \ldots\}.$$

Hierbei ist P_ν die endliche Menge aller $\kappa_{\nu+1}$-Quadrate, die in $_\nu L_\nu$ vorkommen. Wir beweisen zunächst, dass in jedem dieser $\kappa_{\nu+1}$-Quadrate wenigstens ein $\kappa_{\nu+2}$-Quadrat von $P_{\nu+1}$ enthalten ist. Jedes $\kappa_{\nu+1}$-Quadrat, in das $_\nu L_\nu$ eindringt, besitzt nämlich von $_\nu L_\nu$ einen Inhalt $\geq 2\varepsilon_\nu$, mithin von $_\nu L_{\nu+1}$ einen Inhalt $\geq \varepsilon_\nu$ (denn die ganze Differenz $i(\ _\nu L_\nu) - i(\ _\nu L_{\nu+1})$ ist $< \varepsilon_\nu$). In diesem $\kappa_{\nu+1}$-Quadrate liegt also sicher ein $\kappa_{\nu+2}$-Quadrat, das von $_\nu L_{\nu+1}$ einem Inhalt $\geq \frac{1}{8}\varepsilon_\nu$, d.h. $\geq 2\varepsilon_{\nu+1}$ besitzt, in welches also $_{\nu+1}L_{\nu+1}$ sicher eindringt. Mithin enthält jedes $\kappa_{\nu+1}$-Quadrat von P_ν sicher ein $\kappa_{\nu+2}$-Quadrat von $P_{\nu+1}$. Ist dann $i(k) > \frac{1}{2^\rho}$, so besitzt P_1 sicher ein κ_2-Quadrat.

Da k_1 wieder ein Bereichkomplement ist, ist es eine volle und abgeschlossene Punktspecies. Ferners genügt k_1 der Definition der Katalogisierung (vgl. 1.2.3) und fällt somit mit einer *Punktmenge* zusammen (vgl. 1.2.4). Wenn wir jetzt zeigen, dass k_1 mit k' zusammenfällt, so ist auch k_1 messbar und unser Satz bewiesen. Nun ist erstens jedes $_\nu L_\nu$ in P_ν enthalten, also fällt jeder Punkt von k' mit einem Punkte von k_1 zusammen. Es bleibt also zweitens nur noch zu zeigen, dass auch umgekehrt jeder Punkt von P_ν mit einem Punkte von $_\nu L_\nu$ zusammenfällt. Dazu ordnen wir jedem ν ein solches σ zu, dass P_σ in $_\nu L_\nu$ enthalten ist und wählen dazu die $\kappa_{\sigma+1}$-Quadrate so klein, dass sie entweder ganz innerhalb oder ganz ausserhalb $_\nu L_\nu$ liegen. Jedes $\kappa_{\sigma+1}$-Quadrat, das ausserhalb $_\nu L_\nu$ liegt, kann dann unmöglich einen Teil von $_\sigma L_\sigma$ in seinem Innern enthalten und deshalb unmöglich zu P_σ gehören. Hieraus folgt, dass jeder Punkt des Durchschnittes $k_1 = \cap \{P_1, P_2, \ldots\}$ auch zum Durchschnitte $k' = \cap \{_1 L_1, _2 K_2, \ldots\}$ gehört, w.z.b.w.

Damit man durch den obigen Beweis eine nicht-leere Punktmenge herstellen kann ist es notwendig, dass das Bereichkomplement k einen Inhalt > 0 hat. Die Bereichkomplemente sind Punktspecies, bei denen es im Allgemeinen durchaus nicht von vorneherein feststeht, dass sie überhaupt Punkte enthalten; dies ist aber sicher dann der Fall, wenn ein Bereichkomplement positiven Inhalt besitzt. Es gilt dann sogar der noch mehr aussagende **Satz 2**:

Jedes messbare Bereichkomplement k mit positivem Inhalt $i > \frac{1}{2^\rho}$ enthält eine, wenigstens einen Punkt enthaltende perfekte Teilspecies k_0.

Zum *Beweise* gehen wir zurück auf die obigen endlichen Quadratmengen $_\nu L_\nu$. Betrachten wir ein $\kappa_{\nu+1}$-Quadrat, in das $_\nu L_\nu$ eindringt und sei $\underline{i}(_\nu L_\nu)$ der Inhalt des in dieses $\kappa_{\nu+1}$-Quadrat eindringenden Teiles von $_\nu L_\nu$. Dann ist $\underline{i}(_\nu L_\nu) \geq 2\varepsilon_\nu$ und für $\sigma > \nu$ erhalten wir genau so wie oben bei (2) und (3):

$$\underline{i}(_\nu L_\nu) - \underline{i}(_\sigma L_\sigma) < \varepsilon_\nu + 12\varepsilon_{\nu+1}$$

Da nun $\varepsilon_{\nu+1} = \frac{1}{16}\varepsilon_\nu$, so ist von jedem $_\sigma L_\sigma$ in diesem $\kappa_{\nu+1}$-Quadrat sicher ein Inhalt $> 4\varepsilon_{\nu+1}$ vorhanden. Jetzt wählen wir σ so gross, dass der Inhalt eines Quadrates $\kappa_{\sigma+1}$ kleiner als $4\varepsilon_{\nu+1}$ ist: dann sind in einem *beliebigen* $\kappa_{\nu+1}$-Quadrate von P_ν (vgl. oben) wenigstens 2 Quadrate $\kappa_{\sigma+1}$ von P_σ enthalten. Hierauf können wir τ so gross wählen, dass wieder in einem beliebigen Quadrate $\kappa_{\nu+1}$ von P_ν wenigstens 8 Quadrate $\kappa_{\tau+1}$ von P_τ vorhanden, mithin wenigstens zwei *nicht aneinander stossende* $x_{\tau+1}$-Quadrate von P_τ aufzuweisen sind.

Es ist somit möglich, eine Fundamentalreihe $\alpha_1, \alpha_2, \alpha_3, \ldots$ von Indizes anzugeben, so dass in jedem Quadrate $\kappa_{\alpha_\nu+1}$ von P_{α_ν} wenigstens zwei nicht aneinanderstossende Quadrate $\kappa_{\alpha_{\nu+1}+1}$ von $P_{\alpha_{\nu+1}}$ liegen. Jede Schachtelung von je in P_{α_ν} enthaltenen quadraten $\kappa_{\alpha_{\nu+1}}$ bestimmt einen Punkt und die Menge k_0 dieser Punkte ist *perfekt*. Aus der Schachtelungs-definition folgt nämlich, dass wir hier mit einer Menge zu tun haben und dass diese Menge perfekt ist ergibt sich so: Zunächst wissen wir nach einer schon oben gemachten Bemerkung, dass k_0 wenigstens einen Punkt enthält (da P_1 sicher ein κ_2-Quadrat enthält). Ferner ist k_0 als Bereichkomplement *abgeschlossen*. Es bleibt also nur noch zu zeigen, dass k_0 *in sich dicht* ist, d.h. zu jedem Punkte A' von k_0 und zu jedem $\varepsilon > 0$ existiert ein anderer Punkt A'' der Menge k_0 und ein ε' so, dass beide Punkte eine Entfernung

$< \varepsilon$ und $> \varepsilon'$ besitzen. A'' findet man im vorliegenden Falle, indem man von A' ein Quadrat herausgreift, dessen Diagonale $< \varepsilon$ ist. In diesem Quadrate wählt man nach dem obigen zwei zur Menge k_0 gehörige, nicht aneinanderstossende Teilquadrate κ' und κ'', von denen κ' zum gegebenen Punkte A' gehört. Die Entfernung des Quadrates κ' von κ'' sei $< 2\varepsilon'$. Dann genügen unseren Bedingungen dieses ε' und ein beliebiger Punkt A'' der Menge k_0, zu dem das Quadrat κ'' gehört.

II.1.3.3   Eindeutigkeit des Inhaltes von Bereichkomplementen

Wir zeigen jetzt, dass die von uns für Bereiche und Bereichkomplemente gegebene Inhaltsdefinition von der Definition dieser Punktspecies unabhängig sind, was durch folgenden **Satz 3** zum Ausdruck kommt:

Zwei zusammenfallende und messbare Bereiche und Bereichkomplemente haben denselben Inhalt.

D.h. also, wenn ein Bereich oder ein Bereichkomplement auf zwei verschiedene Weisen definiert ist und bei beiden Definitionen ein Inhalt existiert, so sind diese Inhalte einander gleich.

Der *Beweis* hierfür bei *Bereichen* verläuft wie folgt. Es seien

$$\alpha = \bigcup \{A_1, A_2, A_3, \ldots\} \quad \text{und} \quad \beta = \bigcup \{B_1, B_2, B_3, \ldots\}$$

zwei zusammenfallende und messbare Bereiche. Ist also $i(\bigcup \{A_1, A_2, \ldots, A_\nu\}) = i'_\nu$ und $i(\bigcup \{B_1, B_2, \ldots, B_\nu\}) = i''_\nu$, dann bilden die i'_ν bezw. i''_ν limitierte Folgen i_α bezw. i_β. Zu beweisen ist $i_\alpha = i_\beta$.

Da α und β zusammenfallen, so muss ein beliebiger Abschnitt A'_s von α in β enthalten sein (und umgekehrt). Indem man die κ-Quadrate von A'_s in je 4 gleiche Teilquadrate zerlegt, mit diesen Teilquadraten genau so verfährt u.s.f., kann man eine Menge von in A'_s enthaltenen Punkten definieren. Wenn nun eine Methode existiert (die aus der feststehende Tatsache des Zusammenfallens von α und β fliessen muss), die für jeden Punkt von A'_s einen Abschnitt von β bestimmt, in dem dieser Punkt enthalten ist, so muss ein gewisses n bestimmt sein in solcher Weise, dass bei der n^{ten} Vierteilung dieser Abschnitt von β festgelegt ist für *jeden* Punkt von A'_s. Bei dieser n^{ten} Wahl (eine Wahl gibt die zu vierteilen κ-Quadrate an) sind aber für alle Punkte von A'_s erst endlich-viele Quadrate bestimmt, sodass dabei auch nur endlich-viele Abschnitte von β herauskommen. Im Grössten dieser Abschnitte, den wir mit B'_s bezeichnen, ist dann A'_s selbst enthalten, d.h. es ist $i(A'_s) \le i(B'_s)$. Umgekehrt gilt dasselbe, also: zu jedem Abschnitte des einen Bereiches lässt sich ein Abschnitt des anderen Bereiches mit sicher nicht kleineren Inhalt bestimmen, woraus $i_\alpha = i_\beta$ folgt.

Hierin ist gleichzeitig ein Beweis für Folgendes enthalten:

Fallen zwei Bereiche zusammen und ist der eine messbar, so ist auch der andere messbar und hat denselben Inhalt.

Bei *Bereichkomplementen* beweisen wir Satz 3 wie folgt. Es seien

$$k = \bigcap \{M_1, M_2, M_3, \ldots\} \text{ und } k = \bigcap \{M_1^0, M_2^0, M_3^0, \ldots\}$$

zwei Definitionen des Bereichkomplementes k, zufolge welcher k messbar ist, d.h. wo die Inhalte $i(M_\nu)$ und $i(M_\nu^0)$ je eine limitierte Folge i bzw. i^0 bilden. Zu zeigen ist $i = i^0$.

Hierzu genügt der Nachweis, dass eine endliche Quadratmenge M_ν^0 der zweiten Definition von k keinen Inhalt $i(M_\nu^0) < i$ haben kann. Durch Vertauschung der beiden Definitionen folgt dann nämlich auch die Unmöglichkeit von $i(M_\nu) < i^0$, d.h. $i = i^0$. Wir können allgemeiner zeigen, dass der Inhalt $i(M^0)$ irgend einer endlichen Quadratmenge M^0, in der das Bereichkomplement k enthalten ist, nicht kleiner als $i = i(k)$ sein kann. Hierzu nehmen wir in der reduzierten Ebenen die zu M^0 komplementäre Quadratmenge M' und betrachten den Durchschnitt $k \cap M'$. Dieser Durchschnitt ist wegen

$$k \cap M' = \bigcap (M_1 \cap M', M_2 \cap M', \ldots) = \bigcap \{M_1', M_2', \ldots\}$$

wieder ein Bereichkomplement und zwar ein messbares, da die Inhalte $i_\nu' = i(M_\nu')$ eine limitierte Folge i' bilden; denn die Differenzen zweier Elemente der Folge i' bilden einen Teil der entsprechenden Differenzen bei der limitierten Folge i. Wenn wir jetzt beweisen, dass $i' = 0$ ist, sind wir fertig.

Wir zeigen dass die Annahme $i' > 0$ zu einem Widerspruch führt. Sei nämlich $i' > 0$; wir umgeben M^0 vollständig mit einem, aus einer endlichen Zahl von κ-Quadraten gebildeten Rande, dessen Inhalt $< \frac{1}{2}i'$ ist. Nach Hinzufügung dieses Randes gehe M^0 in N^0 über und es werde die endliche Quadratmenge, die zu N^0 komplementär ist, mit N'' bezeichnet. Die Durchschnitte von M_ν' mit N'' seien N_ν' und $\bigcap \{N_1', N_2', N_3', \ldots\} = \alpha$. Alsdann wäre α wieder ein messbares Bereichkomplement mit einem Inhalte $> \frac{1}{2}i'$, besässe also nach Satz 2 wenigstens einen Punkt, der in endlicher Entfernung von M^0 gelegen wäre, also unmöglich zu M^0 gehören könnte, wodurch sich ein Widerspruch ergibt.

Man hat keinen Grund zu behaupten, dass zwei zusammenfallende Bereichkomplemente stets auch gleichzeitig messbar seien. Als Beispiel hierzu konstruieren wir auf der Zahlenaxe ein eindimensionales Bereichkomplement k'' von dem wir wissen, dass es nur den Koordinatenanfangspunkt enthält, also mit dem messbaren Bereichkomplement $k' = \cap \{\lambda_2, \lambda_3, \lambda_4, \ldots\}$, $\lambda_2 =$ Intervall $(-\frac{1}{4}, +\frac{1}{4})$, $\lambda_3 =$ Intervall $(-\frac{1}{8}, +\frac{1}{8}), \ldots$ zusammenfällt und trotzdem *nicht* messbar ist. Wir haben $i(k') = 0$.

k'' wird definiert durch Intervalle $\mu_\nu = [-\varepsilon_{\nu1} + \varepsilon_\nu]$: $k'' = \bigcap \{\mu_1, \mu_2, \mu_3, \ldots\}$, wo die ε_ν der Bedingung $\varepsilon_{\nu+1} < \varepsilon_\nu$ genügen und wo wir die Unmöglichkeit eines positiven a nachweisen können, derart, dass unendlich viele der ε_ν grösser als a sind. Diese Forderung ist nicht identisch mit der, bei welcher die Existenz eines Konvergenz-Moduls verlangt wird, d.h. bei welcher zu jedem $\varepsilon > 0$ ein ν angebbar ist, so, dass für $\mu > \nu$ jedes $\varepsilon_\mu < \varepsilon$ ist. Dass diese zwei Forderungen *nicht* dasselbe

verlangen, kann durch folgendes Beispiel erläutert werden (das sich allerdings nicht
– wie dies bei Bereichkomplementen der Fall ist — auf monotone Folgen bezieht).
Wenn die m_n-te Ziffer der Dezimalentwicklung von π die n-te Ziffer dieser Reihe
darstellt, welcher ihrer nächstfolgenden Ziffer gleich ist, so bezeichnen wir sie mit
$m_n K_n$ und definieren dann die ε_ν so:

$$\varepsilon_1 = 1, \; \varepsilon_{\nu+1} \begin{cases} = \tfrac{1}{2}\varepsilon_\nu \text{ wenn } \nu + 1 \text{ kein } m_n \text{ ist} \\[2mm] = \tfrac{1}{2^n} \text{ wenn } \nu + 1 \text{ ein } m_n \text{ ist.} \end{cases}$$

Es ist dann, wenn wir z.B. die ersten 30 Ziffern umschreiben:

$$14159 \mid 26535 \mid 89793 \mid 23846 \mid 26433 \mid 83279 :$$

$\varepsilon_1 = 1,\; \varepsilon_2 = \tfrac{1}{2},\; \varepsilon_3 = \tfrac{1}{4}, \ldots, \; \varepsilon_{33} = \tfrac{1}{2^{32}},\; \varepsilon_{34} = \tfrac{1}{2}(n = 1, m_n = 34),\; \varepsilon_{35} = \tfrac{1}{4},$
$\varepsilon_{36} = \tfrac{1}{8}, \ldots$.

Wir können schematisch diese Folge ε_ν durch die folgende Figur darstellen,
in der wir längs der x-Axe die Dezimalstellen von π hingeschrieben denken und
die ε_ν als y-Koordinaten auftragen:

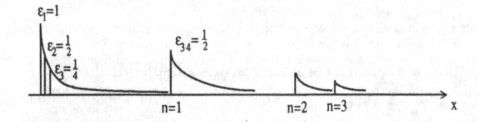

Abbildung II.1.13

Es gibt hier keinen „*Konvergenz-Modul*", denn wenn ich z.B. weiss, es gibt
100 Paare von gleichen, aufeinanderfolgenden Ziffern, aber über das eventuelle
Vorhandensein eines 101ten Paares nichts aussagen kann, so ist es unmöglich ein
ν anzugeben, derart, dass für alle $\mu > \nu$ die Ungleichung $\varepsilon_\mu < \tfrac{1}{2^{101}}$ besteht. Bei
gegebenen $\varepsilon_\mu < \tfrac{1}{2^k}$ wäre die Angabe eines solchen ν erst dann möglich, wenn man
m_k als Funktion von K kennen würde; wenn man also einen Satz kennen würde,
der so lautet: Um k gleiche aufeinanderfolgende Ziffern zu erhalten, muss man π
bis zur m_k-ten Stelle berechnen.

Trotzdem lässt sich hier beweisen, dass es ausgeschlossen ist dass ein positives
a existiert, welches von unendlich-vielen ε_ν überschritten wird. Denn setzen wir
$a > \tfrac{1}{2^k}$, so würde eine Fundamentalreihe $\varepsilon_{\alpha_1}, \varepsilon_{\alpha_2}, \ldots$ existieren, bei der erstens

jedes $\varepsilon_{\alpha_\nu} > \frac{1}{2^h}$ und zweitens jede Differenz $\alpha_{\nu+1} - \alpha_\nu > h$ wäre. Denn ich brauche, um die zweite Bedingung zu erfüllen, aus den ∞-vielen, die Zahl a übertreffenden ε_{α_ν} nur solche herauszugreifen, die einen Indexunterschied $> h$ aufweisen. Bei diesem ε_{α_ν} würde dann für jedes ν wenigstens ein m_{n_ν} vorhanden sein und dieses m_{n_ν} wäre $> \alpha_\nu$ und $\leq \alpha_{\nu+1}$. Dann aber wäre $\varepsilon_{\alpha_{\nu+1}} \leq \frac{1}{2^\nu}$, was für $\nu > h$ einen Widerspruch mit $\varepsilon_{\alpha_\nu} > \frac{1}{2^h}$ ergibt.

II.1.3.4   Vereinigende Bereichkomplemente

Wir haben in 1.2.6 gesehen, dass die Vereinigung $k' \cup k''$ von zwei Bereichkomplementen

$$k' = \bigcap \{M_1', M_2', \ldots\} \,, \quad k'' = \bigcap \{M_1'', M_2'', \ldots\} \qquad (\text{II}.1.12)$$

im Allgemeinen nicht wieder ein Bereichkomplement ist. Aus k' und k'' lässt sich aber ein drittes Bereichkomplement k''' herleiten indem wir zuerst

$$M_\nu''' = M_\nu' \cup M_\nu'' \qquad (\text{II}.1.13)$$

setzen und dann definieren

$$k''' = \bigcap \{M_1''', M_2''', \ldots\} = \mathfrak{V}(k', k'') \qquad (\text{II}.1.14)$$

k''' nennen wir das „*vereinigende Bereichkomplement*" (von k' und k''). Nach der klassischen Mengenlehre sind $k' \cup k''$ und $\mathfrak{V}(k', k'')$ identisch. (vgl. 1.2.6.) Hier lässt sich hingegen nur behaupten, dass k''' die Species $k' \cup k''$ als Teilspecies enthält.

Sind aber die beiden Bereichkomplemente k' und k'' messbar, so lässt sich ein ebenfalls messbares Bereichkomplement h angeben, derart, dass bezüglich des Inhaltes, der Unterschied zwischen $k' \cup k''$ und $\mathfrak{V}(k', k'')$ so zu sagen aufgeschoben wird. Es besteht nämlich dann der folgende **Satz 4**:

> *Sind k' und k'' messbar und ist $k''' = \mathfrak{V}(k', k'')$, so lässt sich ein in $k' \cup k''$ und in k''' enthaltenes Bereichkomplement h angeben, dessen Inhalt $i(h)$ beliebig wenig von $i(k''')$ abweicht.*

In beistehender schematischer Figur sind k''', $k' \cup k''$ und h angedeutet. Der Satz 4 sagt dann, kurz gesprochen aus, dass sich $k' \cup k''$ in einen beliebig schmalen Streifen an k''' heranpressen lässt.

Beweis: Wegen (2) und (3) folgt aus der Messbarkeit von k' und k'' auch die von $k''' = \mathfrak{V}(k', k'')$. Nun sei ein beliebig grosses ρ gegeben. Wir setzen $i_\nu^{(\sigma)} = i(M_\nu^{(\sigma)})$, wo σ einen, zwei oder drei Striche bedeutet. Zu beweisen ist dann: $i''' - \frac{1}{2^\rho} < i(h)$.

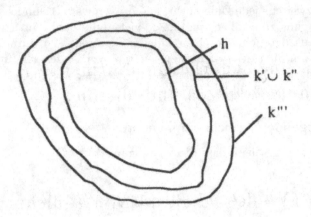

Abbildung II.1.14

Wegen der Messbarkeit von k' und k'' kann man dann den Index ν_1 so gross wählen, dass gleichzeitig gilt:

$$\left.\begin{array}{ll} \text{(a)} & \mid i'_{\nu_1+\lambda} - i'_{\nu_1} \mid < \frac{1}{2^{\rho+2}} \\[2mm] \text{(b)} & \mid i''_{\nu_1+\lambda} - i''_{\nu_1} \mid < \frac{1}{2^{\rho+2}} \end{array}\right\} \lambda = 1, 2, 3, \ldots$$

Zu diesem ν_1 gehören nun bestimmte endliche Quadratmengen M'_{ν_1} und M''_{ν_1} aus k' bzw. k'', die sich im Allgemeinen teilweise überdecken werden. Hierbei wird eine bestimmte Quadratmenge F festgelegt, die denjenigen Flächenteil von M''_{ν_1} überdeckt, der *nicht* in M'_{ν_1} enthalten ist. (vgl. die schematische Figur, in der F schraffiert ist.)

In F definieren wir weiters eine endliche Quadratmenge R (doppelt schraffiert), sodass R und M'_{ν_1} eine endliche Entfernung besitzen und überdies

$$\mid i(M''_{\nu_1}) - i(M'_{\nu_1} \cup R) \mid < \frac{1}{2^{\rho+1}} \tag{II.1.15}$$

ist. Die linke Seite von (4) ist also der Inhalt des von R nicht überdeckten Flächenteiles von F.

Bei beliebigem ν definieren wir jetzt:

$$N''_\nu = M''_\nu \cap R \tag{II.1.16}$$

$$M'_\nu \cup N''_\nu = N_\nu \tag{II.1.17}$$

und hieraus die neuen Bereichkomplemente

$$h'' = \bigcap \{N''_1, N''_2, \ldots\} \tag{II.1.18}$$

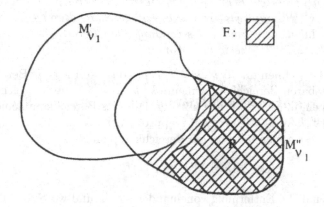

Abbildung II.1.15

$$h = \bigcap \{N_1, N_2, \ldots\} = k' \cup h'' \tag{II.1.19}$$

Dass h nicht nur $= \mathfrak{V}(k', h'')$, sondern auch $= k' \cup h''$ ist, folgt daraus, dass jeder Punkt von h entweder zu k' oder zu h'' gehört und umgekehrt sowohl jeder Punkt von k' wie auch jeder Punkt von h'' zu h gehört, wie aus (5) bis (8) folgt. Da jeder Punkt von h ein Punkt von $k' \cup h''$ ist, gehört er auch $k' \cup k''$ an. Andererseits ist h in k''' enthalten, weil $h = \bigcap \{N_1, N_2, \ldots\}$ in $\bigcap \{M_1''', M_2''', \ldots\} = k'''$ enthalten ist. Wenn wir daher noch zeigen, dass

$$\mid i(h) - i(M_{\nu_1}' \cup R) \mid \le \frac{1}{2^{\rho+1}} \tag{II.1.20}$$

ist, so folgt wegen (4) auch $\mid i(h) - i(M_{\nu_1}''') \mid < \frac{1}{2^\rho}$, und da $i(M_{\nu_1}''') > i(k''')$, auch das zu beweisende

$$\mid i(h) - i(k''') \mid < \frac{1}{2^\rho} \tag{II.1.21}$$

Die Beziehung (9) erhält man so: erstens ist wegen (a):

$$\mid i(k') - i(M_{\nu_1}') \mid \le \frac{1}{2^{\rho+2}}; \tag{II.1.22}$$

zweitens haben wir:

$$\mid i(h'') - i(R) \mid \le \frac{1}{2^{\rho+2}} \tag{II.1.23}$$

weil der Inhalt $i(R) - i(N_\nu'')$ ein Teil ist von $i(M_{\nu_1}'') - i(M_\nu'')$ und weil (b) gilt. Addition von (11) und (12) gibt (9).

Satz 4 lässt sich durch der Schluss von n auf $n+1$ auf eine endliche Zahl von Bereichkomplementen ausdehnen; man erhält so den **Satz 5**:

Die Vereinigung einer endliche Zahl von messbaren Bereichkomplementen $k', k'', \ldots, k^{(m)}$ enthält als Teilspecies ein messbares Bereichkomplement, dessen Inhalt dem Inhalte des vereinigenden Bereichkomplementes von $k', k'', \ldots, k^{(m)}$ beliebig nahe kommt.

Beweis: Wir bezeichnen mit $\mathfrak{V}(k', k'', \ldots, k^{(n)})$ das vereinigende Bereichkomplement der n messbaren Bereichkomplemente $k', k'', \ldots, k^{(n)}$ und bezeichnen mit $\mathfrak{G}(k', k'', \ldots, k^{(n)})$ ein in $\bigcap \{k', k'', \ldots, k^{(n)}\}$ enthaltenes Bereichkomplement, das den Inhalt von $\mathfrak{V}(k', k'', \ldots, k^{(n)})$ bis auf ε approximiert.

Nach Satz 4 bestimmen wir nun ein Bereichkomplement

$$H = \mathfrak{V}(k^{(1)}, k'', \ldots, k^{(n)}) \cup S.$$

wo S und $\mathfrak{V}$ eine endliche Entfernung voneinander haben und wo S dieselbe Rolle gegenüber $\mathfrak{V}(k', k'', \ldots, k^{(n)})$ und $k^{(n+1)}$ spielt, wie oben das h'' gegenüber k' und k'', also als ein $\mathfrak{g}(\mathfrak{V}(k', k'', \ldots, k^{(n)}), k^{(n+1)})$ bezeichnet werden kann. Wenn wir dann in H das $\mathfrak{V}(k', k'', \ldots, k^{(n)})$ durch $\mathfrak{g}(k', k'', \ldots, k^{(n)})$ ersetzen, so erhalten wir ein Bereichkomplement, das in $\bigcup \{k', k'', \ldots, k^{(n)}, k^{(n+1)}\}$ enthalten ist und das den Inhalt von $\mathfrak{V}(k', k'', \ldots, k^{(n)}, k^{(n+1)})$ bis auf 2ε approximiert.

Im Gegensatz zum analogen Satze über die Inhalte der äusseren Grenzspecies (vgl. den folgenden Paragraphen) ist es hier zwar möglich das ε beliebig klein zu machen, nicht aber auf Null herabzudrücken.

Es sei noch darauf hin gewiesen, dass der Durchschnitt von zwei messbaren Bereichkomplementen, (also auch einer endlichen Anzahl von solchen), wiederum ein messbares Bereichkomplement ist.

II.1.3.5   Inhalt von äusseren Grenzspecies

Es sei jetzt $A = \bigcup \{k_1, k_2, k_3, \ldots\}$ eine *äussere Grenzspecies* (vgl. S...), bei der jedes Bereichkomplement k_ν messbar sei und den Inhalt $i(k_\nu) = i_\nu$ habe. Bilden dann $i_1, i_2, i_3, \ldots$ eine limitierte Folge i, *so heisst die äussere Grenzspecies A messbar* und $i = i(A)$ ihr Inhalt.

Diese Inhaltsdefinition lässt sich auf die Vereinigung $\bigcup \{k', k'', \ldots\}$ von Fundamentalreihen $k', k'', \ldots$ von Bereichkomplementen sinngemäss ausdehnen, ($\bigcup \{k', k'', \ldots\}$ muss ja nicht notwendig eine äussere Grenzspecies bilden), wobei nur eine sogleich anzugebende Bedingung erfüllt sein muss.

Es sei

$$A = \bigcup \{k', k'', k''', \ldots, k^{(\nu)}, \ldots\}; \tag{II.1.24}$$

wir bezeichnen mit $h^{(\nu)}$ die vereinigenden Bereichkomplemente (vgl. den vorigen Paragraphen) der ersten ν Anfangselemente von (1), setzen also:

$$h' = k', k'' = \mathfrak{V}(k', k''), \ldots, h^{(\nu)} = \mathfrak{V}(k', k'', \ldots, k^{(\nu)}); \tag{II.1.25}$$

es ist demnach jedes $h^{(\nu)}$ in $h^{(\nu+1)}, h^{(\nu+2)}, \ldots$ enthalten.

Aus diesen Bereichkomplementen $h^{(\nu)}$ bilden wir die äussere Grenzspecies

$$A_1 = \bigcup \{h', h'', \ldots, h^{(\nu)}, \ldots\};\qquad\text{(II.1.26)}$$

sie heisst *die vereinigende äussere Grenzspecies* der Fundamentalreihe
$F = k', k'', k''', \ldots$ und es besteht dann der folgende **Satz 6:**

Die Vereinigung $\bigcup \{k', k'', \ldots\}$ einer Fundamentalreihe $F = k', k'', \ldots$ von messbaren Bereichkomplementen, welche die Eigenschaft besitzt, dass die Inhalte der vereinigenden Bereichkomplemente $h', h'', \ldots$ ihrer Anfangselemente eine limitierte Folge bilden, enthält eine mit der vereinigenden äuseren Grenzspecies $A_1 = \bigcup \{h', h'', \ldots\}$ von F inhaltsgleiche äussere Grenzspecies A_2.

Zum *Beweise* beachten wir, dass jedes Bereichkomplement $k^{(\nu)}$ der Durchschnitt einer Fundamentalreihe von endlichen Quadratmengen ist:

$$k^{(\nu)} = \bigcap \{M_1^{(\nu)}, M_2^{(\nu)}, \ldots\},\qquad\text{(II.1.27)}$$

derart, dass für jedes m und ν $M_{m+1}^{(\nu)}$ enthalten ist in $M_m^{(\nu)}$.

Setzen wir $i(M_m^{(\nu)}) = i_m^{(\nu)}$, dann können wir uns, durch eventuelles passendes Weglassen von Quadratmengen $M^{(\nu)}$ in den Fundamentalreihen $M_1^{(\nu)}, M_2^{(\nu)}, \ldots$ die $M_h^{(\nu)}$ in (4) so gewählt denken, dass

$$i_m^{(\nu)} - i_{m+\lambda}^{(\nu)} < \frac{1}{2^m}\qquad\text{(II.1.28)}$$

wird für jedes m und λ und für jedes $\nu \leq m$.

Jetzt setzen wir voraus, dass die Inhalte der durch (2) definierten Bereichkomplemente $h^{(\nu)}$ eine limitierte Folge bilden, dass also die im Satz 6 ausgesprochene Bedingung erfüllt ist. $h^{(\nu)}$ ist dabei das vereinigende Bereichkomplement von $k', k'', \ldots, k^{(\nu)}$, erscheint also als Durchschnitt einer Fundamentalreihe von endlichen Quadratmengen $L_\rho^{(\nu)}$ dargestellt:

$$h^{(\nu)} = \bigcap \{L_1^{(\nu)}, L_2^{(\nu)}, \ldots\}, \text{ wobei } L_h^{(\nu)} = \bigcup \{M_h', M_h'', \ldots, M_h^{(\nu)}\}.\qquad\text{(II.1.29)}$$

Die durch (3) definierte äussere Grenzspecies A_1 ist wegen der oben gemachten Voraussetzung messbar und enthält die Vereinigung $A = \bigcup \{k', k'', \ldots\}$. Denn jeder Punkt von A gehört zu einem $k^{(\nu)}$, also zu $M_m^{(\nu)}$ für jedes m, also zu $L_m^{(\nu)}$ für jedes m, also nach (6) zu $L^{(\nu)}$ und daher zu A_1.

Jetzt konstruieren wir eine zweite äussere Grenzspecies A_2, die ihrerseits in A enthalten ist und die denselben Inhalt wie A_1 hat. A ist dann so zu sagen zwischen 2 inhaltsgleichen äusseren Grenzspecies eingeklemmt.

Zur Konstruktion von A_2 führen wir vorerst für jedes m und ν endliche Quadratmengen $N_m^{(\nu)}$ ein. Diese $N_m^{(\nu)}$ bilden einen Teil von $M_m^{(\nu)}$ den man erhält, wenn man von $M_m^{(\nu)}$ eine endliche Quadratmenge derart weglässt, dass $N_m^{(\nu)}$ von $L_m^{(\nu-1)}$, d.h. also von allen vorhergehenden M_m', M_m''...., $M_m^{(\nu-1)}$ einen Abstand > 0 hat. Solche Quadratmengen $N_m^{(\nu)}$ lassen sich auf die verschiedensten Arten konstruieren. Wir wollen dabei zwei Bedingungen erfüllen: *Erstens* sollen die dabei von $L_m^{(\nu)}$ weggelassenen Quadrate zusammen einen Inhalt $< \frac{1}{2^m}$ haben:

$$i(L_m^{(\nu)}) - i(L_m^{(\nu-1)} \cup N_m^\nu) < \frac{1}{2^m}. \tag{II.1.30}$$

Zweitens soll

$$N_m^{(\nu)} \cap M_{m+1}^{(\nu)} \tag{II.1.31}$$

enthalten sein in $N_{m+1}^{(\nu)}$.

Wir setzen dann:

$$p_m^{(\nu)} = N_m^{(\nu)} \cap k^{(\nu)} \tag{II.1.32}$$

und

$$np_m^{(\nu)} = N_m^{(\nu)} \cap M_m^{(\nu)}. \tag{II.1.33}$$

Es ist dann wegen (8) jedes $_rp_m^{(\nu)}$ enthalten in $_np_{m+1}^{(\nu)}$, wenn $r \geq m+1$ und $n \leq r$ ist. Ferners ist wegen

$$
\begin{aligned}
p_m^{(\nu)} &= N_m^{(\nu)} \cap R^{(\nu)} = N_m^{(\nu)} \cap \bigcap\{M_1^{(\nu)}, M_2^{(\nu)}, \ldots\} = \\
&= \bigcap \{N_m^{(\nu)}, M_1^{(\nu)}, M_2^{(\nu)}, \ldots\} = \\
&= \bigcap \{N_m^{(\nu)} \cap M_1^{(\nu)}, N_m^{(\nu)} \cap M_2^{(\nu)}, \ldots\}
\end{aligned}
$$

und also wegen (10):

$$p_m^{(\nu)} = \bigcap \{\, _1p_m^{(\nu)},\ _2p_m^{(\nu)},\ _3p_m^{(\nu)}, \ldots\} \tag{II.1.34}$$

und wegen (10) ist ferners jedes $p_m^{(\nu)}$ in $p_{m+1}^{(\nu)}$ enthalten.

Setzen wir dann

$$_ng^{(m)} = \bigcup \{\, _np_m' \cdot\ _np'', \ldots,\ _np_m^{(m)}\} \tag{II.1.35}$$

und

$$g^{(m)} = \bigcap \{\, _1g^{(m)},\ _2g^{(m)},\ _3g^{(m)}, \ldots\}, \tag{II.1.36}$$

so ist $g^{(m)}$ auch darstellbar durch:

$$g^{(m)} = \bigcap \{\bigcup \{\, _1p_m^1,\ _1p_m'', \ldots,\ _1p_m^{(m)}\}, \bigcup \{\, _2p_m',\ _2o_m'', \ldots,\ _2p_m^{(m)}\}, \ldots\}.$$

Da $g^{(m)}$ gänzlich in den m von einander isolierten endlichen Quadratmengen $N'_m, N''_m, \ldots N_m^{(m)}$ enthalten ist, so haben wir weiters

$$g^{(m)} \;=\; \bigcup \{g^{(m)} \cap N'_m, g^{(m)} \cap N''_m, \ldots, g^{(m)} \cap N_m^{(m)}\} =$$

$$=\; \bigcup \{\bigcap \{ {}_1p'_m, \; {}_2p'_m, \ldots\}, \bigcap \{ {}_1p''_m, \; {}_2p''_m, \ldots\}, \ldots, \bigcap \{ {}_1p_m^{(m)}, \; {}_2p_m^{(m)}, \ldots\}\}$$

und hieraus schliesslich wegen (11):

$$g^{(m)} = \bigcup \{p'_m, p''_m, \ldots\} \tag{II.1.37}$$

wobei $g^{(m)}$ in $g^{(m+1)}$ enthalten ist.

Die zu konstruierende äussere Grenzspecies A_2 ist dann definiert durch

$$A_2 = \bigcup \{g', g'', g''', \ldots\}. \tag{II.1.38}$$

Dass dies wirklich eine äussere Grenzspecies ist, folgt aus (13) nebst

$$g^{(m+1)} = \bigcap \{ {}_1g^{(m+1)}, \; {}_2g^{(m+1)}, \ldots\},$$

wo stets ${}_rg^{(m)}$ in ${}_ng^{(m+1)}$ enthalten ist für $r \geq m+1$ und $r \geq n$ entsprechend dem unmittelbar nach Gleichung (10) gesagtem.

Das Bereichkomplement $p_m^{(\nu)}$ ist nach (9) messbar als Durchschnitt der endlichen Quadratmenge $N_m^{(\nu)}$ mit dem messbaren Bereichkomplement $k^{(\nu)}$. Und zwar ist, ebenfalls auf Grund von (9), die Inhaltsdifferenz von $N_m^{(\nu)}$ und $p_m^{(\nu)}$ enthalten in der Inhaltsdifferenz von $M_m^{(\nu)}$ und $k^{(\nu)}$. Da nun die letztgenannte Inhaltsdifferenz $< \frac{1}{2^m}$ ist, so ist dies auch für die erste Inhaltsdifferenz der Fall. Der Inhaltsunterschied von $g^{(m)}$ und $\bigcup \{N'_m, N''_m, \ldots, N_m^{(m)}\}$ setzt sich zusammen aus den m Inhaltsdifferenzen zwischen den $p_m^{(\nu)}$ und den entsprechenden $N_m^{(\nu)}$. Daher ist:

$$i(\bigcup \{N'_m, N''_m, \ldots, N_m^{(m)}\}) - i(g^{(m)}) < \frac{m}{2^m}. \tag{II.1.39}$$

Andererseits ist wegen (7):

$$i(L_m^{(m)}) - i(\bigcup \{N'_m, N''_m, \ldots, N_m^{(m)}\}) < \frac{m}{2^m}.$$

Addieren wir dies zu (16), so folgt:

$$i(L_m^{(m)}) - i(g^{(m)}) < \frac{2m}{2^m},$$

also erst recht:

$$i(h^{(m)}) - i(g^{(m)}) < \frac{2m}{2^m}. \tag{II.1.40}$$

Weil nun $i(h'), i(h''), \ldots$ eine limitierte Folge bilden, müssen wegen (17) auch $i(g'), i(g''), \ldots$ eine solche Folge bilden, welche der erstgenannten gleich ist; d.h. nichts anderes als dass A_2 ebenso wie A_1 eine messbare äussere Grenzspecies darstellt, deren Inhalt gleich dem von A_1 ist. Überdies ist A_2 in A enthalten, denn jeder Punkt von A_2 gehört zu einem $g^{(m)}$, daher, weil sich $g^{(m)}$ nach (14) aus den m, in endlicher Entfernung voneinander liegenden Bereichkomplementen $p'_m, p''_m, \ldots, p_m^{(m)}$ zusammensetzt, zu einem bestimmten $p_m^{(\nu)}$, also nach (9) zu $k^{(\nu)}$, also zu A. Hiermit ist Satz 6 vollständig bewiesen.

II.1.3.6   Eindeutigkeit des Inhaltes von äusseren Grenzspecies

Analog zum Satz 3 (1.1.3) gilt bei messbaren äusseren Grenzspecies auch hier der folgende, die Eindeutigkeit des Inhaltes ausdrückende **Satz 7:**

Zwei zusammenfallende messbare äussere Grenzspecies haben denselben Inhalt.

Beweis. Es seien

$$A = \bigcup \{k', k'', \ldots\} \text{ und } A_1 = \bigcup \{k'_1, k''_1, \ldots\}$$

zwei zusammenfallende, messbare äussere Grenzspecies. Das Zusammenfallen bringt mit sich, dass jedes der messbaren Bereichkomplemente $k_1^{(\nu)}$ von A_1 enthalten ist in A und umgekehrt auch jedes der messbaren Bereichkomplemente $k^{(\nu)}$ von A enthalten ist in A_1. Wenn wir also von einem beliebigen, in A enthaltenen, messbaren Bereichkomplement k zeigen, dass sein Inhalt $i(k)$ nicht grösser sein kann als der Inhalt $i = i(A)$ von A, so folgt $i(A) = i(A_1)$.

Es sei also k ein beliebiges, messbares, in A enthaltenes Bereichkomplement. Wir zeigen, dass bei der Annahme

$$i(k) = i + a \qquad (a > 0)\; (i = i(A)) \tag{II.1.41}$$

k unmöglich in A enthalten sein kann, dass also die Voraussetzung (1) und die Annahme: k enthalten in A, zu einem Widerspruch führen.

Die Bereichkomplemente $k^{(\nu)}$ von A seien wieder gegeben durch $k^{(\nu)} = \bigcap \{M_1^{(\nu)}, M_2^{(\nu)}, \ldots\}$. Wir wählen dann für jedes ν aus den $M_\rho^{(\nu)}$ ein $M_{\alpha_\nu}^{(\nu)}$ so aus, dass

$$i(M_{\alpha_\nu}^{(\nu)}) - i(k^{(\nu)}) < \frac{a}{2^{\nu+2}} \tag{II.1.42}$$

Dieses $M_{\alpha_\nu}^{(\nu)}$ erweitern wir zur endlichen Quadratmenge $N_{\alpha_\nu}^{(\nu)}$, indem wir $M_{\alpha_\nu}^{(\nu)}$ mit einem Kranz von x-Quadraten umgeben, derart, dass $M_{\alpha_\nu}^{(\nu)}$ ganz umschlossen ist und überdies die Ungleichung gilt:

$$i(N_{\alpha_\nu}^{(\nu)}) - i(M_{\alpha_\nu}^{(\nu)}) < \frac{a}{2^{\nu+2}}. \tag{II.1.43}$$

Jetzt bilden wir die Vereinigung

$$N_m = \bigcup \{N'_{\alpha_1}, N''_{\alpha_2}, \ldots, N^{(m)}_{\alpha_m}\}. \qquad \text{(II.1.44)}$$

Jedes $M^{(\nu)}_{\alpha_\nu}$ liegt wegen (2) mit einem Inhalte $< \frac{a}{2^{\nu+2}}$ ausserhalb $M^{(\nu+1)}_{\alpha_{\nu+1}}$, also liegt weiters wegen (3) jedes $N^{(\nu)}_{\alpha_\nu}$ mit einem Inhalt $< \frac{a}{2^{\nu+1}}$ ausserhalb $N^{(\nu+1)}_{\alpha_{\nu+1}}$. Mithin haben wir der Reihe nach:

$$i(N_m) \quad < \quad \tfrac{a}{4} + i(\bigcup \{N''_{\alpha_2}, N'''_{\alpha_3}, \ldots, N^{(m)}_{\alpha_m}\})$$

$$< \quad \tfrac{a}{4} + \tfrac{a}{8} + i(\bigcup \{N'''_{\alpha_3}, \ldots, N^{(m)}_{\alpha_m}\})$$

$$i(N_m) < a(\frac{1}{4} + \frac{1}{8} + \ldots + \frac{1}{2^m}) + i(N^{(m)}_{\alpha_m}) \qquad \text{(II.1.45)}$$

Wächst jetzt m ins Unendliche, dann konvergiert das erste Glied der rechten Seite gegen $\frac{a}{2}$, das zweite Glied gegen $i(A) = i$. Setzen wir also

$$N = \bigcup \{N'_{\alpha_1}, N''_{\alpha_2}, \ldots\}, \qquad \text{(II.1.46)}$$

dann ist

$$i(N) \leq \frac{a}{2} + i. \qquad \text{(II.1.47)}$$

Bezeichnen wir die Species der zu *nicht* von $N^{(\nu)}_{\alpha_\nu}$ überdeckten Quadraten gehörigen Punkte der reduzierten Ebene mit $P^{(\nu)}_{\alpha_\nu}$, so ist ein messbares Bereichkomplement

$$C = \bigcap \{P'_{\alpha_1}, P''_{\alpha_2}, \ldots\}$$

definiert, dessen Inhalt wegen (7) $\geq 1 - (\frac{a}{2} + i)$ ist. Die Bereichkomplement k und C bestimmen ein gleichfalls messbares Bereichskomplement

$$c = k \cap C$$

mit einem Inhalt $\geq \frac{a}{2}$. Dieses C besitzt, als Durchschnitt von endlichen Quadratmengen $P^{(\nu)}_{\alpha_\nu}$, die von $N^{(\nu)}_{\alpha_\nu}$ nicht überdeckt werden, von jedem $M^{(\nu)}_{\alpha_\nu}$ eine endliche Entfernung, kann also mit keinem $k^{(\nu)}$ einen Punkt gemein haben, kann also erst recht nicht gänzlich in A enthalten sein. Dies müsste aber der Fall sein, wenn unsere Voraussetzung: k ganz in A enthalten, zutreffen würde.

II.1.3.7   Vereinigende äussere Grenzspecies von äusseren Grenzspecies

Wir betrachten zuerst den Fall, dass eine *endliche* Menge

$$
\left\{
\begin{aligned}
A_1 &= \bigcup \{k_{11}, k_{12}, \ldots, k_{1p}, \ldots\} \\[1mm]
A_2 &= \bigcup \{k_{21}, k_{22}, \ldots, k_{2p}, \ldots\} \\[1mm]
&\ldots\ldots \\[1mm]
A_n &= \bigcup \{k_{n1}, k_{n2}, \ldots, k_{np}, \ldots\}
\end{aligned}
\right.
\tag{II.1.48}
$$

von n messbaren äusseren Grenzspecies A_r gegeben ist. Hierbei ist das Bereichkomplement k_{rp} gegeben als Durchschnitt der endlichen Quadratmengen $_\nu L_{rp}$:

$$
k_{rp} = \bigcap \{\,_1 L_{rp},\,_2 L_{rp}, \ldots\}.
$$

Setzen wir dann

$$
_s L_p = \bigcup \{\,_s L_{1p},\,_s L_{2p}, \ldots,\,_s L_{np}\},
\tag{II.1.49}
$$

so ist

$$
k_p = \bigcap \{\,_1 L_p,\,_2 L_p, \ldots\} = \mathfrak{V}(k_{1p}, k_{2p}, \ldots, k_{np})
\tag{II.1.50}
$$

das vereinigende Bereichkomplement von $k_{1p}, k_{2p}, \ldots, k_{np}$.

Die Vereinigung von $A_1, A_2, \ldots, A_n$ lässt sich als Vereinigung einer n-fachen, also auch einer einfachen Fundamentalreihe von messbaren Bereichkomplementen auffassen. Sie wird also nach Satz 6 (1.3.5) eine messbare *vereinigende* äussere Grenzspecies besitzen, vorausgesetzt, dass die Inhalte der vereinigenden Bereichkomplemente ihrer Anfangssegmente, (also der k_p, Gleichung (3)), eine limitierte Folge bilden, was wir beweisen werden. Hierzu zeigen wir, dass für ein willkürliches ε der Index p so gewählt werden kann, dass

$$
i(k_{p+\lambda}) - i(k_p) \leq n\varepsilon.
\tag{II.1.51}
$$

Dazu wählen wir p so, dass

$$
i(k_{r,p+\lambda}) - i(k_{rp}) < \varepsilon
\tag{II.1.52}
$$

für jedes $r = 1, 2, \ldots, n$.

Wegen (5) liegt dann für beliebiges ν von $k_{r,p+\lambda}$ ein Inhalt $< \varepsilon$ ausserhalb von $_\nu L_{rp}$; denn sonst könnte man in endlicher Entfernung von $_\nu L_{rp}$ ein in $k_{r,p+\lambda}$ enthaltenes Bereichkomplement c bestimmen mit einem Inhalte $> \varepsilon$. Der Inhalt der Vereinigung dieses Bereichkomplemente c und dem in endlicher Entfernung davon liegenden k_{rp} würde dann gleich $i(k_{rp}) + i(c)$, also $> i(k_{rp}) + \varepsilon$ sein, was einen Widerspruch mit (5) darstellen würde. Somit liegt erst recht für beliebiges r von $k_{r,p+\lambda}$ ein Inhalt $< \varepsilon$ ausserhalb von $_\nu L_p$, da wegen (2) $_\nu L_{rp}$ in $_\nu L_p$ enthalten ist.

Von dem vereinigenden Bereichkomplemente

$$k_{p+\lambda} = \mathfrak{V}(k_{1,p+\lambda}, k_{2,p+\lambda}, \dots, k_{n,p+\lambda})$$

liegt somit ausserhalb von $_\nu L_p$ ein Inhalt $< n\varepsilon$, also gilt (4).

Wenn nun $i(k_{p+\lambda}) - i(k_p) > n\varepsilon$, also auch $> n\varepsilon + a$ $(a > 0)$ wäre, so könnte man ein solches ν bestimmen, das

$$i(\,_\nu L_p) - i(k_p) < \frac{a}{2}$$

wäre. Dann würde

$$i(k_{p+\lambda}) - i(\,_\nu L_p) > n\varepsilon + \frac{a}{2}$$

sein, also würde $k_{p+\lambda}$ mit einem Inhalte $> n\varepsilon + \frac{a}{2}$ aus $_\nu L_p$ herausragen müssen, was gegen obiges Resultat verstösst.

Mithin gilt (4) und daraus ergibt sich in Verbindung mit dem Satze (6) der
Satz 8:

> *Die Vereinigung einer endlichen Menge von messbaren äusseren Grenz-species enthält eine mit der vereinigenden äusseren Grenzspecies in-haltsgleiche äussere Grenzspecies.*

Jetzt dehnen wir diesen Satz aus auf eine Fundamentalreihe von äusseren Grenzspecies. Es sei analog zu (1):

$$\begin{cases} A_1 = \bigcup \{(k_{11}, k_{21}, \dots, k_{1p}, \dots\} \\ \dots\dots \\ A_r = \bigcup \{k_{r1}, k_{r2}, \dots, k_{rp}, \dots\} \\ \dots\dots \end{cases} \tag{II.1.53}$$

Nach Satz 8 existiert dann für jedes m die messbare, vereinigende äussere Grenz-species

$$A_m^0 = \mathfrak{V}(A_1, A_2, \dots, A_m) \tag{II.1.54}$$

und *wir setzen voraus, dass die Inhalte* $i_m = i(A_m^0)$ *dieser* A_m^0 *eine limitierte Folge* i *bilden:*

$$\lim i(A_m^0) = \lim i_m = i. \tag{II.1.55}$$

Die Doppelfolge der Bereichkomplemente k_{rs} lässt sich auf die verschie-denartigste Weise als einfache Fundamentalreihe abzählen. Es seien $\beta_1, \beta_2, \dots$

die Anfangselemente irgend einer solchen einfachen Fundamentalreihe; wir wollen zeigen, *dass die Inhalte der zugehörigen vereinigenden Bereichkomplemente* $\mathfrak{V}(\beta_1, \beta_2, \ldots, \beta_n)$ *eine limitierte Folge bilden.*

Wegen (8) können wir bei gegebenem $\varepsilon > 0$ den Index m so wählen, dass

$$i - i_m < \frac{1}{2}\varepsilon \qquad\qquad (\text{II.1.56})$$

ist. Dieses m halten wir vorläufig fest. Zu jedem $r = 1, 2, \ldots, m$ können wir dann ein ν_r bestimmen, so dass

$$i(A_r) - i(k_{r\nu_r}) < \frac{\varepsilon}{2m}$$

wird. Mithin können wir auch ein einziges s angeben, so dass für $r \leq m$

$$i(A_r) - i(k_{rs}) < \frac{\varepsilon}{2m} \qquad\qquad (\text{II.1.57})$$

ist oder, was auf dasselbe hinaus kommt:

(10a) $i(k_{r,s+\lambda}) - i(k_{rs}) > \dfrac{\varepsilon}{2m}$.

Nun machen wir mit (10a) denselben Schritt, der oben von (5) zu (4) führte: Wir ersetzen in (10a) $k_{r,s+\lambda}$ bzw. k_{rs} durch das vereinigende Bereichkomplement $\mathfrak{V}_\lambda = \mathfrak{V}(k_{1,s+\lambda}, k_{2,s+\lambda}, \ldots, k_{m,s+\lambda})$ bzw. $\mathfrak{V}_0 = \mathfrak{V}(k_{1s}, k_{2s}, \ldots, k_{rs})$ und müssen demgemäss auf der rechten Seite mit m multiplizieren, also $\frac{\varepsilon}{2}$ statt $\frac{\varepsilon}{2m}$ schreiben. Da nun $i(\mathfrak{V}_\lambda) > i_m$ ist, so gibt dies:

$$i_m - i(\mathfrak{V}_0) < \frac{\varepsilon}{2} \qquad\qquad (\text{II.1.58})$$

Nun ist dieses $\mathfrak{V}_0$ aber das vereinigende Bereichkomplement einer zu β_n gehörigen endlichen Menge γ_n von Bereichkomplementen, so dass aus (11) weiter folgt

$$i_m - i(\mathfrak{V}(\beta_1, \beta_2, \ldots, \beta_n)) < \frac{\varepsilon}{2} \qquad\qquad (\text{II.1.59})$$

Addition von (9) und (12) gibt

$$i - i(\mathfrak{V}(\beta_1, \beta_2, \ldots, \beta_n)) < \varepsilon, \qquad\qquad (\text{II.1.60})$$

d.h. die Inhalte der vereinigenden Bereichkomplemente der Anfangssegmente $\beta_1, \beta_2, \ldots$ bilden eine limitierte Folge und es ist

$$i = \lim i(\mathfrak{V}(\beta_1, \beta_2, \ldots, \beta_n))$$

eine Folge von (8). Dies gibt den folgenden **Satz 9:**

> *Die Vereinigung einer Fundamentalreihe F von messbaren äusseren Grenzspecies, welche die Eigenschaft besitzt, dass die Inhalte der vereinigenden äusseren Grenzspecies ihrer Anfangssegmente eine limitierte Folge bilden, enthält eine mit der vereinigenden äusseren Grenzspecies von F inhaltsgleiche äussere Grenzspecies.*

II.1.3.8   Inhaltsgleiche Teilmengen

Wir knüpfen an Satz 1 (1.3.2) an, nach welchem in jedem messbaren Bereichkomplemente k vom Inhalte i eine volle, abgeschlossene und katalogisierte, also mit einer Punkt*menge* zusammenfallende Teilspecies k_1 existiert, deren Inhalt $> i - 2^{-\rho}$ ist. Wir hatten damals k_1 gefunden als Durchschnitt von endlichen Quadratmengen P_i:

$$k_1 = \bigcap \{P_1, P_2, P_3, \dots\} \tag{II.1.61}$$

und P_ν war die endliche Menge der $\kappa_{\nu+1}$-Quadrate, die in der mit $_\nu L_\nu$ bezeichneten Quadratmenge vertreten waren. Dabei war

$$k = \bigcap \{L_1, L_2, L_3, \dots\} \tag{II.1.62}$$

$$i(L_\nu) - i(L_{\nu+\lambda}) < \varepsilon_\nu = \frac{1}{2^{4\nu+\rho}} \tag{II.1.63}$$

und $_\nu L_\nu$ konstruieren wir aus den endlichen Quadratmengen $_0 L_\nu = L_\nu, {}_1 L_\nu, {}_2 L_\nu, \dots, {}_{\nu-1} L_\nu$ durch die Festsetzung: $_h L_\nu$ entsteht aus $_{h-1} L_\nu$ durch Weglassung der Durchschnitte mit denjenigen κ_{h+1}-Quadraten, deren Durchschnitte mit $_{h+1} L_h$ einen Inhalt $< 2\varepsilon_h$ besitzten.

Wir gehen nun aus von einer Reihe

$$\rho' < \rho'' < \rho''' < \dots < \rho^{(\nu)} < \dots \tag{II.1.64}$$

wachsender ganzer positiver Zahlen und denken uns für jede dieser Zahlen $\rho^{(\nu)}$ die in dem Bereichkomplemente k nach Satz 1 enthaltene volle, abgeschlossene und katalogisierte Punktspecies $\ell^{(\nu)}$ konstruiert, die wieder ein Bereichkomplement ist. Dies gibt eine Fundamentalreihe

$$\ell', \ell'', \ell''', \dots, \ell^{(\nu)}, \dots \tag{II.1.65}$$

von messbaren Bereichkomplementen

$$\ell^{(\nu)} = \cap \{P_1^{(\nu)}, P_2^{(\nu)}, \dots\},$$

derart, dass

$$i(\ell^{(\nu)}) > i - 2^{-\rho^{(\nu)}} \text{ ist.} \tag{II.1.66}$$

Bezeichnen wir das *vereinigende* Bereichkomplement der ersten ν $\ell^{(i)}$ mit

$$h^{(\nu)} = \mathfrak{V}(\ell', \ell'', \dots, \ell^{(\nu)}) = \bigcap \{Q_1^{(\nu)}, Q_2^{(\nu)}, \dots\} \tag{II.1.67}$$

wo innerer $Q_\alpha^{(\nu)} = \bigcup \{P_\alpha', P_\alpha'', \dots, P_\alpha^{(\nu)}\}$ gesetzt ist, dann ist, da $\ell^{(\nu)}$ in $h^{(\nu)}$ enthalten ist, wegen (6) auch:

$$i(h^{(\nu)}) > i - 2^{-\rho^{(\nu)}} \tag{II.1.68}$$

Ein beliebig gewähltes L_τ von k (vgl. (2)) enthält ein P'_{α_1}, ein $P''_{\alpha_2}, \ldots$, ein $P^{(\nu)}_{\alpha_\nu}$, also für passendes α ein $P^{(\sigma)}_\alpha$ für $\sigma = 1, 2, \ldots, \nu$. Dann aber enthält L_τ auch $Q^{(\nu)}_\alpha$, also ist nach (7) $h^{(\nu)}$ in L_τ enthalten. Da dies für jedes τ gilt, so ist $h^{(\nu)}$ auch in k enthalten.

Weil in jedem $\kappa_{\pi+1}$-Quadrate von $P^{(\rho)}_\pi$ für $\rho = 1, 2, \ldots, \nu$ immer wenigstens ein $\kappa_{\pi+2}$-Quadrat von $P^{(\rho)}_{\pi+1}$ enthalten ist, so ist auch in jedem $\kappa_{\pi+1}$-Quadrat von $Q^{(\nu)}_\pi$ wenigstens ein $\kappa_{\pi+2}$-Quadrat von $Q^{(\nu)}_{\pi+1}$ enthalten.

Also ist $h^{(\nu)}$ eine katalogisierte, volle, abgeschlossene Punktspecies und fällt mit einer Punkt*menge* zusammen.

Schliesslich bemerken wir, dass $Q^{(\alpha)}_\tau$ in $Q^{(\beta)}_\tau$ enthalten ist für $\beta > \alpha$, so dass

$$A^0 = \bigcup \{h', h'', h''', \ldots\} \tag{II.1.69}$$

eine *äussere Grenzspecies* darstellt, die gänzlich in k enthalten ist und überdies ebenso wie jedes $h^{(\nu)}$ mit einer Punktmenge zusammenfällt. Weiters ist A^0 messbar und sein Inhalt $= i$. Denn die Inhalte $i(h^{(\nu)})$ bilden eine limitierte Folge die einerseits i nicht übersteigen kann und andererseits wegen (8) nicht kleiner als i sein kann: $i \geq i(A^0) > i - 2^{-\rho^{(\nu)}}$ für jedes ν, also $i(A^0) = i$.

Daher haben wir den **Satz 10:**

Jedes messbare Bereichkomplement enthält als inhaltsgleiche Teilspecies eine konsolidierte, also mit einer Punktmenge zusammenfallende äussere Grenzspecies.

Hierbei können wir bemerken, dass dieses $A^0 = \bigcup \{h', h'', \ldots\}$ wo $h^{(\nu)} = \bigcap \{q^{(\nu)}_1, Q^{(\nu)}_2, \ldots\}$, hier so konstruiert ist, dass die $Q^{(\nu)}_\rho$ *für jedes ν ausschliesslich* aus $\kappa_{\rho+1}$-Quadraten aufgebaut sind und jedes $Q^{(\nu)}_\rho$ in $Q^{(\nu+1)}_\rho$ enthalten ist.

Der oben bewiesene Satz lässt sich jetzt ausdehnen auf messbare äussere Grenzspecies A. Es sei:

$$A = \bigcup \{k', k'', \ldots, k^{(\nu)}, \ldots\} \tag{II.1.70}$$

wo

$$k^{(\nu)} = \bigcap \{L^{(\nu)}_1, L^{(\nu)}_2, \ldots\}, i(k^\nu) = i_\nu, \lim i_\nu = i = i(A). \tag{II.1.71}$$

Wir gehen wieder aus von (4) und ordnen jetzt $\rho^{(\nu)}$ dem Bereichkomplemente $k^{(\nu)}$ zu, d.h. wir konstruieren analog (5) wieder eine Fundamentalreihe von allen, abgeschlossenen, katalogisierten und je in $k^{(\nu)}$ enthaltenen Punktspecies

$$\ell^{(\nu)} = \bigcap \{P^{(\nu)}_1, P^{(\nu)}_2, \ldots\},$$

sodass

$$i(\ell^{(\nu)}) > i_\nu - 2^{-\rho^{(\nu)}} \tag{II.1.72}$$

ist.

Setzen wir dann wieder, analog (7):

$$h^{(\nu)} = \mathfrak{V}(\ell', \ell'', \ldots, \ell^{(\nu)}) = \bigcap \{Q_1^{(\nu)}, Q_2^{(\nu)}, \ldots\} \tag{II.1.73}$$

wo immer $Q_\alpha^{(\nu)} = \bigcup \{P_\alpha', P_\alpha'', \ldots, P_\alpha^{(\nu)}\}$, dann ist, da $\ell^{(\nu)}$ in $h^{(\nu)}$ enthalten ist, wegen (13) auch

$$i(h^{(\nu)}) > i_\nu - 2^{-\rho^{(\nu)}}. \tag{II.1.74}$$

Analog dem oben nach Ungleichung (8) Gesagtem beweisen wir jetzt, dass jedes $L_\tau^{(\nu)}$ ein $Q_\alpha^{(\nu)}$ enthält, dass also nach (13) $h^{(\nu)}$ in $L_\tau^{(\nu)}$ enthalten ist, mithin auch in A selbst enthalten ist. Ebenso beweisen wir, dass $h^{(\nu)}$ eine mit einer Punkt*menge* zusammenfallende, katalogisierte, volle und abgeschlossene Punktspecies darstellt. Weil weiters wieder $Q_\tau^{(\alpha)}$ in $Q_\tau^{(\beta)}$ enthalten ist für $\beta > \alpha$, so ist

$$A^0 = \bigcup \{h', h'', h''', \ldots\} \tag{II.1.75}$$

eine konsolivierte äussere Grenzspecies, die gänzlich in A enthalten ist. Ferners ist wieder $i \geq i(A^0) > 1 - 2^{-\rho^{(\nu)}}$ für jedes ν, d.h. $i(A^0) = i(A) = i$, d.h. wir haben den **Satz 11:**

> *Jede messbare äussere Grenzspecies enthält als inhaltsgleiche Teilspecies eine konsolidierte, also mit einer Punktmenge zusammenfallende äussere Grenzspecies.*

Auch hier können wir wieder bemerken, dass $A^0 = \bigcup \{h', h'', \ldots\}$, wo $h^{(\nu)} = \bigcap \{Q_1^{(\nu)}, \ldots\}$ so konstruiert ist, dass die $Q_\rho^{(\nu)}$ für jedes ν ausschliesslich aus $\kappa_{\rho+1}$-Quadraten aufgebaut sind und dass jedes $Q_\rho^{(\nu)}$ in $Q_\rho^{(\nu+1)}$ enthalten ist.

Ferners sei erstens ausdrücklich darauf hingewiesen, dass $Q_\rho^{(\nu)}$ für festes ρ und wachsendes ν keineswg zum konvergieren braucht. Betrachten wir nämlich die Doppelfolge

$$\left\{ \begin{array}{cccccc} Q_1' & Q_1'' & Q_1''' & \cdots & Q_1^{(\nu)} & \cdots \\[4pt] Q_2' & Q_2'' & Q_2''' & \cdots & Q_2^{(\nu)} & \cdots \\[4pt] \vdots & \vdots & \vdots & & \vdots & \end{array} \right. \tag{II.1.76}$$

so ist die Anzahl der κ-Quadrate auf jeder Zeile beschränkt ohne dass man für diese Anzahl i.a. ein Maximum bestimmen kann. Man weiss nämlich i.a. nicht, ob ein κ-Quadrat, in welchem $k', k'', \ldots, k^{(\mu)}$ nicht vertreten sind, schliesslich in einem $k^{(\nu)}(\nu > \mu)$ noch nicht eine Vertretung finden wird. Dann wird auch für beliebiges ρ dieses κ-Quadrat nicht in $Q'_\rho, Q''_\rho, \ldots, Q^{(\mu)}_\rho$ vertreten sein, während man mit der Möglichkeit rechnen muss, dass es für eine $\lambda > \mu$ in $Q^{(\lambda)}_\rho$ vertreten sein wird.

Zweitens müssen wir bemerken, dass die Konvergenz der Inhalte, die in jeder Kolonne stattfindet, für die Gesamtheit der Kolonnen i.a. nicht gleichmässig ist, wie durch folgendes Beispiel erläutert werden kann. Sei ε eine beliebig kleine positive Zahl und sei die gegen Null konvergierende Folge $\eta_1, \eta_2, \ldots$, deren Summe $< \varepsilon$ ist, gegeben. Alsdann können wir dafür sorgen, dass jedes $k^{(\nu)}$ *in* jedem $\kappa_{\nu+1}$-Quadrate einen Inhat $> \frac{\eta_\nu}{2^{2\nu}}$ besitzt. Also enthält jedes $k^{(\nu)}$ *von* jedem $\kappa_{\nu+1}$-Quadrate, also auch von jedem κ_1 -, κ_2 -, $\ldots, \kappa_\nu$-Quadrate einen Bruchteil $> \eta_\nu$. Dies lässt sich immer auch in solcher Weise erreichen, dass der Inhalt eines beliebigen $k^{(\nu)}$ kleiner als ε, also auch $i(A) \leq \varepsilon$ wird.

Wählen wir nun zu jedem ν ein solches $\alpha \geq \nu$, dass $\varepsilon^{(\alpha)}_1 < \frac{1}{8}\eta_\nu$, so überdecken $Q^{(\alpha)}_1, Q^{(\alpha)}_2, \ldots, Q^{(\alpha)}_\nu$ alle die ganze reduzierte Ebene, mit anderen Worten, es lässt sich aus (16) für jedes ν eine Kolonne angeben, so dass ihre ersten ν Glieder noch nicht die geringste Reduktion aufweisen. Um dies zu zeigen, greifen wir zurück auf die Bezeichnungen die wir beim Beweise von Satz 1 gebraucht haben. Die eben angeschriebenen Ungleichungen ziehen dann die folgenden nach sich:

$$8\varepsilon^{(\alpha)}_1 < \eta_\nu, 32\varepsilon^{(\alpha)}_2 < \eta_\nu, \ldots, 2^{2\nu+1}\varepsilon^{(\alpha)}_\nu < \eta_\nu \qquad (\text{II.1.77})$$

Weil nun für $\sigma \leq \nu + 1$ und für beliebiges ρ die endliche Quadratmenge $L^{(\alpha)}_\rho$ von jedem κ_σ-Quadrate einen Bruchteil $> \eta_\nu$ enthält, so geht beim Übergang von $L^{(\alpha)}_1$ auf $_1L^{(\alpha)}_1$, von $_1L^{(\alpha)}_2$ auf $_2L^{(\alpha)}_2, \ldots$, von $_{\nu-1}L^{(\alpha)}_\nu$ auf $_\nu L^{(\alpha)}_\nu$ *nichts* verloren. Somit ist für $\tau \leq \nu$ immer $_\tau L^{(\alpha)}_\tau$ mit $L^{(\alpha)}_\tau$ identisch, d.h. weil $L^{(\alpha)}_\tau$ in jedem $x_{\tau+1}$-Quadrate vertreten ist, die $P^{(\alpha)}_\tau$ und deshalb auch die $Q^{(\alpha)}_\tau$ überdecken die ganze reduzierte Ebene.

II.1.3.9   Bemerkungen über die Eindeutigkeit des Inhaltes

Wir haben bisher die Messbarkeit definiert für einen Bereich, für ein Bereichkomplement sowie für eine äussere Grenzspecies und gezeigt, dass die gebrauchte Inhaltsdefintion bei diesen drei Gattungen von Punktspecies unabhängig von der Definition der betreffenden Species ist. Nach den Sätzen 10 und 11 wissen wir nun, dass ein messbares Bereichkomplement, bzw. eine messbare äussere Grenzspecies mit Inhalt i eine katalogisierte und abgeschlossene Punkt*menge* mit Inhalt $> i - \frac{1}{2\rho}$, bzw. $= i$ enthalten.

Auf Grund dieses Enthaltenseins einer solchen messbaren Punktmenge kann man jetzt die Unabhängigkeit der Inhaltsdefinition einfacher nachweisen. Wir wollen dies für Bereichkomplement k und äussere Grenzspecies A näher ausführen. Aus der Gültigkeit für Bereichkomplemente folgt dann auch die für Bereiche.

Sei also erstens

$$k = \bigcap \{M_1, M_2, M_3, \ldots\} \qquad (\text{II.1.78})$$

ein messbares Bereichkomplement mit Inhalt $i(k) = i$, das mit dem ebenfalls messbaren Bereichkomplement

$$k' = \bigcap \{M_1', M_2', M_3', \ldots\} \tag{II.1.79}$$

zusammenfällt. Dann ist $i(k') = i' = i$ zu beweisen.

Wir können die nach Satz 10 (vgl. 1.3.8) in k enthaltene Punktmenge

$$d = \bigcap \{P_1, P_2, \ldots\} \tag{II.1.80}$$

als gleichmässige (vgl. 1.1.5) Punktmenge voraussetzen, d.h. P_1 enthält nur κ_{ν_1}-Quadrate, P_2 mit κ_{ν_2}-Quadrate u.s.w. Wir konstruieren jetzt zu jeder der endlichen Quadratmengen M_ν' von k' ebensolche Quadratmengen N_ν' indem wir M_ν' mit einem Rande R_ν' von κ-Quadraten vollständig einschliessen. Hierbei können wir dafür sorgen, dass der Gesamtinhalt dieses Randes R_ν' beliebig klein wird. Geht man nun in der Reihe $\nu_1, \nu_2, \ldots$ bis zu einem solchen ν_σ, dass die kleinste Breite des Randes R_ν' grösser ist als $2^{1-\nu_\sigma}$, dann kann ein beliebiges κ_{ν_σ}-Quadrat von P_σ (das ja stets mit M_ν' in Verbindung sein muss) den Rand von N_ν' nicht mehr erreichen. Deshalb liegt dann auch die endliche Quadratmenge P_σ gänzlich innerhalb von N_ν'; also ist $i(P_\sigma) < i(N_\nu')$. Da nun $i(d) = \lim i(P_\sigma) \leq i(P_\sigma)$ ist, so folgt $i(d) < i(N_\nu')$.

Wegen

$$i(N_\nu') = i(M_\nu') + i(R_\nu') = i(M_\nu') + \varepsilon,$$

wo ε beliebig klein sei, ist daher $i(d) \leq i(M_\nu')$, somit wegen

$$i(k') = i' = \lim i(M_\nu')$$

auch $i(d) \leq i'$. Addiert man dies zu $i(d) > i - \frac{1}{2^\rho}$, so wird

$$i - \frac{1}{2^\rho} \leq i',$$

oder, da ρ willkürlich ist:

$$i \leq i'. \tag{II.1.81}$$

Vertauschen wir die Rollen von k und k', so ergibt sich ebenso $i' \leq i$; somit ist $i = i'$ w.z.b.w.

Zweitens seien

$$A = \bigcup \{k_1, k_2, k_3, \ldots\} \tag{II.1.82}$$

$$A' = \bigcup \{k_1', k_2', k_3', \ldots\} \tag{II.1.83}$$

zwei zusammenfallende, messbare, äussere Grenzspecies mit den Inhalten $i(A) = i$ und $i(A') = i'$. Zu beweisen ist wieder $i = i'$.

Nach Satz 11 enthält A eine inhaltsgleiche, konsolidierte äussere Grenzspecies

$$d = \bigcup \{k_1, k_2, k_3, \ldots\}, \tag{II.1.84}$$

deren Inhalt $i(d)$ auch $= i$ ist und wo die Bereichkomplemente h_r mit Punkt*mengen* zusammenfallen. Aus dieser letzteren Tatsache und der weiteren, dass nämlich diese Punktmengen auf jeder Stufe nur endliche viele ungehemmte Wahlfolgen zulassen, folgt dann, dass ein endlicher Index ν_0 angegeben werden kann, sodass *jeder* Punkt von h_r in einem k'_ν enthalten ist, für welches $\nu \leq \nu_0$ ist. h_r ist also ein mit einer katalogisierten Punktmenge zusammenfallendes Bereichkomplement, das gänzlich in dem Bereichkomplement k'_{ν_0} enthalten ist. Nach dem im ersten Teile dieses Paragraphen Bewiesenen (h_r bzw. k'_{ν_0} treten an Stelle von d bzw. k') ist somit

$$i(h_r) \leq i(k'_0) \leq i',$$

also $i(h_r) \leq i'$. Wegen $i = \lim i(h_r)$ folgt dann weiters $i \leq i'$ und umgekehrt zeigt man ebenso $i' \leq i$, d.h. wir haben wie oben $i = i'$.

II.1.4   Der allgemeine Inhaltsbegriff

II.1.4.1   Allgemeine Messbarkeit

Wir haben bisher die Messbarkeit von ganz speziellen Punktspecies behandelt, nämlich von Bereichen, Bereichkomplementen und von äusseren Grenzspecies. Den Begriff „Inhalt" für eine derartige Punktspecies werden wir im Folgenden unter dem Namen *„genetischer"* Inhalt voraussetzen und dazu benützen, den Begriff der Messbarkeit auf irgendwelche Punktspecies Q auszudehnen (*„allgemeiner"* Inhalt). Es wird sich dann zeigen, dass diese Ausdehnung mit den früher für Bereiche, Bereichkomplemente und äusseren Grenzspecies gegebenen genetischen Messbarkeitsdefinitionen übereinstimmt, falls Q mit einer der zuletzt genannten drei Punktspecies zusammenfällt.

Es sei Q eine Punktspecies und

$$\varepsilon_1, \varepsilon_2, \varepsilon_3, \ldots (\varepsilon_i > 0)$$

eine nach Null abnehmende Folge von positiven Zahlen, bei der überdies $\sum_1^\infty \varepsilon_\nu$ konvergiert.

> *Die Punktspecies Q ist messbar, wenn zu jedem ν zwei endliche Quadratmengen a'_ν und a''_ν und ein messbarer Bereich β_ν angebbar sind, die die folgenden drei Bedingungen erfüllen:*
>
> I $i(\beta_\nu) < \varepsilon_\nu$
>
> II $i(a'_\nu) + i(a''_\nu) = i'_\nu + i''_\nu > 1 - \varepsilon_\nu$
>
> III Ist k_ν das Komplement von β_ν, dann muss jeder Punkt von $a'_\nu \cap k_\nu$ zu Q gehören, dagegen muss von jedem Punkte von $a''_\nu \cap k_\nu$ nachweisbar sein, dass er unmöglich zu Q gehören kann.

Zur näheren Erklärung dieser Definition fügen wir die folgenden Erörterungen bei (vgl. die Figuren in Abb. II.1.16). Die Festsetzungen I und II sind ohne weiteres klar; III gibt bezüglich der Lage der Punkte P von Q insoferne Aufschluss, als von demjenigen Teil von a'_ν, der aus a'_ν durch Wegnehmen von β_ν entsteht, sicher jeder Punkt zu Q gehört, während ein zu a''_ν gehöriger Punkt, der nicht auch zu β_ν gehört, sicher *nicht* der Punktspecies Q angehört. Es steht also bei bestimmtem Index ν fest, dass: 1. Jeder Punkt des schraffierten Teiles (rechte Figur) von a'_ν zu Q gehört und 2. Jeder Punkt des schraffierten Teiles von a''_ν nicht zu Q gehört.

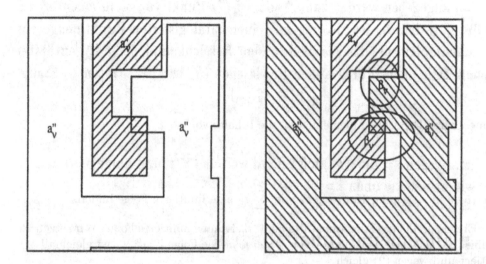

Abbildung II.1.16

Die obige Definition gibt Veranlassung zur Feststellung folgender Tatsachen.

Betrachten wir das Bereichkomplement $a'_\nu \cap a''_\nu \cap k_\nu$; es ist messbar und darf keinen angebbaren Punkt besitzen, sein Inhalt darf also nicht positiv sein. Letzteres wäre aber der Fall wenn $i(a'_\nu \cap a''_\nu) \geq \varepsilon_\nu$ wäre. Es ist also:

$$i(a'_\nu \cap a''_\nu) < \varepsilon_\nu, \tag{II.1.85}$$

woraus man folgert:

$$1 - \varepsilon_\nu < i'_\nu + i''_\nu < 1 + \varepsilon_\nu. \tag{II.1.86}$$

Ebenso sieht man dass

$$i(a'_\mu \cap a''_\nu) < \varepsilon_\mu + \varepsilon_\nu \tag{II.1.87}$$

ist und daher auch die Ungleichung gilt:

$$i'_\mu + i''_\nu < 1 + \varepsilon_\mu + \varepsilon_\nu. \tag{II.1.88}$$

Wegen (2) lassen a'_ν und a''_ν zusammen von der reduzierten Ebene weniger als $2\varepsilon_\nu$ frei; sie lassen daher auch von a'_μ weniger als $2\varepsilon_\nu$ frei. Weil weiter a''_ν von a'_μ wegen (4) weniger als $\varepsilon_\mu + \varepsilon_\nu$ überdeckt, so muss a'_ν von a'_μ weniger als $(\varepsilon_\mu + \varepsilon_\nu) + 2\varepsilon_\nu = \varepsilon_\mu + 3\varepsilon_\nu$ freilassen. Daher ist erstens

$$i'_\nu > i'_\mu - \varepsilon_\mu - 3\varepsilon_\nu \tag{II.1.89}$$

und ebenso

$$i'_\mu > i'_\nu - \varepsilon_\nu - 3\varepsilon_\mu, \tag{II.1.90}$$

mithin:

$$|i'_\mu - i'_\nu| < 3(\varepsilon_\nu + \varepsilon_\mu). \tag{II.1.91}$$

Zweitens ist

$$\bigcap \{a'_1, a'_2, \ldots\}$$

ein messbares Bereichkomplement, weil die Inhalte von

$$a'_1, \ a'_1 \cap a'_2, \ a'_1 \cap a'_2 \cap a'_3, \ldots$$

nach (5) und wegen der Konvergenz von $\sum\limits_1^\infty \varepsilon_\nu$ eine limitierte Folge bilden.

Ebenso bildet die Fundamentalreihe $i'_1, i'_2, \ldots$ eine limitierte Folge. Wir setzen $i = \lim i'_\nu$, *welche wir den Inhalt i von Q nennen.* Die Folge $i''_1, i''_2, \ldots$ ist gleichfalls limitiert und wegen (2) gleich $1 - i$.

II.1.4.2   Bemerkungen betreffs der allgemeinen Inhaltsdefinition

Über die im vorigen Paragraphen gegebene allgemeine Inhaltsdefinition machen wir jetzt drei Bemerkungen, wovon die erste aussagt, dass die obige Definition für den *allgemeinen* Inhalt einer messbaren Punktspecies Q eine *eindeutige* ist. Dies kann man folgendermassen zeigen.

Liegen für Q zwei Messweisen $_1m$ und $_2m$ vor, die bzw. auf den Fundamentalreihen

$$
{}_1m \begin{cases} {}_1\varepsilon_1 & {}_1\varepsilon_2 & \cdots \\[1ex] {}_1a'_1 & {}_1a'_2 & \cdots \\[1ex] {}_1a''_1 & {}_1a''_2 & \cdots \\[1ex] {}_1\beta_1 & {}_1\beta_2 & \cdots \end{cases}
\qquad
{}_2m \begin{cases} {}_2\varepsilon_1 & {}_2\varepsilon_2 & \cdots \\[1ex] {}_2a'_1 & {}_2a'_2 & \cdots \\[1ex] {}_2a''_1 & {}_2a''_2 & \cdots \\[1ex] {}_2\beta_1 & {}_2\beta_2 & \cdots \end{cases}
$$

beruhen, so gibt

$$
{}_3m
\begin{cases}
{}_1\varepsilon_1 \quad {}_2\varepsilon_1 \quad {}_1\varepsilon_2 \quad {}_2\varepsilon_2 \quad \cdots \\[2mm]
{}_1a_1' \quad {}_2a_1' \quad {}_1a_2' \quad {}_2a_2' \quad \cdots \\[2mm]
{}_1a_1'' \quad {}_2a_1'' \quad {}_1a_2'' \quad {}_2a_2'' \quad \cdots \\[2mm]
{}_1\beta_1 \quad {}_2\beta_1 \quad {}_1\beta_2 \quad {}_2\beta_2 \quad \cdots
\end{cases}
$$

eine dritte Messweise ${}_3m$ von Q. Denn erstens ist wieder $\lim({}_\mu\varepsilon_\nu) = 0$, $\sum_\nu({}_1\varepsilon_\nu + {}_2\varepsilon_\nu)$
ist konvergent, zweitens gehört jeder Punkt von ${}_\mu a_\nu' \cap {}_\mu\beta_\nu$ zu Q und drittens kann aus dem analogen Grunde ein Punkt von ${}_\mu a_\nu'' \cap {}_\mu\beta_\nu$ unmöglich zu Q gehören.

Die Inhalt ${}_1i$ von Q, den man bei ${}_1m$ erhält, erscheint nun als Grenzwert einer Teilfoge der limitierten Folge ${}_3i = i$. Daher ist ${}_1i = i$ und ebenso ${}_2i = i$, also ${}_1i = {}_2i$.

Die zweite Bemerkung bezieht sich auf eine Abänderung der in der allgemeinen Inhaltsdefinition gebrauchten endlichen Quadratmengen a_ν' und a_ν''. Wir wollen zeigen, dass man die Fundamentalreihe ε_ν, a_ν', a_ν'', β_ν stets ersetzten kann durch vier andere: η_ν, α_ν', α_ν'', γ_ν, derart, dass nun für jedes ν *die beiden endlichen Quadratmengen α_ν' und α_ν'' gerade die ganze reduzierte Ebene* (= das Einheitsquadrat) *einmal ausfüllen*, dass also gilt:

$$
\begin{cases}
i(\alpha_\nu') + i(\alpha_\nu'') = 1 \\[2mm]
i(\alpha_\nu' \cap \alpha_\nu'') = 0.
\end{cases}
\tag{II.1.92}
$$

Wir erreichen dies, indem wir erstens an a_ν' denjenigen Teil μ_ν' de Einheitsquadrates hinzufügen, der sowohl von a_ν' als auch von a_ν'' frei ist.

Hierdurch entsteht α_ν'. Zweitens nehmen wir von a_ν'' denjenigen Teil μ_ν'' des Einheitsquadrates weg, der gleichzeitig von a_ν' und a_ν'' überdeckt ist, d.h. also den Durchschnitt $a_\nu' \cap a_\nu''$.

Wegen (vgl. den vorigen Paragraphen) $1 - \varepsilon_\nu < i_\nu' + i_\nu'' < 1 + \varepsilon_\nu$ und $i(a_\nu' \cap a_\nu'') < \varepsilon_\nu$ ist dann:

$$
i(\mu_\nu') < 2\varepsilon_\nu, \ i(u_\nu'') < \varepsilon_\nu \text{ und } i(\alpha_\nu') + i(\alpha_\nu'') = 1
\tag{II.1.93}
$$

Wir definieren weiters eine Fundamentalreihe von Bereichen γ_ν; dabei soll γ_ν aus β_ν entstehen als Vereinigung von β_ν und zwei genetisch messbaren Bereichen δ_ν' und δ_ν'', die ihrerseits aus μ_ν' bzw. μ_ν'' dadurch konstruiert werden, dass wir diese beiden endlichen Quadratmengen je mit einem (offenen) Rande umgeben, dessen Inhalt beliebig klein gemacht werden kann, z.B. $< \varepsilon_\nu$. Wir erreichen dadurch, dass $i(\gamma_\nu) < 6\varepsilon_\nu$ wird.

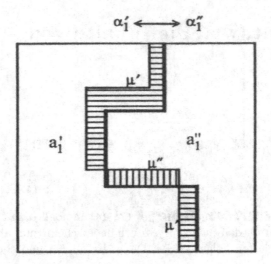

Abbildung II.1.17

Jetzt können wir den *allgemeinen* Inhalt von Q auf Grund der Fundamental-reihen

$$\eta_\nu = 6\varepsilon_\nu, \ \alpha'_\nu, \ \alpha''_\nu, \ \gamma_\nu \tag{II.1.94}$$

definieren, wobei den obigen Bedingungen genügt wird und überdies (1) erfüllt ist. Für manche Beweise bildet es einen Vorteil, dass man bei als messbar erkannten Punktspecies sofort die Beziehungen (1) voraussetzen kann, während andererseits die ursprüngliche Messbarkeitsdefinition häufig den Vorteil leichterer Beweisbarkeit besitzt.

Aus den Beziehungen (1) folgt mittels Formel (3) von $S46$:

$$|i(\alpha'_\nu) - i(\alpha'_\mu)| < \eta_\nu + \eta_\mu$$

für jedes μ, mithin

$$|i(\alpha'_\nu) - i| \leq \eta_\nu,$$

oder auch, weil der Wert von η_ν sich in den Messbarkeitsbedingung immer durch einen etwas kleineren Wert ersetzen lässt:

$$|i(\alpha'_\nu) - i| < \eta_\nu \tag{II.1.95}$$

Die dritte Bemerkung bezieht sich auf die *„Gegenspecies"* $C(Q)$ einer Punkt-species Q. Hierunter verstehen wir die Species derjenigen Punkte der reduzierten Ebene, *von denen bewiesen werden kann, dass sie unmöglich zu Q gehören.*

Zufolge der klassischen Auffassung ist $C(C(Q)) \equiv Q$, d.h. also die Gegen-species der Gegenspecies mit der ursprunglichen Punkt–„menge" identisch. Diesen Standpunkt können wir hier nicht einnehmen ein Punkt, der unmöglich zu $C(Q)$ gehören kann, muss nicht notwendig zu Q gehören.

Betreffs der allgemeinen Messbarkeit von $C(Q)$ folgt aus unseren Festsetzungen **der Satz:**

Ist Q messbar und $i(Q) = i$, so ist auch die Gegenspecies $C(Q)$ messbar und hat den Inhalt $1 - i$.

Beweis: Ist Q messbar, so gehört jeder Punkt von $a'_\nu \cap k_\nu$ zu Q ($k_\nu =$ Komplement von β_ν); jeder Punkt von $a''_\nu \cap k_\nu$ kann unmöglich zu Q, muss also definitionsgemäss zu $C(Q)$ gehören. Andererseits kann ein beliebiger Punkt von $a'_\nu \cap k_\nu$, weil er zu Q gehört, unmöglich zu $C(Q)$ gehören. $C(Q)$ ist somit messbar auf Grund der Fundamentalreihen ε_ν, a''_ν, a'_ν, β_ν und besitzt den Inhalt $\lim i''_\nu = 1 - i$. Bei der Messung des Inhaltes von $C(Q)$ sind also die Rollen der Quadratmengen a'_ν und a''_ν vertauscht.

Umgekehrt folgt aber aus der Messbarkeit von $C(Q)$ noch keineswegs die von Q und zwar eben deshalb, weil aus der Unmöglichkeit der Zugehörigkeit eines Punktes zu $C(Q)$ keineswegs seine Zugehörigkeit zu Q gefolgert werden kann.

II.1.4.3 Beziehung zwischen genetischer und allgemeiner Messbarkeit

Wir gehen jetzt dazu über, die Beziehung der beiden Begriffe „genetischer Inhalt" und „allgemeiner Inhalt" für Bereiche, Bereichkomplemente und äussere Grenzspecies zu erörtern. Wir werden insbesondere zeigen, dass ein genetisch messbarer Bereich, ein genetisch messbares Bereichkomplement und eine genetisch messbare äussere Grenzspecies auch allgemein messbar sind, und für beide Eigenschaften denselben Inhalt besitzen. Bei Bereichen kann man das auch umkehren.

Wir sprechen zuerst von *Bereichen* und *Bereichkomplementen*. Sei

$$\eta = \bigcup \{q_1, q_2, q_3, \ldots\} \tag{II.1.96}$$

ein genetisch messbarer Bereich mit Inhalt i, wobei q_h ein einzelnes κ-Quadrat vorstelt. Zu η gehört ein genetisch messbares Bereichkomplement

$$K = \bigcap \{v_1, v_2, v_3, \ldots\} \tag{II.1.97}$$

mit Inhalt $1 - i$, derart, dass v_1 und q_1, v_2 und $q_1 \cup q_2$, v_3 und $q_1 \cup q_2 \cup q_3$, ... je komplementäre endliche Quadratmengen in der reduzierten Ebene sind.

Dies ν-te Anfangssegment von η bildet eine endliche Quadratmenge, die wir mit a'_ν bezeichnen:

$$a'_\nu = \bigcup \{q_1, q_2, \ldots, q_\nu\}.$$

Gleichzeitig setzen wir $v_\nu = a''_\nu$.

Wir können, indem wir ν hinreichend gross wählen, dafür sorgen, dass für beliebige ε_ν

$$i(a'_\nu) > i - \varepsilon_\nu \tag{II.1.98}$$

ist, also auch

$$i(a''_\nu) < 1 - i + \varepsilon_\nu \tag{II.1.99}$$

gilt.

Sei nun β_ν ein messbarer Bereich mit Inhalt $< \varepsilon_\nu$, der $q_{\nu+1}, q_{\nu+2}, \ldots$ ganz enthält. Ein solches β_ν lässt sich herstellen indem wir $q_{\nu+1}, q_{\nu+2}, \ldots$ je mit einem hinreichend dünnen offenen Rand umgeben. Sei k_ν das Komplement von β_ν, dann gehört $a'_\nu \cap k_\nu$ ganz zu η, weil schon a'_ν ganz zu η gehört; dagegen liegt ein beliebiger Punkt von $a''_\nu \cap k_\nu$ wegen des eben angeführten Rande in endlicher Entfernung eines beliebigen q_ν, gehört also zu einem beliebigen v_ν, also zu k. Mithin bilden die Fundamentalreihen

$$\varepsilon_\nu, a'_\nu, a''_\nu, \beta_\nu$$

eine Basis für die allgemeine Messbarkeit von η, welche einen allgemeinen Inhalt i liefert, und die Fundamentalreihen

$$\varepsilon_\nu, a''_\nu, a'_\nu, \beta_\nu$$

eine Basis für die allgemeine Messbarkeit von k, welche einen allgemeinen Inhalt $1 - i$ liefert.

Nun sei

$$A = \bigcup \{k', k'', k''', \ldots\}$$

eine *äussere Grenzspecies* A mit genetischem Inhalte $i(A) = i$ und die Bereichkomplemente $k^{(\nu)}$ seien gegeben durch

$$k^{(\nu)} = \bigcap \{M_1^{(\nu)}, M_2^{(\nu)}, \ldots\}.$$

Sei weiters $\eta_1, \eta_2, \ldots$ eine solche unendliche Folge von positiven reellen Zahlen, dass für

$$\sum_{\rho=\nu+1}^{\infty} \eta_\rho = \varepsilon_\nu \tag{II.1.100}$$

die Reihe $\varepsilon_1 + \varepsilon_2 + \varepsilon_3 + \ldots$ konvergiert.

Wir können immer voraussetzen, dass

$$i(k^{(\nu+1)}) - i(k^{(\nu)}) < \eta_{\nu+1} \tag{II.1.101}$$

ist; dies ist stets erreichbar, indem man nötigenfalls die Folge der $k^{(\nu)}$ durch eine passende Teilfolge ersetzt.

Weiters können wir für jedes ν ein solches α_ν bestimmen, dass

$$i(M_{\alpha_\nu}^{(\nu)}) - i(k^{(\nu)}) < \eta_\nu \tag{II.1.102}$$

wird. Jetzt setzen wir

$$M_{\alpha_\nu}^{(\nu)} = a_\nu' \tag{II.1.103}$$

und bezeichnen die zu a_ν' komplementäre endliche Quadratmenge mit a_ν''.

Der von $M_{\alpha_{\nu+1}}^{(\nu+1)}$ aus $M_{\alpha_\nu}^{(\nu)}$ herausragende Teil $H^{(\nu+1)}$ bildet eine endliche Quadratmenge (zu der wir die Grenzen hinzurechnen) *mit einem Inhalte $< 2\eta_{\nu+1}$*:

$$i(H^{(\nu+1)}) < 2\eta_{\nu+1}. \tag{II.1.104}$$

Aus (6) und (7) folgt nämlich, dass wir ein $\varepsilon_{\nu+1}$ bestimmen können, so dass

$$i(k^{(\nu+1)}) - i(k^{(\nu)}) < \eta_{\nu+1} - \varepsilon_{\nu+1}$$

und

$$i(M_{\alpha_{\nu+1}}^{(\nu+1)}) - i(k^{(\nu+1)}) < \eta_{\nu+1} - \varepsilon_{\nu+1}$$

wird. Wenn nun der genannte herausragende Teil $\geq 2\eta_{\nu+1} - \varepsilon_{\nu+1}$ wäre, so würde von $k^{(\nu+1)}$ ein in endlicher Entfernung von $M_{\alpha_\nu}^{(\nu)}$ liegender, genetisch messbarer, abgeschlossener Teil (der ein Bereichkomplement wäre) bestimmt werden können mit einem Inhalte $> \eta_{\nu+1}$. Dann würde aber im Widerspruch mit (6) auch

$$i(k^{(\nu+1)}) - i(k^{(\nu)}) > \eta_{\nu+1}$$

sein.

Jetzt setzen wir

$$\sigma_\nu = \bigcup \{M_{\alpha_{\nu+1}}^{(\nu+1)}, M_{\alpha_{\nu+2}}^{(\nu+2)}, \ldots\}. \tag{II.1.105}$$

Alsdann hat wegen (9) der von σ_ν aus $M_{\alpha_\nu}^{(\nu)}$ herausragende Teil, der eine äussere Grenzspecies τ_ν bildet, einen Inhalt

$$\leq i(H^{(\nu+1)}) + i(H^{(\nu+2)}) + \ldots < 2 \sum_{\rho=\nu+1}^{\infty} \eta_\rho = 2\varepsilon_\nu,$$

d.h.:

$$i(\tau_\nu) < 2\varepsilon_\nu. \tag{II.1.106}$$

Mithin können wir einen solchen genetisch messbaren Bereich β_ν'' mit Inhalt $< 2\varepsilon_\nu$ konstruieren, der sowohl τ_ν als auch die Grenze von a_ν' enthält.

Sei k_ν'' das Komplement von β_ν'', dann kann ein willkürlicher Punkt P des Durchschnittes $k_\nu'' \cap a_\nu''$ unmöglich zu Λ gehören. Denn: jede der endlichen Quadratmengen

$$M_{\alpha_\nu}^{(\nu)}, H^{(\nu+1)}, H^{(\alpha+2)}, \ldots$$

besitzt einen Abstand > 0 von P und jedes $k^{(\mu)}$ ist in endlich-vielen der genannten Quadratmengen enthalten, besitzt also ebenfalls eine Entfernung > 0 von P.

Andererseits können wir nach (7) einen solchen genetisch messbaren Bereich β'_ν mit Inhalt $< \eta_\nu$ konstruieren, dass, wenn k'_ν das Komplement von β'_ν ist, ein willkürlicher Punkt des Durchschnittes $k'_\nu \cap a'_\nu$ zu $k^{(\nu)}$ und daher zu A gehört.

Bezeichnen wir $\beta'_\nu \cup \beta''_\nu$ mit β_ν, so ist

$$i(\beta_\nu) < 2\varepsilon_{\nu-1};$$

daher ist die ursprüngliche äussere Grenzspecies A auch *allgemein* messbar auf Grund der Basis

$$a'_\nu, a''_\nu, \beta_\nu, 2\varepsilon_{\nu-1}$$

und besitzt den allgemeinen Inhalt i.

II.1.4.4   Messende äussere Grenzspecies

Für Anwendungen von grosser Wichtigkeit ist die Äquivalenz der allgemeinen Messbarkeit einer Punktspecies Q mit der Existenz zweier zu Q gehöriger, genetisch messbarer äusserer Grenzspecies (also auch zweier konsolidierter äusserer Grenzspecies), die wir „*messende äussere Grenzspecies*" nennen. Diese Äquivalenz kommt durch die beiden folgenden Sätze zum Ausdrucke:

A *Wenn zu einer Punktspecies Q zwei messende äussere Grenzspecies A'_Q und A''_Q der Inhalte i und $1-i$ existieren, derart, dass ein willkürlicher Punkt von A'_Q zu Q gehört und ein willkürlicher Punkt von A''_Q unmöglich zu Q gehören kann, so ist Q messbar und besitzt den Inhalt i.*

B *Zu jeder messbaren Punktspecies Q vom Inhalte i existieren zwei messende äussere Grenzspecies A'_Q und A''_Q der Inhalte i und $1-i$, derart, dass ein willkürlicher Punkt von A'_Q zu Q gehört und ein willkürlicher Punkt von A''_Q unmöglich zu Q gehören kann.*

Der *Beweis* von A) greift zurück auf die Festsetzungen betreffs der allgemeinen Messbarkeit einer Punktspecies Q (vgl. 1.4.1 und 1.4.2). Es seien A'_Q und A''_Q zwei zu Q gehörige messende äussere Grenzspecies mit den Inhalten i und $1-i$. Dann können wir für ein willkürliches ε_ν ein in $A'_Q(A''_Q)$ enthaltenes, messbares Bereichkomplement $k'_\nu(k''_\nu)$ mit Inhalt $> i - \varepsilon_i(> 1-i-\varepsilon_\nu)$ bestimmen. Zu $k'_\nu(k''_\nu)$ bestimmen wir eine endliche Quadratmenge $a'_\nu(a''_\nu)$, die $k'_\nu(k''_\nu)$ enthält und deren Inhalt $< i(k'_\nu) + \varepsilon_\nu(< i(k''_\nu) + \varepsilon_\nu)$ ist.

Nun ist es möglich einen genetisch messbaren Bereich β_ν anzugeben, dessen Inhalt $< 2\varepsilon_\nu$ ist und für den

$a'_\nu \cap k(\beta_\nu)$ zu k'_ν, also zu A'_Q, also zu Q und

$a''_\nu \cap k(\beta_\nu)$ zu k''_ν, also zu A''_Q, also zu $C(Q)$ gehört.

$[k(\beta_\nu) = \text{Komplement von } \beta_\nu, C(Q) = \text{Gegenspecies von } Q]$. Denn $k'_\nu(k''_\nu)$ wird aus $a'_\nu(a''_\nu)$ erhalten, indem man von $a'_\nu(a''_\nu)$ eine Fundamentalreihe von κ-Quadraten tilgt, deren Gesamtinhalt eine limitierte Folge $< \varepsilon_\nu$ darstellt.

Mithin kann ein genetisch-messbarer Bereich $\beta_\nu(\beta''_\nu)$ bestimmt werden, der jedes Quadrat der genannten Folge enthält und ebenfalls einen Inhalt $< \varepsilon_\nu$ besitzt.

Setzen wir nun $\beta'_\nu \cup \beta''_\nu = \beta_\nu$, so ist $i(\beta_\nu) < 2\varepsilon_\nu$, während ein beliebiger Punkt des Komplementes $k(\beta_\nu)$ weder zu einem in a'_ν, noch zu einem in a''_ν getilgten Quadrate gehören kann, mithin in k'_ν bzw. k''_ν enthalten ist, wenn er zu a'_ν bzw. a''_ν gehört.

Da überdies $i(k'_\nu) + i(k''_\nu) > 1 - 2\varepsilon_\nu$ und $i(a'_\nu) > i(k'_\nu)$, $i(a''_\nu) < i(k''_\nu)$ ist, so folgt auch $i(a'_\nu) + i(a''_\nu) > 1 - 2\varepsilon_\nu$.

Daher ist Q allgemein messbar auf Grund der Basis

$$(a'_\nu, a''_\nu, \beta_\nu; 2\varepsilon_\nu).$$

Der *Beweis des Satzes B)* ist weniger einfach.

Es sei Q allgemein messbar auf Grund der Basis $(a'_\nu, a''_\nu, \beta_\nu; \varepsilon_\nu)$, wobei wir voraussetzen können (vgl. 1.4.2), dass stets

$$i(a'_\nu) + i(a''_\nu) = 1, i(a'_\nu \cap a''_\nu) = 0$$

ist.

Wir erinnern zunächst an den Begriff des „vereinigenden Bereichkomplementes" (vgl. Abschnitt 3, Paragraph 1.3.4). Wir können ebenso von der „vereinigenden Quadratmenge" $\mathfrak{V}(a'_\nu, a'_{\nu+1})$ zweier endlicher Quadratmengen a'_ν und $a'_{\nu+1}$ sprechen. Es enthält dann, so wie bei Bereichkomplementen, $\mathfrak{V}(a'_\nu, a'_{\nu+1})$ die *Vereinigung* $a'_\nu \cup a'_{\nu+1}$, ist aber im Allgemeinen von ihr verschieden.

Wir haben zunächst die Ungleichung

$$i(\mathfrak{V}(a'_\nu, a'_{\nu+1})) - i(a'_\nu) < \varepsilon_\nu + \varepsilon_{\nu+1} \tag{II.1.107}$$

Sie folgt einfach aus $i(a'_\nu \cap a''_{\nu+1}) < \varepsilon_\nu + \varepsilon_{\nu+1}$, die wir auf $S46$ (3) bewiesen haben.

Setzen wir jetzt

$$d'_\nu = a'_\nu \cap k(\beta_\nu), \tag{II.1.108}$$

so können wir wegen $i(a'_\nu) - i(d'_\nu) < \varepsilon_\nu$ aus (1) schliessen auf

$$i(\mathfrak{V}(a'_\nu, a'_{\nu+1})) - i(d'_\nu) < 2\varepsilon_\nu + \varepsilon_{\nu+1}.$$

Da wegen (2) alle d'_ν aus den a'_ν dadurch entstehen, dass aus den a'_ν etwas weggenommen wird, ist

$$i(\mathfrak{V}(d'_\nu, d'_{\nu+1})) < i(\mathfrak{V}(a'_\nu, a'_{\nu+1}))$$

und daher auch

$$i(\mathfrak{V}(d'_\nu, d'_{\nu+1})) - i(d'_\nu) < 2\varepsilon_\nu + \varepsilon_{\nu+1}. \tag{II.1.109}$$

$\mathfrak{V}(d'_\nu, d'_{\nu+1})$ und d'_ν sind zwei Bereichkomplemente; wir können daher setzen:

$$\begin{cases} \mathfrak{V}(d'_\nu, d'_{\nu+1}) &= \bigcap \{M_1, M_2, M_3, \ldots\} \\ d'_\nu &= \bigcap \{N_1, N_2, N_3, \ldots\}, \end{cases} \tag{II.1.110}$$

wobei jedes $M_{\nu+1}$ in M_ν und jedes $N_{\nu+1}$ in N_ν enthalten ist und wo überdies M_ν auch N_ν enthält.

Aus (4) folgt

$$i(\mathfrak{V}(d'_\nu, d'_{\nu+1})) \;=\; \lim i(M_\nu)$$

$$i(d'_\nu) \;=\; \lim i(N_\nu)$$

Daher existiert wegen (3) ein kleinster Index α so, dass für jedes $\mu \geq \alpha$:

$$i(M_\mu) < i(N_\mu) + 2\varepsilon_\nu + \varepsilon_{\nu+1}. \tag{II.1.111}$$

Neben den Bereichkomplementen $\mathfrak{V}(d'_\nu, d'_{\nu+1})$ und d'_ν betrachten wir die Bereichkomplemente

$$\mathfrak{V}(d'_1, d'_2, \dots, d'_{\nu-1}) = \bigcap \{P_1, P_2, P_3, \dots\},$$

wo wieder $P_{\rho+1}$ in P_ρ enthalten ist. Aus (5) schliessen wir dann, da $\mathfrak{V}(P_\mu, N_\mu)$ in $\mathfrak{V}(P_\mu, M_\mu)$ enthalten ist und daher

$$i(\mathfrak{V}(M_\mu, P_\mu)) < i(\mathfrak{V}(N_\mu, P_\mu))$$

ist, dass auch für jedes $\mu \geq \alpha$

$$i(\mathfrak{V}(P_\mu, M_\mu)) < i(\mathfrak{V}(P_\mu, N_\mu)) + 2\varepsilon_\nu + \varepsilon_{\nu+1}$$

ist. Lassen wir hier μ unbeschränkt wachsen, so folgt:

$$i(\mathfrak{V}(d'_1, d'_2, \dots, d'_\nu, d'_{\nu+1})) < i(\mathfrak{V}(d'_1, d'_2, \dots, d'_\nu)) + 2\varepsilon_\nu + \varepsilon_{\nu+1}. \tag{II.1.112}$$

Aus dieser Ungleichung und der Konvergenz von $\sum \varepsilon_\nu$ folgt also, dass in der Fundamentalreihe der Bereichkomplemente $d'_1, d'_2, \dots$ die Inhalte der vereinigenden Bereichkomplemente ihrer Anfangssegmente eine limitierte Folge i' bilden. Daher ist erstens (vgl. 1.3.5, nach Gleichung (6)) die vereinigende äussere Grenzspecies $\mathfrak{V}(d'_1, d'_2, \dots)$ genetisch messbar und hat den Inhalt i':

$$i(\mathfrak{V}(d'_1, d'_2, \dots)) = i'. \tag{II.1.113}$$

Zweitens enthält (nach Satz 6, 1.3.5) die Vereinigung $\bigcup \{d'_1, d'_2, \dots\}$ eine andere, genetisch-messbare äussere Grenzspecies A'_Q, deren Inhalt ebenfalls i' ist:

(7a) $\; i(A'_Q) = i'$.

Was wir mit a'_ν und d'_ν machten, können wir jetzt ebenso mit a''_ν und $d''_\nu = a''_\nu \cap k(\beta_\nu)$ tun und erhalten analog (7) und (7a):

$$i(\mathfrak{V}(d''_1, d''_2, \dots)) = i'' \tag{II.1.114}$$

(8a) $i(A''_Q) = i''$,

wo A''_Q sowohl in $\bigcup \{d''_1, d''_2, \ldots\}$ wie in $\mathfrak{V}(d''_1, d''_2, \ldots)$ enthalten ist.

Jeder Punkt von A'_Q ist in einem gewissen d'_ν, also in Q enthalten; jeder Punkt von A''_Q ist in einem d''_ν, also in $C(Q)$ enthalten.

Jetzt beweisen wir schliesslich $i' = i$ und $i'' = 1 - i$ indem wir zeigen, dass erstens $i' \geq i$, dass zweitens $i'' \geq 1 - i$ und dass drittens unmöglich $i' + i'' > 1$ sein kann.

Erstens folgt aus

$$i(\mathfrak{V}(d'_1, d'_2, \ldots, d'_\nu)) \geq i(d'_\nu) \tag{II.1.115}$$

wenn man ν gegen ∞ wachsen lässt. Wegen $\lim i(a'_\nu) = i$ existiert auch $\lim(d'_\nu) = i$ und gibt dann wegen (9) $i' \geq i$. Analog bei zweitens.

Wäre drittens $i' + i'' > 1$ oder $i(A'_Q) + i(A''_Q) > 1$, so hätten wir in der messenden äusseren Grenzspecies A'_Q (A''_Q) ein Bereichkomplement $k'_Q(k''_Q)$, dessen Inhalt von $i' \cdot (i'')$ beliebig wenig abweicht, sodass also auch

$$i(k'_Q) + i(k''_Q) > 1$$

wäre. Dann wäre aber $k'_Q \cap k''_Q$ ein messbares Bereichkomplement mit positivem Inhalt, würde also sicher einen angebbaren Punkt P besitzen. P würde nun einerseits zu A'_Q also zu Q, andererseits auch zu A''_Q, also zu $C(Q)$ gehören, was unmöglich ist.

II.1.4.5 Beziehungen zwischen allgemeiner und genetischer Messbarkeit

1) *Bemerkung, betreffend die Bereichkomplemente d'_ν und d''_ν.*
Die im vorigen Paragraphen durch

$$d'_\nu = a'_\nu \cap k(\beta_\nu) \text{ und } d''_\nu = a''_\nu \cap k(\beta_\nu) \tag{II.1.116}$$

definierten Bereichkomplemente können, wie wir jetzt zeigen wollen, durch Abänderung der a'_ν, a''_ν und β_ν ersetzt werden durch genetisch-messbare, volle, abgeschlossene und katalogierte Punktspecies (vgl. 1.2.3), die also mit Punkt*mengen* zusammenfallen. Wir können dann, wenn Q auf Grund der neuen Basis $(\bar{a}'_\nu, \bar{a}''_\nu, \bar{\beta}_\nu; \varepsilon_\nu)$ allgemein-messbar ist, die neuen $\bar{d}'_\nu$ und $\bar{d}'''_\nu$ stets als Ergänzungen von Punktmengen (vgl. 1.1.6) voraussetzten.

Sei die Punktspecies Q auf Grund der Basis $(a'_\nu, a''_\nu, \beta_\nu; \varepsilon_\nu)$ allgemein-messbar und $i(Q) = i$. Wır bestimmen zuerst zwei genetisch-messbare Bereichkomplemente ${}^0k'_\nu$ und ${}^0k''_\nu$, die in Q, bzw. $C(Q)$ enthalten sind und für die

$$i({}^0k'_\nu) > i - \frac{1}{4}\varepsilon_\nu, \quad i({}^0k''_\nu) > 1 - i - \frac{1}{4}\varepsilon_\nu \tag{II.1.117}$$

ist.

Hierzu machen wir Gebrauch von den beiden genetisch-messbaren Bereich-komplementen (1) und wählen ν so gross, das

$$i(d'_\nu) > i - \frac{1}{8}\varepsilon_\nu, \quad i(d''_\nu) > 1 - i - \frac{1}{8}\varepsilon_\nu \qquad (\text{II.1.118})$$

ist. Dann ist $d'_\nu (d''_\nu)$ enthalten in einer endlichen Quadratmenge $h'_\nu (h''_\nu)$, so dass $i(h'_\nu) < i(d'_\nu) - \frac{1}{16}\varepsilon_\nu$, $(i(h''_\nu) < i(d''_\nu) - \frac{1}{16}\varepsilon_\nu)$ wird. Dann ist aber $i(h'_\nu \cap h''_\nu) < \frac{1}{16}\varepsilon_\nu$, weil sonst ein sowohl zu d'_ν wie zu d''_ν gehöriger Punkt bestimmt werden könnte. Wir können also in $h'_\nu (h''_\nu)$ eine solche endliche Quadratmenge $g'_\nu (g''_\nu)$ bestimmen, dass

$$i(g'_\nu) > i(h'_\nu) - \frac{1}{8}\varepsilon_\nu \quad (i(g''_\nu) - i(h''_\nu) - \frac{1}{8}\varepsilon_\nu)$$

wird, während g'_ν und g''_ν in endlicher Entfernung voneinander liegen. Alsdann wählen wir $^0k'_\nu = g'_\nu \cap d'_\nu$ und $^0k''_\nu = g''_\nu \cap d''_\nu$, woraus (2) folgt.

In $^0k'_\nu (\, ^0k''_\nu)$ bestimmen wir (nach Satz 1, 1.3.2) weiters eine genetisch-messbare, volle, abgeschlossene und katalogisierte Punktspecies $k'_\nu (k''_\nu)$, sodass

$$i(k'_\nu) > i - \frac{1}{2}\varepsilon_\nu \quad i(k''_\nu) > 1 - i - \frac{1}{2}\varepsilon_\nu \qquad (\text{II.1.119})$$

wird. k'_ν und k''_ν fallen dann zusammen mit Punktmengen und haben gleichfalls einen endlichen Abstand > 0 voneinander.

Nun sei $\bar{a}'_\nu (\bar{a}''_\nu)$ eine endliche Quadratmenge, die $k'_\nu (k''_\nu)$ enthält. Wir können sie wieder so wählen, dass $\bar{a}'_\nu$ und $\bar{a}''_\nu$ in endlicher Entfernung > 0 von einander liegen und dass überdies

$$i(\bar{a}'_\nu) < i(k'_\nu) + \frac{1}{4}\varepsilon_\nu, \quad i(\bar{a}''_\nu) < i(k''_\nu) + \frac{1}{4}\varepsilon_\nu,$$

also wegen (4):

$$i(\bar{a}'_\nu) + i(\bar{a}''_\nu) < 1 - \varepsilon_\nu \qquad (\text{II.1.120})$$

wird.

Jetzt ändern wir noch die Bereiche β_ν ab. Wir umgeben $\bar{a}'_\nu (\bar{a}''_\nu)$ mit einem schmalen $\nu'_\nu (\nu''_\nu)$, dessen äussere Grenze $s'_\nu (s''_\nu)$ sei, wodurch die endliche Quadrat-menge $\bar{b}'_\nu = \bar{a}'_\nu + r'_\nu (\bar{b}''_\nu = \bar{a}''_\nu + r''_\nu)$ entsteht. $\bar{a}'_\nu (\bar{a}''_\nu)$ liegt dann im engern Sinne innerhalb von $b'_\nu (b''_\nu)$. Die Ränder r'_ν und r''_ν wählen wir so schmal, dass erstens $\bar{b}'_\nu$ einen endlichen Abstand > 0 von $\bar{b}''_\nu$ hat und dass zweitens

$$i(\nu'_\nu) < \frac{1}{4}\varepsilon_\nu, \quad i(\nu''_\nu) < \frac{1}{4}\varepsilon_\nu \qquad (\text{II.1.121})$$

ist.

Nun definieren wir die Bereiche β'_ν und β''_ν durch:

$$\begin{cases} k'_\nu \cup s'_\nu = b'_\nu \cap k(\beta'_\nu) \\[2mm] k''_\nu \cup s''_\nu = b''_\nu \cap k(\beta''_\nu) \end{cases} \qquad (\text{II.1.122})$$

wodurch β_ν' und β_ν'' messbare Bereichkomplemente mit Inhalt $< \frac{1}{2}\varepsilon_\nu$ werden. Setzen wir jetzt

$$\beta_\nu' \cup \beta_\nu'' = \bar\beta_\nu', \qquad (\text{II.1.123})$$

so ist

$$i(\bar\beta_\nu) < \varepsilon_\nu \qquad (\text{II.1.124})$$

und überdies

$$\begin{cases} \bar a_\nu' \cap k(\bar\beta_\nu) &=& k_\nu' &=& \bar d_\nu' \\[2mm] \bar a_\nu'' \cap k(\bar\beta_\nu) &=& k_\nu'' &=& \bar d_\nu''. \end{cases} \qquad (\text{II.1.125})$$

Nehmen wir also jetzt $(\bar a_\nu', \bar a_\nu'', \bar\beta_\nu; \varepsilon_\nu)$ als Basis für die Messbarkeit von Q, was wegen (5) und (9) möglich ist, so sind nach (10) die neuen $\bar d_\nu'(\bar d_\nu'')$ Ergänzungen von Punktmengen.

2) *Allgemein messbare Bereiche.*

Wir haben in Paragraphen 1.4.3 bewiesen, dass ein genetisch messbarer Bereich auch allgemein messbar ist. Jetzt wollen wir umgekehrt zeigen, *dass ein allgemein messbarer Bereich Q auch genetisch messbar ist* und dass beide Messweisen denselben Inhalt $i = i(Q)$ ergeben.

Wir setzen

$$Q = \bigcup \{c_1', c_2', c_3', \ldots\} \qquad (\text{II.1.1})$$

wobei c_1' das erste κ-Quadrat von Q, c_2' die Vereinigung des ersten und zweiten κ-Quadrates von Q, ... bedeuten. Dann ist c_ν' in $c_{\nu+1}'$ enthalten. Setzen wir weiters $k(c_\nu') = c_\nu''$, so ist

$$k(Q) = \bigcap \{c_1'', c_2'', c_3'', \ldots\} \qquad (\text{II.1.2})$$

und überdies ist hier, da Q ein *Bereich* ist:

$$C(Q) = k(Q). \qquad (\text{II.1.3})$$

Sei nämlich ein Punkt P durch die Quadrat-Schachtelung $\lambda_1, \lambda_2, \lambda_3, \ldots$ bestimmt und nehmen wir an, dass P zum Komplement $k(Q)$ gehört. Dann gehört also P für beliebiges ν zu c_ν''. Wenn P nun zu einem c_μ' behören würde, so gäbe es ein c_σ', von dem c_μ' ganz eingehüllt wird, so dass P unmöglich zu c_σ' gehören könnte. Die Voraussetzung, dass P zu Q gehört, ist demnach unstatthaft, d.h. P gehört zur Gegenspecies $C(Q)$ von Q.

Nehmen wir umgekehrt an, P gehöre zu $C(Q)$, so kann P unmöglich für jedes ν zu c_ν' gehören, muss also notwendig zu c_ν'' gehören. Dies gilt für beliebiges ν, d.h. P gehört zu $k(Q)$. Damit ist (3) bewiesen.

Es sei nun Q allgemein messbar auf Grund der Basis $(a'_\nu, a''_\nu, \beta_\nu; \varepsilon_\nu)$. Wir machen dabei Gebrauch von der unter 1) bewiesenen Tatsache, dass wir annehmen können, dass

$$d'_\nu = a'_\nu \cap k(\beta_\nu), d''_\nu = a''_\nu \cap k(\beta_\nu) \tag{II.1.4}$$

zusammenfallen mit Punkt*mengen*. Diese Punktmengen sind *finit*, d.h. auf jeder Wahlstufe gibt es nur eine endliche Zahl von Wahlen, die eine Fortsetzung des Erzeugungsprozesses ermöglichen (vgl. 1.1.4). Daher kann ich zu jedem ν ein α_ν bestimmen, sodass d'_ν in c'_{α_ν} liegt und weil der Inhalt eines genetisch messbaren Bereichkomplementes, das in einem anderen genetisch-messbaren Bereichkomplement enthalten ist, nicht grösser sein kann als der Inhalt des letzteren:

$$i(d'_\nu) < i(c'_{\alpha_\nu}) \tag{II.1.5}$$

ist. Ich wähle nun ν so gross, dass

$$i(d'_\nu) > i(Q) - \varepsilon \tag{II.1.6}$$

wird, was wegen $\lim i(d'_\nu) = i(Q) = i$ sicher geht. Zu diesem ν gehört nach (5) ein $\alpha_\nu = \mu$, sodass auch

$$i(c'_\mu) > i - \varepsilon \tag{II.1.7}$$

ist. Wegen (3) gehört d''_ν zu $k(Q)$, also nach (2) zu jedem c''_σ, also auch zu c''_μ. Daher ist aus demselben Grunde wie bei (5) $i(d''_\nu) \leq i(c''_\mu)$ für jedes ν, also auch

$$i(c''_\mu) \geq \lim i(d''_\nu) = 1 - i(Q) = 1 - i,$$

woraus

$$i(c'_\mu) \leq i \tag{II.1.8}$$

folgt. (7) und (8) zusammen zeigen aber, dass die $i(c'_\mu)$ eine limitierte Folge $= i(Q) = i$ bilden, d.h. der Bereich Q ist *genetisch* messbar und hat auch den genetischer Inhalt i.

3) *Allgemein messbare Bereichkomplemente.*

Der eben bewiesene Satz lässt sich nicht für Bereichkomplemente aussprechen, d.h. ein allgemein messbares Bereichkomplement braucht nicht genetisch messbar zu sein.

Es sei $Q = \cap \{c''_1, c''_2, \ldots\}$ ein allgemein messbares Bereichkomplement, wobei wir annehmen können (vgl. 1.2.6), dass jedes $c''_{\nu+1}$ in c''_ν enthalten ist. Nun ist es sehr gut möglich, dass z.B. jedes c''_ν ein λ-Quadrat mit dem Ursprung als Mittelpunkt darstellt und dass man beweisen kann, dass kein vom Ursprung verschiedener Punkt zu Q gehören kann, ohne dass jedoch für jedes beliebige ε ein ν bestimmt werden kann, für welches $i(c''_\nu) < \varepsilon$ ist. Dann ist Q *nicht genetisch* messbar, aber trotzdem allgemein messbar.

II.1.4.6 Inhalte messbarer Teilspecies von messbaren Punktspecies

Wir beweisen jetzt folgenden **Satz 12**:

Sind α und β zwei messbare Punktspecies und ist α eine Teilspecies von β, so ist $i(\beta) \geq i(\alpha)$.

Beweis. Es sei α bezw. β messbar auf Grund der Basis $(a'_\nu(\alpha), a''_\nu(\alpha), \beta_\nu(\alpha); \varepsilon_\nu)$ bezw. $(a'_\nu(\beta), a''_\nu(\beta), \beta_\nu(\beta); \varepsilon_\nu)$ [die ε_ν für beide Basen dieselben!]. Wir haben vorerst auf Grund von (4), 1.4.2 die Ungleichungen:

$$
\begin{cases}
i(\alpha) - \varepsilon_\nu < i(a'_\nu(\alpha)) < i(\alpha) + \varepsilon_\nu \\[2mm]
i(\beta) - \varepsilon_\nu < i(a'_\nu(\beta)) < i(\beta) + \varepsilon_\nu
\end{cases}
\tag{II.1.9}
$$

Wir bezeichnen mit V_ν das von $a'_\nu(\alpha)$ aus $a'_\nu(\beta)$ herausragende Stück. Sein Inhalt $i(V_\nu)$ muss $< 2\varepsilon_\nu$ sein. Wäre nämlich $i(V_\nu) \geq 2\varepsilon_\nu$, so könnten wir ein messbares Bereichkomplement positiven Inhaltes und ausserhalb $a'_\nu(\alpha)$ liegend bestimmen, das einerseits zu β gehören müsste, von dem andererseits kein Punkt zu α gehören könnte.

Lassen wir jetzt ν unbeschränkt wachsen, so folgt: $\lim i(a'_\nu(\alpha)) \leq \lim i(a'_\nu(\beta))$ oder, wegen (1): $i(\alpha) \leq i(\beta)$ w.z.b.w.

Wir wollen nun setzen

$$
i(\beta) < i(\alpha) + U,
\tag{II.1.10}
$$

d.h. wir bezeichnen mit $U \geq 0$ eine obere Schranke für den Inhaltsunterschied $i(\beta) - i(\alpha)$. Ist dann W_ν das von $a'_\nu(\beta)$ aus $a'_\nu(\alpha)$ herausragende Stück, so gilt, wie wir jetzt zeigen werden, die Ungleichung

$$
W_\nu < 2\varepsilon_\nu + U.
\tag{II.1.11}
$$

Dazu beweisen wir zunächst, *dass jedes messbare Bereichkomplement K, das zu β und zugleich zu $C(\alpha)$ gehört, einen Inhalt*

$$
i(K) \leq U
\tag{II.1.12}
$$

besitzt.

Beim Beweise von (4) stellen wir vorerst fest, dass zu jedem $\eta > 0$ ein zu α gehörendes messbares Bereichkomplement mit Inhalt $> i(\alpha) - \eta$ bestimmbar ist: wir nehmen hierzu einfach die Bereichkomplemente $d'_{\nu_1}(\alpha)$ für hinreichend grosses (durch η festgelegtes) ν_1.

Gäbe es nun ein messbares Bereichkomplement K, das zu β und zu $C(\alpha)$ gehört und einen Inhalt $> U$ besässe, dann würde sich auch in der Vereinigung $d'_{\nu_1}(\alpha) \cup K$, [weil der Durchschnitt $d'_{\nu_1}(\alpha) \cap K$ ein messbares Bereichkomplement vom Inhalte Null ist] ein zu β gehörendes messbares Bereichkomplement K' bestimmen lassen, dessen Inhalt $i(K') > i(\alpha) + U - \eta$ wäre. Mithin würde nach (2) für passendes η $i(K') > i(\beta)$ werden, was einen Widerspruch darstellt, da K' in β enthalten ist.

Aus (4) folgt nun weiter, weil man U immer durch eine etwas grössere reelle Zahl ersetzen kann, die derselben Ungleichung (2) genügt, dass jedes messbare Bereichkomplement K, das zu β und zugleich zu $C(\alpha)$ gehört, einen Inhalt

$$i(K) < U \qquad\qquad\qquad\text{(II.1.13)}$$

hat.

Aus (5) folgt jetzt (3). Denn wenn man in W_ν einen messbaren Bereich mit einem Inhalte $< 2\varepsilon_\nu$ tilgt, so muss ein messbares Bereichkomplement übrig bleiben, dessen Inhalt $< U$ ist.

II.1.4.7   Messbarkeit der Vereinigung von endlich vielen messbaren Punktspecies

Sind β und δ zwei messbare Punktspecies, dann gilt der **Satz 13**:

Mit β und δ ist auch $\beta \cup \delta$ messbar und besitzt einen Inhalt $\leq i(\beta) + i(\delta)$.

Beweis: Es sei β bezw. δ messbar auf Grund der Basis $(a'_\nu(\beta)), a''_\nu(\beta), \beta_\nu(\beta)$; ε_ν) bezw. $(a'_\nu(\delta), a''_\nu(\delta), \beta_\nu(\delta); \varepsilon_\nu)$ wobei wir annehmen (vgl. 1.4.2, (1)), dass bei β und bei δ $i(a'_\nu) + i(a''_\nu) = 1$ ist.
Es sei

$$a''_\nu(\beta) \cap a''_\nu(\delta) = a''_\nu(\beta, \delta).$$

In der endlichen Quadratmenge

$$b_\nu = a'_\nu(\delta) \cap a''_\nu(\beta)$$

nehmen wir längs der Grenze von $a'_\nu(\beta)$ einen Rand ν_ν weg, sodass eine endliche Quadratmenge b'_ν (in der Figur schraffiert) mit einem Inhalte

$$i(b'_\nu) = i(b_\nu) - i(\nu_\nu)$$

übrig bleibt, die zu $a'_\nu(\delta)$ gehört und einen endlichen Abstand > 0 von $a'_\nu(\beta)$ besitzt. Wir sorgen noch dafür, dass $i(\nu_\nu) < \varepsilon_\nu$ ist.

Nun sei

$$a'_\nu(\beta) \cup b'_\nu = a'_\nu(\beta, \delta).$$

Die Differenz der Inhalte von $a'_\nu(\beta) \cup a'_\nu(\delta)$ und $a'_\nu(\beta, \delta)$ ist dann $< \varepsilon_\nu$:

$$i(a'_\nu(\beta) \cup a'_\nu(\delta)) - i(a'_\nu(\beta, \delta)) < \varepsilon_\nu \qquad\qquad\text{(II.1.14)}$$

Setzen wir noch

$$\beta_\nu(\beta) \cup \beta_\nu(\delta) = \beta_\nu(\beta, \delta),$$

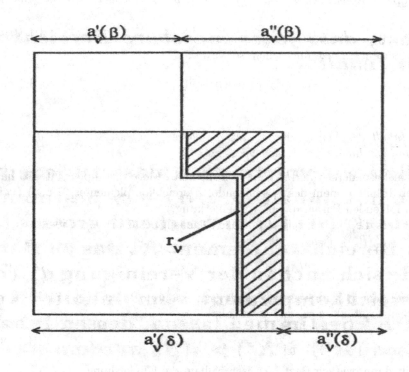

Abbildung II.1.18

so ist dann $\beta \cup \delta$ allgemein messbar auf Grund der Basis

$$(a'_\nu(\beta, \delta), a''_\nu(\beta, \delta), \beta_\nu(\beta, \delta); 2\varepsilon_\nu)$$

und zwar im ursprünglichen Sinne, wo also $i(a'_\nu) + i(a''_\nu)$ nicht genau $= 1$ ist.
Denn es ist *erstens* $i(\beta_\nu(\beta, \delta)) < 2\varepsilon_\nu$; *zweitens* ist

$$i(a'_\nu(\beta) \cup a'_\nu(\delta)) + i(a''_\nu(\beta) \cap a''_\nu(\delta)) = 1,$$

also wegen (1):

$$i(a'_\nu(\beta, \delta)) + i(a''_\nu(\beta, \delta)) > 1 - \varepsilon_\nu > 1 - 2\varepsilon_\nu,$$

drittens ist ein beliebiger Punkt des Durchschnittes von $a'_\nu(\beta, \delta)$ mit dem Komplemente von $\beta_\nu(\beta, \delta)$ ein Punkt der Vereinigung $\beta \cup \delta$, und ein beliebiger Punkt des Durchschnittes von $a''_\nu(\beta, \delta)$ mit dem Komplemente von $\beta_\nu(\beta, \delta)$ kann weder zu β noch zu δ, also auch nicht zu $\beta \cup \delta$ gehören.

Aus obiger Konstruktion von $a'_\nu(\beta, \delta)$ und $a''_\nu(\beta, \delta)$ folgern wir die Ungleichung

$$i(a'_\nu(\beta, \delta)) < i(a'_\nu(\beta)) + i(a'_\nu(\delta)). \tag{II.1.15}$$

Wenn wir hier zur Grenze übergehen, so wird:

$$i(\beta \cup \delta) \leq i(\beta) + i(\delta), \tag{II.1.16}$$

d.h.:

> *Der Inhalt der Vereinigung zweier messbarer Punktspecies ist $\leq$ der Summe der Inhalte der beiden Species.*

Sind insbesondere β und α genetisch messbare Bereichkomplemente, so hat $\beta \cup \delta$ einen Inhalt $=$ dem des vereinigenden Bereichkomplementes $\mathfrak{V}(\beta, \delta)$ (vgl. hierzu den folgenden Paragraphen, Vorbemerkung.)

Ist ferners die Punktspecies δ mit der Gegenspecies $C(\beta)$ von β identisch, so konvergiert $i(a'_\nu(\beta, \delta))$ gegen 1, also ist

$$i(\beta \cup \delta) = i(\beta \cup C(\beta)) = 1. \tag{II.1.17}$$

Wir nehmen jetzt an, dass von den vier messbaren Punktspecies $\alpha, \beta, \gamma, \delta$ α in β und γ in δ enthalten sei und zwar soll

$$i(\alpha) > i(\beta) - u \quad i(\gamma) > i(\delta) - v \tag{II.1.18}$$

sein. Es gilt dann, wie wir jetzt beweisen wollen, die Ungleichung

$$i(\alpha \cup \gamma) > i(\beta \cup \delta) - u - v. \tag{II.1.19}$$

Um die Ausdrucksweise zu vereinfachen, wollen wir bei zwei endlichen Quadratmengen a und b den Inhalt des von a aus b herausragenden Teiles mit T $(a$ aus $b)$ bezeichnen. Nach dem vorigen Paragraphen (Bemerkung unter (1) und Ungleichung (3)) ist dann wegen (5):

$$\left\{ \begin{array}{llll} (a) & T(a'_\nu(\alpha) \text{ aus } a'_\nu(\beta)) & < & 2\varepsilon_\nu \\[2mm] (b) & T(a'_\nu(\beta) \text{ aus } a'_\nu(\alpha)) & < & u + 2\varepsilon_\nu \\[2mm] (c) & T(a'_\nu(\gamma) \text{ aus } a'_\nu(\delta)) & < & 2\varepsilon_\nu \\[2mm] (d) & T(a'_\nu(\delta) \text{ aus } a'_\nu(\gamma)) & < & v + 2\varepsilon_\nu \end{array} \right. \tag{II.1.20}$$

Aus (7b) folgt wegen der Konstruktion von $a'_\nu(\alpha, \gamma)$:

$$T(a'_\nu(\beta) \text{ aus } a'_\nu(\alpha, \gamma)) < 2\varepsilon_\nu;$$

Weiters, wegen (7b) und (7d):

$$T(a'_\nu(\beta) \cup a'_\nu(\delta) \text{ aus } a'_\nu(\alpha) \cup a'_\nu(\gamma)) < u + v + 4\varepsilon_\nu,$$

also

$$T(a'_\nu(\beta, \delta) \text{ aus } a'_\nu(\alpha) \cup a'_\nu(\gamma)) < u + v + 4\varepsilon_\nu,$$

also:

$$T(a'_\nu(\beta, \delta) \text{ aus } a'_\nu(\alpha, \gamma)) < u + 4 + 5\varepsilon_\nu.$$

Gehen wir hier zur Grenze über, so folgt zunächst

$$i(\beta \cup \delta) \leq i(\alpha \cup \gamma) + u + v$$

und da man nach (5) μ und v stets verkleinern kann, folgt hieraus die zu beweisende Ungleichung (6).

Erste Anwendung. Ist α eine *inhaltsgleiche Teilspecies* von β und γ eine *inhaltsgleiche Teilspecies* von δ, dann sind μ und v willkürlich klein, d.h.:

$$i(\alpha \cup \gamma) = i(\beta \cup \delta). \tag{II.1.21}$$

Zweite Anwendung. Es sei $\alpha = \beta$ und das γ enthaltende δ sei $= C(\beta)$. Dann sind β und γ ohne gemeinsame Punkte. Schreiben wir in (5) $\geq$ statt $>$, so kommt auch in (6) $\geq$ statt $>$ zu stehen. Jetzt können wir $u = 0$ und $v = i(\delta) - i(\gamma)$ setzen; daher gibt (6):

$$i(\beta \cup \gamma) \geq i(\beta \cup \delta) - [i(\delta) - i(\gamma)].$$

Wegen (4) und $i(\delta) = 1 - i(\beta)$ gibt dies

$$i(\beta \cup \gamma) \geq 1 - [1 - i(\beta) - i(\gamma)] = i(\beta) + i(\gamma)$$

und da nach (3) nicht das Zeichen $>$ stehen kann:

$$i(\beta \cup \gamma) = i(\beta) + i(\gamma), \tag{II.1.22}$$

d.h.

Der Inhalt der Vereinigung von zwei messbaren Punktspecies ohne gemeinsamen Punkt ist die Summe der Inhalte der beiden Species.

II.1.4.8   Messbarkeit des Durchschnittes von endlich vielen messbaren Punktspecies

Als Gegenstück zu dem ersten Satze des vorigen Paragraphen beweisen wir jetzt:

Mit β und δ ist auch der Durchschnitt $\beta \cap \delta$ messbar.

Beweis. Wir konstruieren analog den bei $\beta \cup \delta$ verwendeten Quadratmengen $a'_\nu(\beta, \delta)$ und $a''_\nu(\beta, \delta)$ jetzt endliche Quadratmengen $a'_\nu[\beta, \delta]$ und $a''_\nu[\beta, \delta]$ und zwar soll erstens

$$a'_\nu[\beta, \delta] = a'_\nu(\beta) \cap a'_\nu(\delta)$$

und zweitens

$$a''_\nu[\beta, \delta] = a''_\nu(\beta) \cup b''_\nu$$

sein, wo b''_ν aus $a''_\nu(\delta)$ zustande kommt durch Weglassung eines Randes $< \varepsilon_\nu$ längs der Grenze von $a''_\nu(\beta)$ (vgl. Abb. II.1.19, wo $a''_\nu[\beta, \delta]$ schaffiert ist).

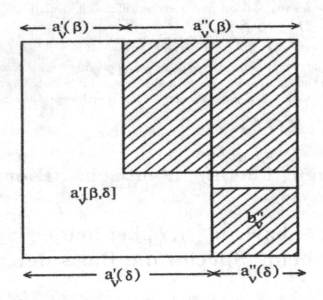

Abbildung II.1.19

Setzen wir dann wieder

$$\beta_\nu = \beta_\nu(\beta) \cup \beta_\nu(\delta),$$

dann ist $\beta \cap \delta$ allgemein messbar auf Grund der Basis

$$(a'_\nu[\beta, \delta], a''_\nu[\beta, \delta], \beta_\nu; 2\varepsilon_\nu).$$

Denn erstens ist $i(\beta_\nu) < 2\varepsilon_\nu$; zweitens haben wir $i(a'_\nu[\beta, \delta]) + i(a''_\nu[\beta, \delta]) > 1 - \varepsilon_\nu$. Ist ferner k_ν das Komplement von β_ν, so muss drittens ein willkürlicher Punkt des Durchschnittes von $a'_\nu[\beta, \delta]$ mit k_ν zu $\beta \cap \delta$ gehören und kann ein willkürlicher Punkt des Durchschnittes von $a''_\nu[\beta, \delta]$ mit k_ν unmöglich zu $\beta \cap \delta$ gehören. Auch hier ist $\beta \cap \delta$ allgemein messbar im ursprünglichen Sinne, wo also a'_ν und a''_ν zusammen nicht notwendig das ganze Einheitsquadrat ausfüllen.

Wir ziehen hieraus einige Folgerungen:

1. Zunächst ergibt sich aus obiger Konstruktion die Ungleichung

$$i(\beta \cap \delta) + i(\beta \cap C(\delta)) = i(\beta). \tag{II.1.23}$$

Es haben nämlich $a'_\nu[\beta, \delta]$ und $a'_\nu[\beta, C(\delta)]$ zufolge ihrer Definition zusammen den Inhalt $i(a'_\nu(\beta))$; der Übergang zu $\nu = \infty$ gibt dann (1).

Ist im besonderen δ eine messbare Teilspecies von β, dann können wir von der "Differenz"

$$\beta - \delta = \beta \cap C(\delta) \tag{II.1.24}$$

sprechen. Wegen $\beta \cap \delta = \delta$ geht dann (1) über in $i(\delta) + i(\beta - \delta) = i(\beta)$ oder in

$$i(\beta - \delta) = i(\beta) - i(\delta), \tag{II.1.25}$$

was ein Gegenstück zur letzten Gleichung des vorigen Paragraphen bildet.

2. Wir haben weiters die Beziehung

$$i(C(\beta) \cup C(\delta)) = i(C(\beta \cap \delta)). \tag{II.1.26}$$

Die messbaren Punktspecies

$$C(\beta) \cup C(\delta) \quad \text{und} \quad C(\beta \cap \delta)$$

sind zufolge der klassischen Theorie identisch. Hier kann nur ihre Inhaltsgleichheit bewiesen werden.

Wir können nämlich $a''_\nu[\beta, \delta]$ bzw. $a'_\nu[\beta, \delta]$ bei beiden Species als Quadratmenge a'_ν bzw. a''_ν gebrauchen, sodass für beide Species die Basis der allgemeinen Messbarkeit dieselbe ist, woraus (4) folgt.

3. Ferners ist

$$i(C(\beta) \cap C(\delta)) = i(C(\beta \cup \delta)); \tag{II.1.27}$$

hier sind aber auch die Punktspecies $C(\beta) \cap C(\delta)$ und $C(\beta \cup \delta)$ selbst identisch. Denn gehört ein Punkt P zu $C(\beta) \cap C(\delta)$, so gehört er sowohl zu $C(\beta)$ wie zu $C(\delta)$, d.h. P kann unmöglich zu β und unmöglich zu δ, d.h. P kann unmöglich zu $\beta \cup \delta$, d.h. P muss zu $C(\beta \cup \delta)$ gehören.

Nun sei wieder α eine messbare Teilspecies von β und γ eine messbare Teilspecies von δ. Wir setzen, so wie bei (5) im vorigen Paragraphen:

$$\begin{cases} (a) \quad i(\alpha) \geq i(\beta) - u \\[2ex] (b) \quad i(\gamma) \geq i(\delta) - v. \end{cases} \qquad\qquad \text{(II.1.28)}$$

Dann schliessen wir aus (7) des vorigen Paragraphen, dass $T(a'_\nu(\beta) \cap a'_\nu(\delta))$ aus $a'_\nu(\alpha) \cap a'_\nu(\gamma)) \leq u + v + 4\varepsilon_v$, d.h. dass

$$T(a'_\nu[\beta, \delta] \text{ aus } a'_\nu[\alpha, \gamma]) \leq u + v + 4\varepsilon_v \qquad\qquad \text{(II.1.29)}$$

wird. Beim Übergang zur Grenze gibt dies:

$$i(\alpha \cap \gamma) \geq i(\beta \cap \delta) - u - v. \qquad\qquad \text{(II.1.30)}$$

Als besonderen Fall hiervon führen wir den an, dass $i(\beta) = i(\delta)$ und $i(\gamma) = i(\alpha)$ ist; dann kann man $u = 0$ und $v = 0$ setzen und (7) gibt $i(\alpha \cap \gamma) \geq i(\beta \cap \delta)$, also, da $\alpha \cap \gamma$ eine Teilspecies von $\beta \cap \delta$ ist:

$$i(\alpha \cap \gamma) = i(\beta \cap \delta). \qquad\qquad \text{(II.1.31)}$$

Analog zu (7) haben wir

$$T_1 = T(a'_\nu[\alpha, \delta] \text{ aus } a'_\nu[\beta, \gamma]) \leq v + 4\varepsilon_\nu \qquad\qquad \text{(II.1.32)}$$

Denn aus (7) des vorigen Paragraphen entnehmen wir:

$$T_2 = T(a'_\nu(\alpha) \text{ aus } a'_\nu(\beta)) \leq 2\varepsilon_\nu$$

und

$$T_3 = T(a'_\nu(\delta) \text{ aus } a'_\nu(\gamma)) \leq v + 2\varepsilon_\nu$$

und jeder Punkt von T_1 muss entweder zu T_1 oder zu T_2 gehören.

Gehen wir in (10) zu $v = \infty$ über, so haben wir

$$i(\alpha \cap \delta) \leq i(\beta \cap \gamma) + v. \qquad\qquad \text{(II.1.33)}$$

Hiervon bekommen wir, wenn wir δ durch $C(\gamma)$ und γ durch $C(\delta)$ ersetzen und bemerken, dass dabei die Ungleichung (6b) bestehen bleibt:

$$i(\alpha \cap C(\gamma)) \leq i(\beta \cap C(\delta)) + v,$$

also nach (2) und (3):

$$i(\alpha) - i(\alpha \cap \gamma) \leq i(\beta) - i(\beta \cap \delta) + v. \qquad\qquad \text{(II.1.34)}$$

II.1.4.9 Messbarkeit der Vereinigung einer Fundamentalreihe von messbaren Punktspecies

Vorbemerkung. Sind k_1 und k_2 zwei *genetisch* messbare Bereichkomplemente, dann ist ihre Vereinigung $k_1 \cup k_2$ i.a. nicht wieder ein Bereichkomplement (vgl. 1.2.6). Nach 1.4.3 sind k_1 und k_2 auch *allgemein* messbar, daher ist nach dem in 1.4.7 bewiesenen Satz auch $k_1 \cup k_2$ allgemein messbar.

Die Punktspecies $k_1 \cup k_2$ ist in dem vereinigenden Bereichkomplemente $\mathfrak{V}(k_1, k_2)$ (vgl. 1.3.4) enthalten, das wegen der genetischen Messbarkeit von k_1 und k_2 ebenfalls genetisch (und daher auch allgemein) messbar ist. Es gilt dann:

$$i(\mathfrak{V}(k_1, k_2)) = i(k_1 \cup k_2). \tag{II.1.35}$$

Nach Satz 4, 1.3.4 kann man nämlich ein in $k_1 \cup k_2$ enthaltenes, genetisch messbares Bereichkomplement h angeben, dessen Inhalt $i(h)$ beliebig wenig von $i(\mathfrak{V}(k_1, k_2))$ abweicht. Da nun $k_1 \cup k_2$ in $\mathfrak{V}(k_1, k_2)$ enthalten ist, so gilt für die allgemeinen Inhalte:

$$i(h) \leq i(k_1 \cup k_2) \leq i(\mathfrak{V}(k_1, k_2))$$

und daher (1). Diese Gleichung ist ferners auch gültig, wenn wir die Bereichkomplemente k_i durch äussere Grenzspecies A_i ersetzen.

Jetzt beweisen wir den **Satz 14**:

Wenn F eine solche Fundamentalreihe von messbaren Punktspecies ist, dass die Inhalte der Vereinigungen ihrer Anfangssegmente eine limitierte Folge i bilden, so ist auch die Vereinigung von F messbar und ihr Inhalt gleich i.

Es sei

$$F = \alpha_1, \alpha_2, \alpha_3, \ldots \tag{II.1.36}$$

die Fundamentalreihe der gegebenen Punktspecies und

$$i(\bigcup \{\alpha_1, \alpha_2, \ldots, \alpha_n\}) = i_n. \tag{II.1.37}$$

Dann ist $\lim i_n = i$ die im Satze angesprochene Bedingung. Dass sie notwendig ist, ist ohne weiteres deutlich, wir beweisen also noch ihr Hinreichendsein. Diesen Beweis führen wir durch Konstruktion zweier genetisch-messbaren äusserer Grenzspecies A' und A'', wobei A' in $\bigcup \{\alpha_1, \alpha_2, \alpha_3, \ldots\}$ enthalten ist und den Inhalt i hat, während A'' in $C(\bigcup \{\alpha_1, \alpha_2, \alpha_3, \ldots\})$ enthalten ist und den Inhalt $1 - i$ hat. Daraus folgt nach Satz A, 1.4.4, dass $\bigcup \{\alpha_1, \alpha_2, \alpha_3, \ldots\}$ messbar ist und den Inhalt i besitzt.

Konstruktion von A'.

Jedes α_ν ist allgemein messbar. Daher liegt nach dem Satze B, 1.4.4, in jeder Punktspecies α_ν eine genetisch messbare, mit α_ν inhaltsgleiche äussere Grenzspecies π_ν (die wir damals als messende"äussere Grenzspecies bezeichneten). π_ν

ist also eine inhaltsgleiche Teilspecies von α_ν und deshalb ist nach dem auf ν Individuen ausgebreiteten Satz (8) von 1.4.7:

$$i(\bigcup \{\pi_1, \ldots, \pi_\nu\}) = i(\bigcup \{\alpha_1, \ldots, \alpha_\nu\}) = i_\nu. \qquad \text{(II.1.38)}$$

Jetzt sei $\mathfrak{V}(\pi_1, \ldots, \pi_\nu)$ die ebenfalls genetisch messbare, vereinigende äussere Grenzspecies von $\pi_1, \ldots, \pi_\nu$. Nach der Vorbemerkung in diesem Paragraphen und Ausbreitung der Gleichung (1) auf ν äussere Grenzspecies haben wir wegen (4):

$$i(\mathfrak{V}(\pi_1, \ldots, \pi_\nu)) = i(\bigcup \{\alpha_1, \ldots, \alpha_\nu\}) = i_\nu. \qquad \text{(II.1.39)}$$

Hier existiert der Grenzwert rechts. Daher ist auch

$$\lim i(\mathfrak{V}(\pi_1, \ldots, \pi_\nu)) = i, \qquad \text{(II.1.40)}$$

d.h. die $\pi_1, \pi_2, \ldots$ bilden eine Fundamentalreihe von genetisch messbaren äusseren Grenzspecies, bei der die Inhalte der vereinigenden äusseren Grenzspecies ihrer Anfangssegmente eine limitierte Folge i bilden. Daher enthält $\bigcup \{\pi_1, \pi_2, \ldots\}$ nach dem Satz von $S40$ eine mit $\mathfrak{V}(\pi_1, \pi_2, \ldots)$ inhaltsgleiche, genetisch messbare äussere Grenzspecies A' mit:

$$i(A') = i(\mathfrak{V}(\pi_1, \pi_2, \ldots)) = i \qquad \text{(II.1.41)}$$

Da A' in $\bigcup \{\pi_1, \pi_2, \ldots\}$ und letzteres in $\bigcup \{\alpha_1, \alpha_2, \ldots\}$ enthalten ist, so ist auch A' in $\bigcup \{\alpha_1, \alpha_2, \ldots\}$ enthalten.

Konstruktion von A''. Bei der Konstruktion von A'' gehen wir aus von der Gegenspecies

$$C(\bigcup \{\alpha_1, \ldots, \alpha_\nu\}) = \bigcap \{C(\alpha_1), \ldots, C(\alpha_\nu)\}.$$

Es sei $\varepsilon^{(1)}, \varepsilon^{(2)}, \ldots$ eine Fundamentalreihe von positiven Zahlen mit $\lim \varepsilon^{(\nu)} = 0$. Ferners sei für jedes $\mu = 1, 2, \ldots$ eine ebensolche Fundamentalreihe von positiven Zahlen $\eta_1^{(\nu)}, \eta_2^{(\mu)}, \ldots$ mit $\lim\limits_{v \to \infty} \eta_\nu^{(\mu)} = 0$ gegeben, derart, dass überdies $\sum\limits_{n=1}^{\infty} \eta_n^{(\mu)}$ konvergiert und noch die Ungleichungen

$$\sum_{n=1}^{\infty} \eta_n^{(\mu)} < \varepsilon^{(\mu)} \qquad \text{(II.1.42)}$$

erfüllt sind.

In $C(\alpha_\nu)$ ist die genetisch messbare, mit $C(\alpha_\nu)$ inhaltsgleiche, messende äussere Grenzspecies ρ_ν enthalten (analog dem obigen π_ν in α_ν). Es ist dann, wenn wir den Satz (9) von 1.4.8 auf ν Individuen ausbreiten:

$$i(\bigcap \{\rho_1, \ldots, \rho_\nu\}) = i(\bigcap \{C(\alpha_1), \ldots, C(\alpha_\nu)\}) = i(C(\bigcup \{\alpha_1, \ldots, \alpha_\nu\})) \quad \text{(II.1.43)}$$

ρ_ν ist eine genetisch messbare äussere Grenzspecies. Wir können daher in ρ_ν ein genetisch messbares Bereichkomplement $k_\nu^{(\nu)}$ bestimmen, so dass

$$i(k_\nu^{(\nu)}) > i(\rho_\nu) - \eta_\nu^{(\mu)} \qquad (\text{II.1.44})$$

erfüllt ist. Wegen der auf ν Individuen ausgedehnten Ungleichung (8) des vorigen Paragraphen ist daher

$$i(\bigcap \{k_1^{(\mu)}, \ldots, k_\nu^{(\mu)}\}) > i(\bigcap \{\rho_1, \ldots, \rho_\nu\}) - \sum_{s=1}^{s=\nu} \eta_s^{(\mu)}. \qquad (\text{II.1.45})$$

Auch die letzte Ungleichung des vorigen Paragraphen ist leicht auf ν Exemplare ausdehnbar und gibt hier

$$i(\bigcap \{k_1^{(\mu)}, \ldots, k_{\nu-1}^{(\mu)}\}) - i(\bigcap \{k_1^{(\mu)}, \ldots, k_\nu^{(\mu)}\}) < i(\bigcap \{\rho_1, \ldots, \rho_{\nu-1}\}) - \quad (\text{II.1.46})$$

$$i(\bigcap \{\rho_1, \ldots, \rho_\nu\}) + \eta_\nu^{(\mu)}.$$

Da nun ρ_ν in $C(\alpha_\nu)$ enthalten ist und den Inhalt $i(C(\alpha_\nu)) = 1 - i_\nu$ hat, so bilden nach (9) die Inhalte $i(\bigcap \{\rho_1, \ldots, \rho_\nu\})$ eine limitierte Folge $1 - i$ und aus (12) folgt dann wegen (8) dass auch die $i(\bigcap \{k_1^{(\mu)}, \ldots, k_\nu^{(\mu)}\})$ eine limitierte Folge bilden und dass

$$\lim_{\nu \to \infty} i(\bigcap \{k_1^{(\mu)}, \ldots, k_\nu^{(\mu)}\}) > 1 - i - \varepsilon^{(\mu)} \qquad (\text{II.1.47})$$

ist. Hieraus folgt weiter, wenn wir

$$k^{(\mu)} = \bigcap \{k_1^{(\mu)}, k_2^{(\mu)}, \ldots\} \qquad (\text{II.1.48})$$

setzen:

$$i(k^{(\mu)}) = i(\bigcap \{k_1^{(\mu)}, k_2^{(\mu)}, \ldots\}) > 1 - i - \varepsilon^{(\mu)}. \qquad (\text{II.1.49})$$

$k^{(\mu)}$ ist als Durchschnitt einer Fundamentalreihe von Bereichkomplementen wieder ein Bereichkomplement, das wegen (13) genetisch messbar ist und in $\bigcap \{C(\alpha_1), C(\alpha_2), \ldots\} = C(\bigcup \{\alpha_1, \alpha_2, \ldots\})$ liegt.

Wir haben auf diese Weise eine Fundamentalreihe

$$k^{(1)}, k^{(2)}, \ldots, k^{(\mu)}, \ldots,$$

von genetisch messbaren Bereichkomplementen konstruiert. Die Vereinigung $\bigcup \{k^{(1)}, k^{(2)}, \ldots, k^{(\mu)}\}$ ist in jeder $C(\bigcup \{\alpha_1, \alpha_2, \ldots, \alpha_r\})$ enthalten, weil jedes $k^{(\mu)}$ darin enthalten ist. Wegen $\lim i(C(\bigcup \{\alpha_1, \alpha_2, \ldots, \alpha_r\})) = 1 - i$ haben wir daher

$$i(\bigcup \{k^{(1)}, k^{(2)}, \ldots, k^{(r)}\}) \geq 1 - i.$$

Andererseits folgt aus (15):

$$i(\bigcup \{k^{(1)}, k^{(2)}, \ldots, k^{(\mu)}\}) \geq 1 - i - \varepsilon^{(\mu)}.$$

Die beiden letzten Ungleichungen besagen, dass die Inhalte $i(\bigcup \{k^{(1)}, k^{(2)}, \ldots, k^{(\mu)}\})$ eine limitierte Folge $1 - i$ bilden.

Nach der Vorbemerkung in diesem Paragraphen und Ausdehnung von (1) auf μ Bereichkomplemente ist

$$i(\bigcup \{k^{(1)}, k^{(2)}, \ldots, k^{(\mu)}\}) = i(\mathfrak{V}(k^{(1)}, k^{(2)}, \ldots, k^{(\mu)})),$$

d.h. die Fundamentalreihe $k^{(1)}, k^{(2)}, \ldots$ der $k^{(\mu)}$ besitzt die Eigenschaft, dass die Inhalte der vereinigenden Bereichkomplemente ihrer Anfangssegmente eine limitierte Folge bilden. Daher enthält nach dem Satze 6 von 1.3.5 die Vereinigung $\bigcup \{k^{(1)}, k^{(2)}, \ldots\}$ eine mit der vereinigenden äusseren Grenzspecies $\mathfrak{V}(k^{(1)}, k^{(2)}, \ldots)$ inhaltsgleiche äussere Grenzspecies A'' mit

$$i(A'') = i(\bigcup \{k^{(1)}, k^{(2)}, \ldots\}) = i(\mathfrak{V}(k^{(1)}, k^{(2)}, \ldots)) = 1 - i.$$

Schliesslich ist A'' in $C(\bigcup \{\alpha_1, \alpha_2, \ldots\})$ enthalten, da $\bigcup \{k^{(1)}, k^{(2)}, \ldots\}$ darin enthalten ist.

II.1.4.10 Messbarkeit des Durchschnittes einer Fundamentalreihe von messbaren Punktspecies

Betreffs des Durchschnittes $\bigcap \{\alpha_1, \alpha_2, \ldots\}$ eine Fundamentalreihe von messbaren Punktspecies besteht der folgende **Satz 15**:

> *Wenn $F = \alpha_1, \alpha_2, \ldots$ eine solche Fundamentalreihe von messbaren Punktspecies ist, dass die Inhalte der Durchschnitte ihrer Anfangselemente eine limitierte Folge i bilden, so ist auch der Durchschnitt $\bigcap \{\alpha_1, \alpha_2, \ldots\}$ messbar und sein Inhalt gleich i.*

Zum *Beweise* konstruieren wir analog wie beim vorigen Satze zwei genetisch messbare, konsolidierte, äussere Grenzspecies A' und A'' mit dem Inhalte

$$i = \lim_{\nu \to \infty} i(\cap \{\alpha_1, \alpha_2, \ldots, \alpha_\nu\}) \tag{II.1.50}$$

und $1 - i$. Hierbei wird A' in $\bigcap \{\alpha_1, \alpha_2, \ldots\}$ und A'' in $C(\bigcap \{\alpha_1, \alpha_2, \ldots\})$ enthalten sein. Nach dem Satze A, 1.4.4 folgt dann, dass auch $\bigcap \{\alpha_1, \alpha_2, \ldots\}$ messbar ist und den Inhalt i hat.

Wir beginnen mit der einfacheren Konstruktion von A''. Hierzu bemerken wir vorerst, dass sich die Gleichung (5) von 1.4.8,

$$i(C(\alpha_1 \cap \alpha_2)) = i(C(\alpha_1) \cup C(\alpha_2)) \tag{II.1.51}$$

leicht durch vollständige Induktion auf n Punktspecies verallgemeinern lässt.

Setzen wir nämlich

$$i(C(\bigcap \{\alpha_1, \ldots, \alpha_{n-1}\})) = i(\bigcup \{C(\alpha_1), \ldots, C(\alpha_{n-1})\}) \ (n-1 \geq 2) \quad (\text{II.1.52})$$

als richtig voraus, so ist auch, wenn wir die hier auftretenden Punktspecies mit $C(\alpha_n)$ vereinigen:

$$i(C(\bigcap\{\alpha_1, \ldots, \alpha_{n-1}\}) \cup C(\alpha_n)) = i(\bigcup\{C(\alpha_1), \ldots, C(\alpha_{n-1})\} \cup C(\alpha_n))$$

Auf der linken Seite können wir (2) anwenden bezüglich der Punktspecies $\bigcap \{\alpha_1, \ldots, \alpha_{n-1}\}$ und α_n und erhalten

$$i(\bigcup \{C(\bigcap \{\alpha_1, \ldots, \alpha_{n-1}\} \cup C(\alpha_n))\}) = i(C(\bigcap \{\alpha_1, \ldots, \alpha_{n-1}\} \cap \alpha_n)) =$$

$$i(C\bigcap \{\alpha_1, \ldots, \alpha_n\}).$$

Also ist

$$i(C(\bigcap \{\alpha_1, \ldots, \alpha_n\})) = i(\bigcup \{C(\alpha_1), \ldots, C(\alpha_n)\}) \quad (\text{II.1.53})$$

eine Folge von (3).

Da nun wegen (1) auch die Inhalte $i(C(\bigcap \{\alpha_1, \ldots, \alpha_n\}))$ eine limitierte Folge $1 - i$ bilden, so gibt (4):

$$1 - i = \lim_{\nu \to \infty} i(\bigcup \{C(\alpha_1), \ldots, C(\alpha_n)\}). \quad (\text{II.1.54})$$

Daher hat die Fundamentalreihe $C(\alpha_1), C(\alpha_2), \ldots$ die Eigenschaft, dass die Inhalte der Vereinigungen ihrer Anfangssegmente eine limitierte Folge $1 - i$ bilden. Wir können daher die im Beweise des Satzes des vorigen Paragraphen enthaltene Konstruktion verwenden und die Existenz einer in $\bigcup \{C(\alpha_1), C(\alpha_2), C(\alpha_3), \ldots\}$ enthaltenen, genetisch-messbaren, konsolidierten, äusseren Grenzspecies A'' mit Inhalt $1 - i$ feststellen. A'' ist dann auch in $C(\bigcap \{\alpha_1, \alpha_2, \ldots\})$ enthalten. Denn jeder Punkt von A'' gehört zu einem $C(\alpha_\nu)$, kann mithin unmöglich zu α_ν, also erst recht nicht zu $\bigcap \{\alpha_1, \alpha_2, \ldots\}$ gehören, muss also zu $C(\bigcap \{\alpha_1, \alpha_2, \ldots\})$ gehören.

Konstruktion von A'. Sei $\varepsilon^{(1)}, \varepsilon^{(2)}, \ldots$ eine Fundamentalreihe positiver, gegen Null konvergierender Grössen. Desgleichen sei zu jedem μ die Fundamentalreihe $\eta_1^{(\mu)}, \eta_2^{(\mu)}, \ldots$ derart gewählt, dass $\sum_{\nu=1}^{\infty} \eta_\nu^{(\mu)}$ positiv konvergiert und $< \varepsilon^{(\mu)}$ sei.

Da die α_ν allgemein messbar sind, so enthält jedes α_ν eine genetisch-messbare, konsolidierte, äussere Grenzspecies σ_ν, deren Inhalt $i(\sigma_\nu) = i(\alpha_\nu)$ ist. Daher ist auch:

$$i(\bigcap \{\sigma_1, \ldots, \sigma_\nu\}) = i(\bigcap \{\alpha_1, \ldots, \alpha_\nu\}). \quad (\text{II.1.55})$$

In σ_ν können wir ein genetisch-messbares Bereichkomplement $\lambda_\nu^{(\mu)}$ bestimmen, dessen Inhalt sich von $i(\sigma_\nu)$ beliebig wenig unterscheidet; wir wollen dies so tun, dass

$$i(\lambda_\nu^{(\mu)}) > i(\sigma_\nu) - \eta_\nu^{(\mu)} \tag{II.1.56}$$

ist. Wegen der auf ν Individuen ausgebreiteten Ungleichung (8) von 1.4.8 ist dann auch

$$i(\bigcap \{\lambda_1^{(\mu)}, \ldots, \lambda_\nu^{(\mu)}\}) > i(\bigcap \{\sigma_1, \ldots, \sigma_\nu\}) - \sum_{s=1}^{\nu} \eta_s^{(\mu)}$$

und analog (12) des vorigen Paragraphen :

$$i(\bigcap \{\lambda_1^{(\mu)}, \ldots, \lambda_{\nu-1}^{(\mu)}\}) - i(\bigcap \{\lambda_1^{(\mu)}, \ldots, \lambda_\nu^{(\mu)}\}) <$$

$$i(\bigcap \{\sigma_1, \ldots, \sigma_{\nu-1}\}) - i(\bigcap \{\sigma_1, \ldots, \sigma_\nu\}) + \eta_\nu^{(\mu)}.$$

Hieraus folgt aber, da die Inhalte $i(\bigcap \{\sigma_1, \ldots, \sigma_\nu\})$ eine limitierte Folge i bilden wegen der positiven Konvergenz von $\sum \eta_m^{(\mu)}$, dass auch die Inhalte $i(\bigcap \{A_1^{(\mu)}, \ldots, \lambda_\nu^{(\mu)}\})$ eine limitierte Folge $> i - \sum_{\nu=1}^{\infty} \eta_\nu^{(\mu)} > i - \varepsilon^{(\mu)}$ bilden. Daher ist

$$\lambda^{(\mu)} = \bigcap \{\lambda_1^{(\mu)}, \lambda_2^{(\mu)}, \ldots\} \tag{II.1.57}$$

ein genetisch-messbares Bereichkomplement $\lambda^{(\mu)}$ mit einem Inhalte

$$i(\lambda^{(\mu)}) > i - \varepsilon^{(\mu)}. \tag{II.1.58}$$

Andererseits ist $i(\lambda^{(\mu)}) \leq i$, denn $\bigcap \{\lambda_1^{(\mu)}, \lambda_2^{(\mu)}, \ldots\}$ ist für jedes r in $\bigcap \{\alpha_1, \alpha_2, \ldots, \alpha_r\}$ enthalten. Somit haben wir

$$1 - \varepsilon^{(\mu)} < i(\lambda^{(\mu)}) \leq i. \tag{II.1.59}$$

Betrachten wir nun die Fundamentalreihe $\lambda^{(1)}, \lambda^{(2)}, \ldots$ der Bereichkomplemente $\lambda^{(\mu)}$. Da jedes $\lambda^{(\mu)}$ in $\bigcap \{\alpha_1, \ldots, \alpha_r\}$ enthalten ist, ist auch jedes $\bigcup \{\lambda^{(1)}, \ldots, \lambda^{(\mu)}\}$ in jedem $\bigcap \{\alpha_1, \ldots, \alpha_r\}$ enthalten und hat also einen Inhalt $\leq i$. Andererseits ist

$$i(\bigcup \{\lambda^{(1)}, \ldots, \lambda^{(\mu)}\}) \geq i(\lambda^{(\mu)}),$$

also wegen (10) $> 1 - \varepsilon^{(\mu)}$. Somit ist auch

$$1 - \varepsilon^{(\mu)} < i(\bigcup \{\lambda^{(1)}, \ldots, \lambda^{(\mu)}\}) \leq i \tag{II.1.60}$$

und die Inhalte der Vereinigungen $\bigcup \{\lambda^{(1)}, \ldots, \lambda^{(\mu)}\}$ der Anfangssegmente der Fundamentalreihe $\lambda^{(1)}, \lambda^{(2)}, \ldots$ bilden eine limitierte Folge i. Wir können also die im Beweise des Satzes des vorigen Paragraphen enthaltene Konstruktion neuerdings anwenden und auf die Existenz einer in $\bigcup \{\lambda^{(1)}, \lambda^{(2)}, \ldots\}$, also auch in $\bigcap \{\alpha_1, \alpha_2, \ldots\}$ enthaltenen, genetisch-messbaren, äusseren Grenzspecies A' mit Inhalt i schliessen.

Kapitel II.2

Hauptbegriffe über reelle Funktionen einer Veränderlichen

II.2.1   Stetigkeit, Extreme

II.2.1.1   Der Funktionsbegriff

Wir legen dem Folgenden die Cartesische Ebene mit x- und y-Axe zugrunde und definieren auf diesen Axen besondere Punktspecies x bezw. y, die wir als *Punktkerne* bezeichnen.

Ein Punktkern x ist eine einen Punkt enthaltende ganze, punktierte Punktspecies.

Das will Folgendes heissen:

1. x enthält wenigstens einen Punkt (Punkt = unbegrenzt-fortsetzbare Reihe von ineinandergeschachtelten λ-Intervallen auf der x-Axe, vgl. 1.1.2).

2. x ist „punktiert" d.h. eine Punktspecies, von der je 2 ihrer Punkte zusammenfallen (vgl. 1.1.4.).

3. x ist „ganz", d.h. ist mit ihrer Ergänzung identisch (vgl. 1.1.7).

Aus dieser Definition folgt, dass wir den Punktkern x darstellen können durch einen zu ihm gehörigen Punkt. Wenn keine Verwechslung möglich ist, werden wir deshalb auch kurz Punkt statt Punktkern sagen.

Sei nun D eine, wenigstens einen Punktkern enthaltende Species von Punktkernen $x = \xi$. Dann definieren wir:

Eine reelle Funktion oder kurz Funktion $y = f(x)$ ist ein Gesetz, das jedem Punktkerne ξ von D einen und nur einen Punktkern $\eta = f(\xi)$ zuordnet.

© Springer-Verlag GmbH Deutschland, ein Teil von Springer Nature 2020
D. van Dalen und D. E. Rowe, *L. E. J. Brouwer: Intuitionismus*, Mathematik im Kontext, https://doi.org/10.1007/978-3-662-61389-4_10

Die Species D der Punktkerne ξ heisst „*Definitionsspecies*" *der Funktion* $f(x)$. Wir beschränken uns im Folgenden auf solche reelle Funktionen $f(x)$, deren Definitionsspecies dem geschlossenen Einheitsintervall $(0,1)$ angehören. Gehört insbesondere jeder Punkt dieses Intervalles, einschliesslich der Endpunkte 0 und 1, zu D, dann nennen wir $f(x)$ eine *volle Funktion*.

Eine zweite Beschränkung von der wir häufig Gebrauch machen werden, die aber jedesmal ausdrücklich angemerkt werden soll, betrifft die Punktkerne η. Gehören alle η zum geschlossenen Einheitsdoppelintervall $(-1,+1)$ auf der y-Axe, dan heisst $f(x)$ *unitär beschränkt*; gehören die η zum geschlossenen Intervalle $(0,+1)$, bzw. $(0,-1)$, dann nennen wir $f(\xi)$ *positiv* bzw. *negativ unitär beschränkt*.

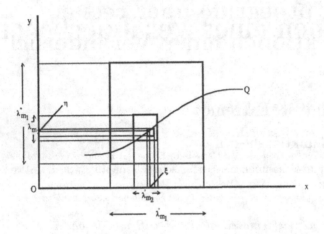

Abbildung II.2.1

Die Funktion $y = f(x)$ erzeugt in der xy-Ebene eine ebene Punktspecies Q, deren Punkte wir aus den Punktkernen ξ und $\eta = f(\xi)$ auf folgende Weise erhalten (vgl. Abb. II.2.1).

Sei ein dem Punktkerne ξ angehörigen Punkt ξ gegeben durch die Intervallschachtelung $\xi = \lambda'_{m_1}, \lambda'_{m_2}, \ldots$ auf der x-Axe. Das Gesetz $\eta = f(\xi)$ besteht dann darin, dass dieser Schachtelung eine zweite Schachtelung $\eta = \lambda''_{m_1}, \lambda''_{m_2}, \ldots$ auf der y-Axe zugeordnet wird, wobei also die Indices in beiden Fundamentalreihen, d.h. die Grössen der λ-Intervallen dieselben sind. [1]
Auf diese Weise wird eine Quadratschachtelung $[\lambda'_\nu, \lambda''_\nu]$ erzeugt, die den Punkt (ξ, η) von Q definiert. Die Punktspecies Q vertritt hier die „ebene Kurve" mit der „Gleichung" $y = f(x)$ nach der gewöhnlichen Auffassung.

---

[1] Dass dies immer möglich ist, beruht darauf, dass wir sowohl für ξ als auch für η die Indexreihe $m_1, m_2, \ldots$ beliebig vorschreiben können, wenn wir nur dafür sorgen, dass $m_{\nu+1} \geq m_\nu + 4$ ist.

II.2.1.2 Stetigkcit und gleichmässige Stetigkeit

Eine Funktion $f(x)$ heisst *stetig* für den Wert ξ_0 oder *stetig im Punkte* (ξ_0, η_0), wenn zu jedem ε ein solches positives a_ε (mithin auch ein solches positives, *rationales* a_ε) bestimmt werden kann, dass für $|\xi - \xi_0| < a_\varepsilon$ die Ungleichung $|f(\xi) - f(\xi_0)| < \varepsilon$ besteht. Eine für jedes ξ stetige Funktion wird kurz als eine *stetige Funktion* bezeichnet werden.

Eine Funktion $f(x)$ heisst *gleichmässig stetig*, wenn zu jedem ε ein solches positives, von ξ_1 und ξ_2 unabhängiges a_ε (mithin auch ein solches positives rationales a_ε) bestimmt werden kann, dass für $|\xi_2 - \xi_1| < a_\varepsilon$ immer die Ungleichung $|f(\xi_2) - f(\xi_1)| < \varepsilon$ besteht.

Anmerkungsweise sei angeführt: Die Stetigkeitsdefinitionen sind nur der Einfachheit halber in die obige metrische Form gebracht, von der sie ihren Inhalte nach unabhängig sind. Um dies einzusehen, greifen wir auf die den Punkten des Einheitsintervalles der x- bzw. der y-axe als „Lokalisierungselemente" zugrunde liegenden, überall dichten, geordneten, abstrakten Mengen μ' bzw. μ'' zurück. Dabei ist μ'' vom Ordnungstypus η $(=$ „abzählbar unendlich und im engern Sinne überal dicht")[2], μ' vom Ordnungstypus $1 + \eta + 1$ (wegen Anfangs- und Endpunkt).

Sei μ' abgezählt durch $\mu' = g_1', g_2', \ldots$ und μ'' durch $m'' = g_1'', g_2'', \ldots$. Die Vereinigungsmengen der Anfangssegmente dieser Fundamentalreihen seien durch $s_\nu' = \bigcup \{g_1', g_2', \ldots, g_\nu'\}$ und $s_\nu'' = \bigcup \{g_1'', g_2'', \ldots, g_\nu''\}$ bezeichnet. Dann können wir auf der x-Axe (y-Axe) geschlossene Intervalle $i_\nu'(i_\nu'')$ definieren: $i_\nu'(i_\nu'')$ soll wenigstens zwei und höchstens drei Elemente von $s_\nu'(s_\nu'')$ enthalten. Ein „Lokalisierungselement" ι' auf der x-Axe ist dann eine unbegrenzte Folge $F_\alpha, F_{\alpha+1}, \ldots$ (α ist eine für ι' festgelegte positive ganze Zahl), wo jedes F_ν ein i_ν' ist und jedes $F_{\alpha+\nu+1}$ in $F_{\alpha+\nu}$ enthalten ist.

Ein „Lokalisierungskern" k' der x-Axe ist eine wenigstens ein Element besitzende Species von Lokalisierungselementen ι' für welche F_ν für jedes ν zu einer Species S_ν gehört, von der je zwei Elemente ein Element von s_ν' gemeinsam haben. Die Definitionsspecies einer Funktion hat dann Lokalisierungskerne k' zu Elementen, denen je ein Lokalisierungskern k'' der y-Axe zugeordnet ist.

Eine *gleichmässig stetige* Funktion ist dann eine beschränkte Funktion (d.h. eine Funktion, bei der alle Lokalisierungskerne k'' zwischen zwei festen Schranken liegen) mit folgender Eigenschaft: Für eine mithin für *jede* Abzählung von μ' bzw. μ'' ist zu jedem m ein solches n bestimmbar, dass, wenn k_1' und k_2' zu demselben i_n' gehören, auch $f(k_1')$ und $f(k_2')$ zusammen zu einem i_m'' gehören.

Um die Äquivalenz beider Definitione einzusehen, brauchen wir als $\mu'(\mu'')$ nur die endlichen Dualbrücho doo Einheitsintervallen der x-Axe (y-Axe) zu nehmen. Zu jedem Localisierungselemente ι' lässt sich dann ein Punkt x bestimmen, so, dass jedes λ-Intervall von x zwischen den Endpunkten eines F_ν von ι' gelegen und jedes F_μ von ι' in einem λ-Intervalle von x enthalten ist.

---

[2]Vgl. [Brouwer 1918], S. 16.

II.2.1.3 Stetige Funktionen mit Definitionsmengen

Wenn die Definitionsspecies D einer stetigen Funktion $f(x)$ eine Punktmenge S (vgl. 1.1.3) ist, dann wird die Abhängigkeit der bei der Stetigkeitsdefinition verwendeten Zahlen ε und a_ε von den _fortschreitenden_ Wahlen bedingt, die in S zu einem bestimmten Punkte $s = \xi$ führen. Wir wollen dies zum Ausdruck bringen durch eine Gleichung

$$a_\varepsilon = a_\varepsilon(s) = \psi_{1\varepsilon}(n_1, n_2, \ldots, n_{\psi_{2\varepsilon}}). \tag{II.2.1}$$

Hier bedeutet rechts n_1 die Zahl aus $1, 2, 3, \ldots$, die wir bei der ersten Wahl zu Festlegung von s, n_2 die Zahl aus $1, 2, 3, \ldots$, die wir bei der zweiteh Wahl, ... gewählt haben.

In (1) gibt der Index $\psi_{2\varepsilon}$ des letzten n die Anzahl der Wahlen, die nötig sind, um $a_\varepsilon(s)$ zu erhalten. Nun kann dieser Index $\psi_{2\varepsilon}$ wieder abhängig sein von den natürlichen Zahlen $n_1, n_2, \ldots$. Wir bringen dies zum Ausdruck durch eine Gleichung

$$\psi_{2\varepsilon} = \psi_{2\varepsilon}(n_1, n_2, \ldots, n_{\psi_{3\varepsilon}}),$$

sodass statt (1) jetzt zu stehen kommt:

(1a) $a_\varepsilon(s) = \psi_{1\varepsilon}(n_1, n_2, \ldots, n_{\psi_{2\varepsilon}(n_1, n_2, \ldots, n_{\psi_{3\varepsilon}})})$.

Bezüglich der Nummer $\psi_{3\varepsilon}$ können wir wieder Analoges festsetzen usw., wobei wir verlangen müssen, dass $a_\varepsilon(s)$ mit Hilft von endlich vielen solchen $\psi_{2\varepsilon}, \psi_{3\varepsilon}, \ldots, \psi_{k\varepsilon}$ ausdrücken wird:

$$a_\varepsilon(s) = \psi_{1\varepsilon}(n_1, n_2, \ldots, n_{\psi_{2\varepsilon}(n_1, n_2, \ldots, n_{\psi_{3\varepsilon}(n_1, \ldots}})). \tag{II.2.2}$$
$$\ddots \, n_{\psi_{k\varepsilon}(n_1, n_2, \ldots, n_{\psi_\varepsilon})}$$

Dieser Ausdruck für $a_\varepsilon(s)$ kann sich aber auch weiter komplizieren wenn die Zahl k keine Konstante ist, sondern selbst durch einen Ausdruck der Gestalt (2) dargestellt wird. Diese Komplikation lässt sich sogar beliebig weiter ausdehnen, wobei indessen die _endliche Darstellbarkeit_ von $a_\varepsilon(s)$ erhalten bleiben muss. Diese Charakterisierung genügt übrigens vielleicht nicht jeder Forderung der Schärfe. Wir kommen im nächsten Paragraphen ausführlicher darauf zurück.

Die Formel (2) erfährt eine grosse Vereinfachung in dem Falle das die Definitionsmenge D _finit_ ist. (vgl. 1.1.3). Es gibt dann bei jeder Wahl nur endliche viele aus den Zahlen $1, 2, 3, \ldots$, die eine Fortsetzung des Erzeugungsprozesses ermöglichen; oder, anders ausgedrückt: für jedes n_α besteht ein Maximum m_α, sodass durch die Wahl eines $n_\alpha > m_\alpha$ der Erzeugungsprozess gehemmt wird.

In diesem Falle hat in (2) die Funktion $\psi_{k\varepsilon}(n_1, n_2, \ldots, n_{\psi_\varepsilon})$ eine endliche Definitionsspecies, besitzt also ein Maximum ψ'_ε. Die Formel (2) bleibt dann richtig, wenn wir $\psi_{k\varepsilon}$ durch die Konstante ψ'_ε ersetzen. Dann wird, indem wir diesen Prozess $(k-1)$-mal wiederholen:

$$a_\varepsilon(s) = \psi_{1\varepsilon}(n_1, n_2, \ldots, n_{\psi_\varepsilon^{(k-1)}}). \tag{II.2.3}$$

Der Index $\psi_\varepsilon^{(k-1)}$ ist hierbei durch ε bestimmt. Da auch hier alle $n_1, n_2, \ldots$ nach oben beschränkt sind, gibt (3) bei gegebene ε nur endlich viele verschiedene Werte für $a_\varepsilon(s)$, unter welchen wir einen kleinsten auswählen und mit a_ε bezeichnen.

Aus

$$|\xi - \xi_0| < a_\varepsilon(s), \qquad |f(\xi) - f(\xi_0)| < \varepsilon$$

folgt nun auch, dass für

$$|\xi - \xi_0| < a_\varepsilon \text{ stets } |f(\xi) - f(\xi_0)| < \varepsilon$$

erfüllt ist, und da ε jetzt nicht mehr von ξ_0 abhängt, so gilt dies für alle ξ_0 von D, d.h.:

Eine stetige Funktion, deren Definitionsspecies mit einer finiten Punktmenge zusammenfällt, ist auch gleichmässig stetig.

II.2.1.4 Excurs über natürliche Zahlen als Mengenfunktionen

Betreffs der Formel (2) des vorigen Paragraphen führen wir das Folgende näher aus.

Sei M eine beliebige Menge, μ die ihr zugrunde liegende, zählbare[3] Menge der endlichen (gehemmten und ungehemmten) Wahlfolgen $F_{s,n_1,\ldots,n_r}$, wo s und die n_i natürliche Zahlen vorstellen (s bei der 1. Wahl gewählt, n_1 bei der zweiten Wahl, u.s.w.).

Sei jedem Elemente von M eine natürliche Zahl $\beta = \beta(M)$ zugeordnet. Alsdann ist in μ eine *abtrennbare*[4], zählbare Teilmenge μ_1 von ungehemmten endlichen Wahlfolgen ausgezeichnet, bei der einer beliebigen ihrer (endlichen) Wahlfolgen für alle aus ihr hervorgehenden Elemente von M (unendliche Wahlfolgen) eine natürliche Zahl β zugeordnet ist. Ein Element von μ_1 liegt nämlich dort vor, wo nach dem Algorithmus des Zuordnungsgesetzes $\beta(M)$ die zuzuordnende endliche Zahl β fertig vorliegt und ihre Bestimmung nicht bis auf weitere Wahlen aufgeschoben wird, während dieselbe Eigenschaft für keinen endlichen Abschnitt (Anfangssegment) des betreffenden Elementes besteht. Hierbei ist keineswegs ausgeschlossen, dass man hinterher auch *nicht* zu μ_1 gehörige Elemente von μ angeben könnte, mit der Eigenschaft, dass allen aus ihm hervorgehenden Elementen von M *dieselbe* natürliche Zahl β zugeordnet ist.

Zur völligen Festlegung von $\beta(M)$ muss dann weiters eine Beweisführung h vorliegen, mittels welcher sich für ein beliebiges ungehemmtes Element von μ

---

[3]Der Begriff *zählbar* ist eine Verschärfung von *abzählbar*. Wir nennen eine Menge μ abzählbar, wenn ein Gesetz G existiert, das jedem Element E von μ eine einzige Zahl z aus $1, 2, 3, \ldots$ derart zuordnet, dass $E \neq E'$ und $z \neq z'$ stets gleichzeitig bestehen. Erlaubt das Gesetz G von jedem z zu entscheiden, entweder welchem E von μ es zugeordnet ist oder dass es keinem E zugeordnet ist, so heisst μ zählbar. Vgl. hierüber: L.E.J. *Brouwer*, Begründung der Mengenlehre unabhängig vom logischen Satz vom ausgeschlossenen Dritten, 1. Teil, Amsterdamer Berichte (März 1918).

[4]Sind zwei Mengen μ_1 und μ_2 elementefremd und ist die Vereinigung $\mu_1 \cup \mu_2 = \mu$, so sind μ_1 und μ_2 *abtrennbare* Teilmengen von μ, und μ ist in μ_1 und μ_2 *zerlegt*.

ergibt, dass jede aus ihm hervorgehende, ungehemmte, unendliche Wahlfolge einen zu μ_1 gehörigen Abschnitt besitzt.

Nennen wir ein Element von μ „*versichert*", wenn es entweder gehemmt ist oder einen zu μ_1 gehörigen Abschnitt besitzt, so ist μ in eine zählbare Menge τ von „versicherten" und in eine zählbare Menge σ von nicht-versicherten, endlichen Wahlfolgen zerlegt. Die Beweisführung h muss nun für ein beliebiges Element von σ zeigen, dass es „*versicherbar*" ist, d.h., dass *jede* aus ihm hervorgehende für M ungehemmte unendliche Wahlfolge einen zu μ_1 gehörigen Abschnitt besitzt.

Sei $h_{sn_1...n_r}$ die Spezialisierung von h, welche die Versicherbarkeit der Elemente $F_{sn_1...n_r}$ von σ herleitet; dann ist die Beweisführung $h_{sn_1...n_r}$ ausschliesslich auf die zwischen den Elementen von μ bestehenden Beziehungen gegründet, die wir „Beziehungen b" nenne wollen. Diese Beziehungen b aber sind alle in „Elementarbeziehungen e" zerlegbar, welche zwischen je 2 Elementen $F_{mm_1...m_g}$ und $F_{mm_1...m_g m_{g+1}}$ bestehen, wobei $F_{mm_1...m_{g+r}}$ eine unmittelbare Verlängerung von $F_{mm_1...m_g}$ ist.

Weil nun eine beliebige mathematische Beweisführung, wenn die in ihr benutzten Beziehungen in Grundbeziehungen zerlegbar sind, sich immer (wenn auch auf Kosten der Kürze) derart „kanonisieren" lässt, dass in dieser kanonisierten Form nur noch die Grundbeziehungen benutzt werden, so kann auch durch die kanonisierte Form $k_{sn_1...n_r}$ der Beweisführung $h_{sn_1...n_r}$ die Versicherbarkeit von $F_{sn_1...n_r}$ letzten Endes ausschliesslich aus *den* Elementenarbeziehungen e gefolgert werden, die $F_{sn_1...n_r}$ mit $F_{sn_1...n_{r-1}}$ und mit den $F_{sn_1...n_r\nu}$ verbinden.

Zum Schlussgliede von $k_{sn_1...n_r}$ braucht man also die vorherige Feststellung der Versicherbarkeit entweder von $F_{sn_1...n_{r-1}}$ oder von allen $F_{sn_1...n_r\nu}$. Bezeichnen wir den Elementarschluss, der die Versicherbarkeit von $F_{mm_1...m_g}$ aus derjenigen von $F_{mm_1...m_{g-1}}$ folgert, als ζ-Schluss, und den Elementarschluss, der die Versicherbarkeit von $F_{mm_1...m_g}$ aus derjenigen aller $F_{mm_1...m_g\nu}$ folgert, als $\mathcal{F}$-Schluss. Bezeichnen wir weiter mit $f_{sn_1...n_r}$ die wohlgeordnete Species von Elementen von σ_1, von denen bei $k_{sn_1...n_r}$ der Reihe nach die Versicherbarkeit festgestelt wird, so kann vom *ersten* Elemente von $f_{sn_1...n_r}$ die Versicherbarkeit unmöglich mittels eines ζ-Schlusses hergeleitet werden, sodass sie also mittels eines $\mathcal{F}$-Schluss gefolgert werden muss. Auf Grund transfiniter Induktion[5] längs $f_{sn_1...n_r}$ ersehen wir weiter, dass *in jedem Stadium der Beweisführung $k_{sn_1...n_r}$* von allen schon als versicherbar erkannten Elementen von σ die Verlängerungen ebenfalls schon als versicherbar erkannt worden sind. Mithin wird von *jedem* Elemente von $f_{sn_1...n_r}$ die Versicherbarkeit bei $k_{sn_1...n_r}$ mittels eines $\mathcal{F}$-Schlusses gefolgert.

Wenn wir nun (in Übereinstimmung mit den zwischen den entsprechenden Teilmengen von M bestehenden Vereinigungsbeziehungen) jedesmal, wenn bei $k_{sn_1...n_r}$ von einem Element $F_{mm_1...m_g}$ von σ die Versicherbarkeit festgestellt wird, dieses Element $F_{mm_1...m_g}$ als noch dem Index ν geordnete Summe der $F_{mm_1...m_g\nu}$ auffassen (dabei soll jedes gehemmte $F_{mm_1...m_g\nu}$ als *elementlose Urspecies*[7] gelten), so ergibt sich auf Grund transfiniter Induktion längs $f_{sn_1...n_r}$ Folgendes:

---

[5]Vgl. die unter 5) angeführte Abhandlung, S. 22 und S.23.

$F_{sn_1...n_r}$ wird durch die transfinite Reihe dieser Summenbildungen als wohlgeordnete Species $\varphi_{sn_1...n_r}$ erzeugt. In dieser wohlgeordneten Species $\varphi_{sn_1...n_r}$ entsprechen als Urspecies die „*einkehrenden*" Elemente von τ (das soll heissen: versicherte, aber keinen versicherten, echten Abschnitt besitzende Elemente); als konstruktive Unterspecies[7] von $\varphi_{sn_1...n-r}$ entsprechen die Elemente von σ. Umgekehrt entspricht in dieser Weise ein Element von σ oder ein „einkehrendes" Element von τ dann und nur dann einer konstruktiven Unterspecies bzw. Urspecies von $\varphi_{sn_1...n_r}$, wenn es eine Indexreihe $sn_1 \ldots n_r p_1 \ldots p_\mu$ besitzt; und zwar hat in diesem Falle die betreffende konstruktive Unterspecies *als solche* die Indexreihe $p_1 \ldots p_n$.

Das Vorstehende lässt sich zusammenfassen zu folgenden *Theorem:*

Wenn jedem Elemente einer Menge M eine natürliche Zahl β zugeordnet ist, so ist M durch diese Zuordnung in eine wohlgeordnete Species S von Teilmengen M_α zerlegt, deren jede durch ein endliches Anfangssegment von Wahlen bestimmt ist. Jedem Elemente desselben M_α ist dieselbe natürliche Zahl β_α zugeordnet.

Die Species S kann mittels erzeugender Operationen zweiter Art[7] ω konstruiert werden, deren jede der Fortsetzung eines bestimmten, für M ungehemmten, endlichen Anfangssegmentes von Wahlen mit einer freien neuen Wahl entspricht. Mit einer für M gehemmten neuen Wahl korrespondiert dabei für die entsprechende Operation ω eine elementlose Urspecies.

Im Falle dass M eine *finite* Menge ist, ist die wohlgeordnete Species $\varphi_{sn_1...n_r}$ eine wohlgeordneten Species $\psi_{sn_1...n_r}$ ähnlich[6], welche ohne Benützung von elementlosen Urspecies, und zwar in solcher Weise der oben erwähnten Konstruktion von $\varphi_{sn_1...n_r}$ parallel konstruiert werden kann, dass jeder für die Konstruktion von $\varphi_{sn_1...n_r}$ angewandten Operation ω bei der Konstruktion von $\psi_{sn_1...n_r}$ eine endliche Anzahl von erzeugenden Operationen erster Art χ entspricht. Somit ist $\psi_{sn_1...n_r}$ unter ausschliesslicher Anwendung von erzeugenden Operationen erster Art konstruierbar.

Hieraus folgt, dass sowohl $\psi_{sn_1...n_r}$ wie $\varphi_{sn_1...n_r}$ *endlich* sind und dass insbesondere für jede natürliche Zahl s die wohlgeordnete Species φ_s endlich ist. Daher kann eine solche natürliche Zahl z bestimmt werden, dass ein beliebiges „einkehrendes" Element von μ höchstens z Indices besitzt. Mithin ist die, einem beliebigen Elemente e von M zugeordnete Zahl β_e durch die ersten erzeugenden Wahlen von e vollständig bestimmt.

Hiermit ist bewiesen:

Wenn jedem Elemente e einer finiten Menge M eine natürliche Zahl β_e zugeordnet ist, so kann eine solche natürliche Zahl z bestimmt werden, dass β_e durch die ersten z von den das Element e erzeugenden Wahlen vollständig bestimmt ist.

---

[6]a.a.O. S.14

II.2.1.5   Mit Mengen zusammenfallende Definitionsspecies

Wenn die Definitionsspecies der Funktion $f(x)$ mit einer Punktmenge S zusammenfällt, so ist $f(s)$ für jedes Element s von S durch eine unbegrenzte Folge von Intervallen $\lambda', \lambda'', \ldots$ bestimmt, deren jedes im Inneren des vorangehenden enthalten ist und zwar ist $\lambda_{(s)}^{(\nu)}$ für jedes ν eine Mengenfunktion von der im vorigen Paragraphen beschriebenen Art.

Von besonderer Wichtigkeit sind Funktionen $f(x)$, deren Definitionsspecies D mit abgeschlossenen, katalogisierten Punktspecies Q zusammenfallen. Wir haben nämlich früher bewiesen, *dass die Abschliessung R einer katalogisierten Punktspecies Q mit einer finiten Punktmenge S zusammenfällt.* (vgl. 1.2.4).

Wir greifen auf diesen im ersten Teile gegebenen Beweis zurück, wobei wir jetzt mit λ-Intervallen an Stelle von λ-Quadraten zu tun haben. Wir können dabei die Punktspecies Q als *gleichmässig* voraussetzen (d.h. das n^{te} λ-Intervall jedes Punktes von Q ist ein λ_{μ_n}-Intervall). Q ist dann *katalogisiert*, wenn wir erstens eine monoton zunehmende Folge $\sigma_1 > \sigma_2 > \ldots$ von ganzen Zahlen σ_n, zweitens für jedes n eine endliche Menge s_n von λ_{μ_n}-Intervallen haben, derart, dass alle λ_{μ_n}-Intervalle von s_n für jedes m ein λ_{μ_n}-Intervall von Q vorhanden ist, das von dem λ_{μ_n}-Intervall einen Abstand $< 2^{-\sigma_n}$ hat.

Um nun zu zeigen, dass die Abschliessung R von Q mit einer finiten Punktmenge S zusammenfällt, haben wir mit t_n die endliche Menge von allen solchen λ_{μ_n}-Intervallen bezeichnet, die s_n ganz oder teilweise überdecken. Von den Indices $\mu_1, \mu_2, \ldots$ haben wir ferner nur eine Teilfolge $\mu_{n_1}, \mu_{n_2}, \ldots$ behalten, derart, dass immer $\mu_{n_{\nu+1}} \geq \mu_{n_\nu} + 4$ ist. Diese Auswahl gibt die endlichen Intervallmengen $t_{n_1}, t_{n_2}, \ldots$. Zu jedem Intervall q_ν von t_{n_ν} haben wir zwei mit q_ν konzentrisch liegende Intervalle $q'_\nu = \frac{3}{4} q_\nu$ und $q''_\nu = \frac{7}{8} q_\nu$ konstruiert und eine Methode angegeben, nach welcher es für jedes q_ν stets möglich ist festzustellen: entweder dass das "α-Resultat", oder dass das "β-Resultat" vorliegt. Dabei zieht das α-Resultat nach sich, dass alle Punkte der Abschliessung R von Q *ausserhalb q'_ν liegen*; das β-resultat zieht nach sich, dass *wenigstens ein Punkt von R innerhalb q''_ν liegt*. Im letzteren Falle nennen wir q_ν ein k_ν-Intervall. Einen Punkt H der finiten Menge S erhält man dann durch Wahl eines k_1-Intervalles, eines in diesem im engeren Sinne enthaltenen k_2-Intervalles u.s.w.

Sei nun die Punktmenge S Definitionsspecies einer Funktion $f(x)$. Dann ist an jede Schachtelung $k_1^{(\mu_1)}, k_2^{(\mu_2)}, \ldots$ von k_ρ-Intervallen eines Punktes H von S eindeutig zugeordnet eine Schachtelung $\lambda', \lambda'', \ldots$ von λ-Intervallen auf der y-Axe. Da S finit ist, existiert zu jedem ν ein mit zunehmenden ν nicht-abnehmender Index m_ν, so, dass $\lambda^{(\nu)}$ ausschliesslich von $k_1^{(\mu_1)}, \ldots, k_{m_\nu}^{(\mu_{m_\nu})}$ abhängt. Als Intervalle $\lambda^{(\nu)}$ kommen demnach nur endlich viele Intervalle in Betracht, wovon das längste die Länge b_ν habe. Es ist dann

$$\lim_{r \to \infty} b_\nu = 0, \qquad (\text{II}.2.4)$$

denn $\lambda^{(\nu+1)}$ hat höchstens die Länge $\frac{1}{2} b_\nu$.

Nun seien P_1 und P_2 zwei Punkte der Abschliessung R, mit einem Abstand

$$\overline{P_1 P_2} < \zeta_\nu, \qquad\qquad (II.2.5)$$

wo $\zeta_\nu = \frac{1}{4}$ der Länge eines k_ν-Intervalles sei. R fällt mit der finiten Punktmenge S zusammen. Sind H_1 und H_2 die zwei mit P_1 bezw. P_2 zusammenfallenden Punkte von S, so sind, wie wir jetzt zeigen wollen, wegen (2) *die ersten ν k-Intervalle für H_1 dieselben wie für H_2*. Nehmen wir bei jedem $k_\nu^{(\rho)}$-Intervalle das dazu konzentrisch liegende Intervall $h_\nu^{(\rho)}$, dessen Länge $= \frac{3}{4}$ der Länge von $k_\nu^{(\rho)}$ ist. Dann kann man ein $h_\nu^{(\mu_\nu)}$ bestimmen, das sowohl P_1 als auch P_2 enthält. Mithin gibt es einerseits eine Intervallschachtelung

$$k_1^{(\mu_1)}, \ldots, k_\nu^{(\mu_\nu)}, k_{\nu+1}^{(\sigma_1)}, k_{r+2}^{(\sigma_2)}, \ldots,$$

die mit P_1 zusammenfällt und andererseits eine Intervallschachtelung

$$k_1^{(\mu_1)}, \ldots, k^{(\mu_\mu)}, k_{\nu+1}^{(\tau_1)}, k_{\nu+2}^{(\tau_2)}, \ldots,$$

die mit P_2 zusammenfällt.

Nun sei $\varepsilon > 0$ gegeben. Wir wählen ν_1 so gross, dass $b_{\nu_1} < \varepsilon$ wird, was wegen (1) möglich ist. Dann setzen wir $\zeta_{m_{\nu_1}} = a_\varepsilon$. Zu zwei Punkten H_1 und H_2 der finiten Menge S, wofür die Intervalle

$$k_1^{(\mu_1)}, k_2^{(\mu_2)}, \ldots, k_{m_{\nu_1}}^{(\mu_{\mu_{\nu_1}})}$$

dieselben sind, gehören dann (nach dem vorletzten Absatz) Funktionswerte $f(\xi_1)$ und $f(\xi_2)$, deren absoluter Unterschied $< b_{\nu_1}$ also $< \varepsilon$ ist. Zufolge des eben Bewiesenen (voriger Absatz), gehören daher auch zu zwei Punkten P_1 und P_2 von R, wofür $\overline{P_1 P_2} < \zeta_{m_{\nu_1}} = a_\varepsilon$ ist, zwei Funktionswerte, wofür

$$|f(\xi_1) - f(\xi_2)| < \varepsilon$$

gilt, d.h. $f(x)$ ist *gleichmässig stetig*. Dies gibt den **Satz 16**:

Jede Funktion, deren Definitionsspecies mit einer abgeschlossenen, katalogisierten Punktspecies zusammenfällt, ist gleichmässig stetig.

II.2.1.6   Volle Funktionen

Ein wichtiger Spezialfall des letzten Satzes ergibt sich wenn wir *volle* Funktionen betrachten, bei denen jeder Punkt des Einheitsintervalles $(0, 1)$ zur Definitionsspecies gehört. Die Punkte von $(0, 1)$ bilden keine Punkt*menge*, aber eine Punkt*species*, die wir z.B. wie folgt katalogisieren können. Wir setzen s_n gleich der Vereinigung aller zum geschlossenen Einheitsintervall gehörigen λ_{μ_n}-Intervalle. Die endlichen Intervallmengen t_n sind dann gebildet von allen λ_{μ_n}-Intervallen ($\mu_n = 4n + 2$), die in $(0, 1)$ liegen oder rechts, bzw. links mit einer

Hälfte hinausragen. *Jedes* zu t_n gehörige λ_{μ_n}-Intervall ist dann ein k-Intervall. Die mit der Abschliessung R von $(0,1)$ zusammenfallende finite Menge S erhält man dann, wenn man ein k_1 wählt, in diesem ein k_2, u.s.w.

Der Satz des vorigen Paragraphen gibt hier:

Jede volle Funktion ist gleichmässig stetig.

Für volle Funktionen geben wir noch eine zweite, anschaulichere Definition, von der wir späterhin Gebrauch zu machen haben. Wir wollen dann zeigen, dass diese neue Definition (D_2) mit unserer bisherigen $(D_1$, siehe 2.1.1) äquivalent ist.

D_2 lautet:

Eine volle Funktion ist ein Gesetz, dass jedem κ-Intervall der Einheitsstrecke $(0,1)$ eindeutig ein λ-Intervall $\lambda(\kappa)$ der y-Axe zuordnet, wobei die folgenden drei Bedingungen erfüllt sind:

1. Ist κ'' im weiteren Sinne in κ' enthalten, so auch $\lambda(\kappa'')$ in $\lambda(\kappa')$.

2. Haben κ' und κ'' einen Endpunkt gemeinsam, so überdecken sich $\lambda(\kappa')$ und $\lambda(\kappa'')$ teilweise.

3. Mit der Länge der κ-Intervalle konvergieren gleichzeitig die Längen von $\lambda(\kappa)$ gleichmässig gegen Null.

Graphisch wird diese Definition D_2 besonders deutlich, wenn wir uns über jedem κ-Intervalle der x-Axe das zugehörige Rechteck mit der Höhe $\lambda(\kappa)$ zeichnen (vgl. Abb. II.2.2).

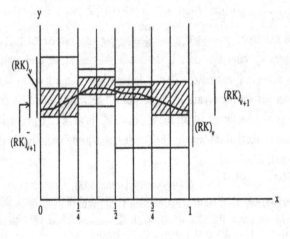

Abbildung II.2.2

Dies gibt zu jedem Index ν eine „Rechteckskette" $(RK)_\nu$ und die auf $(RK)_\nu$ folgende Rechteckskette $(RK)_{\nu+1}$ verläuft (im weiteren Sinne) innerhalb $(RK)_\nu$.

Bei unbeschränkt wachsendem ν ziehen sich die Rechtecksketten auf die durch die Funktion $f(x)$ dargestellte „Kurve" zusammen.

Dass eine nach Definition D_2 definierte volle Funktion auch der Definition D_1 (2.1.1) genügt, ist ohne weiteres klar. Weniger einfach ist das Umgekehrte, worauf wir jetzt näher eingehen wollen.

Es sei also $f(x)$ eine volle Funktion nach Definition D_1. Wir denken uns das Einheitsintervall so katalogisiert, wie am Beginne dieses Paragraphen angegeben. Dann ist durch $f(x)$ (vgl. 2.1.5) jeder Intervallschachtelung $k_1, k_2, k_3, \ldots$ von k-Intervallen, d.h. jedem Punkte der finiten Menge S eindeutig zugeordnet eine Folge $\lambda', \lambda'', \lambda''', \ldots$ von ineinander liegenden λ-Intervallen auf der y-Axe. Sei für gegebenes ν k'_ν ein beliebiges der endlich vielen k_ν-Intervalle; dann gehört dieses k'_ν zu verschiedenen Schachtelungen von k-Intervallen: nicht nur, was die kleineren, sondern auch, was die grösseren Intervalle anbelangt. Für jede dieser Schachtelungen gibt es im Augenblicke der Wahl von k'_ν ein *kleinstes, schon bestimmtes* λ-Intervall $\lambda^{(\sigma)}$.

Sei s'_ν die Vereinigung aller $\lambda^{(\sigma)}$-Intervalle, die in dieser Weise dem Intervalle k'_ν zugeordnet sind. Dann müssen zwei beliebige dieser $\lambda^{(\sigma)}$-Intervalle einander teilweise überdecken, weil sie ja beide den zu einem aus k'_ν hervorgehenden Punkt gehörigen Funktionswert enthalten müssen. Zu jedem k'_ν-Intervalle gehören zwei k_ν-Intervalle k''_ν und k'''_ν, die das k'_ν-Intervall teilweise überdecken (für die Endintervalle von t_ν kommt k''_ν bzw. k'''_ν in Wegfall). Dann überdecken sich auch die entsprechenden endlichen Intervallmengen s'_ν und s''_ν (und ebenso s'_ν und s'''_ν) teilweise. Denn es gibt dann z.B. sicher ein $k_{\nu+1}$-Intervall, das im engeren Sinne sowohl innerhalb k'_ν als auch k''_ν liegt, daher gibt es auch einen Punkt x von S in diesem $k_{\nu+1}$-Intervalle, der sowohl in k'_ν als auch in k''_ν enthalten ist und der zu diesem Punkte x gehörige Funktionswert $f(x)$ ist sowohl in s'_ν wie in s''_ν enthalten.

Nennen wir nun t'_ν die Vereinigung von s'_ν, s''_ν und s'''_ν (in den Endintervallen von s'_ν und s''_ν bzw. von s'_ν und s'''_ν). t'_ν entält dann $\lambda^{(\sigma)}$-Intervalle, deren längstes die Länge ℓ_ν habe. Dann konvergiert ℓ_ν mit wachsendem ν gleichmässig gegen Null, weil bei vollen Funktionen (nach Paragraph 2.1.5) das kleinste, bei der n-ten Wahl schon bestimmte λ-Intervall mit unbeschränkt wachsendem n gegen Null konvergiert. Daher konvergiert auch die Gesamtlänge von t'_ν gleichmässig gegen Null.

Da jeder (im weiteren Sinne) zu k'_ν gehörige Punkt x von S in einem $k_{\nu+1}$-Intervalle liegt, das selbst in einem k'_ν- oder k''_ν - oder k'''_ν-Intervalle gelegen ist, so sind alle Funktionswerte $f(x)$ im engeren Sinne in t'_ν enthalten. Zu dem Index ν kann nämlich ein ν_1 bestimmt werden, so, dass zu jedem aus k'_ν, bezw. aus k''_ν, bezw. aus k'''_ν hervorgehenden k_{ν_1} für die Funktion $f(x)$ ein *kleineres* $\lambda^{(\sigma)}$ bestimmt ist als für k'_ν, bzw. k''_ν, bzw. k'''_ν. Hierdurch kommt von t'_ν ein gewisser Rand in Fortfall, sodass im übrig bleibenden Reste noch immer die betreffenden Funktionswerte enthalten sind.

Haben daher k'_ν und k'_μ einen gemeinsamen Grenzpunkt, dann müssen sich t'_ν und t'_μ teilweise überdecken; der zu diesem gemeinsamen Grenzpunkte gehörende Funktionswert ist nämlich sowohl im eingeren Sinne in t'_ν, als auch im engeren Sinne in t'_μ enthalten. Ferners folgt aus der Konstruktion von t'_ν, dass $t'_{\nu+1}$ (wenigstens im weiteren Sinne) zu t'_ν gehört, wenn das entsprechende $k'_{\nu+1}$ im engeren Sinne innerhalb k'_ν gelegen ist; $k'_{\nu+1}, k''_{\nu+1}$ und $k'''_{\nu+1}$ können nämlich nur zu: entweder k'_ν, oder k''_ν, oder k'''_ν enthaltenen Schachtelungen gehören, sodass jedes zu $t'_{\nu+1}$ gehörige $\lambda^{(\sigma)}$-Intervall im weiteren Sinne in einen zu t'_ν gehörigen $\lambda^{(\sigma)}$-Intervall enthalten ist.

Wir können wegen der gleichmässigen Konvergenz der t'_ν gegen Null eine mit ν gleichmässig gegen ∞ zunehmende Indexfolge ρ'_ν bestimmen, derart, dass t'_ν im engeren Sinne innerhalb eines $\lambda_{\rho'_\nu}$-Intervalles (aber kleines kleineren λ-Intervalles) zu liegen kommt. Dies zu jedem k'_ν eindeutig bestimmte $\lambda_{\rho'_\nu}$-Intervall nennen wir w'_ν. Diese eindeutige Zuordnung $k'_\nu \to w'_\nu$ besitzt dann die zwei folgenden Eigenschaften: 1) Überdecken sich k'_ν und k'_μ teilweise, so ist dies auch mit w'_ν und w'_μ der Fall; 2) Ist $k'_{\nu+1}$ im weiteren Sinne in k'_ν enthalten, so auch $w'_{\nu+1}$ in w'_ν. Die Bestimmung der Funktionswerte $f(x)$ für die Punkte x der mit dem Einheitsintervalle zusammenfallenden Punktmenge S kann dann als Zuordunung $k'_\nu \to w'_\nu$ aufgefasst werden, wo k'_ν zur mit dem Punkte x zusammenfallenden Intervallschachtelung gehört.

Nun können wir schliesslich eine eindeutige Beziehung $\kappa \to k'_\nu$ herstellen, wo κ irgend ein κ-Intervall von $(0,1)$ bedeutet. Dazu ordnen wir einem gegebenen κ-Intervalle dasjenige, eindeutig festgelegte, kleinste k-Intervalle zu, worin κ im engeren Sinne möglichst konzentrisch enthalten ist. Ist diese letzte Bedingung zweideutig, so nehmen wir das mehr rechts liegende k-Intervall.

Aus den beiden Beziehungen

$$\kappa \to k'_\nu \quad \text{und} \quad k'_\nu \to w'_\nu$$

gewinnen wir durch Elimination von k'_ν die eindeutige Zuordnung $\kappa \to w'_\nu = \lambda(\kappa)$. Sie hat die folgende drei Eigenschaften (die w'_ν sind λ-Intervalle auf der y-Axe!): 1) Ist κ'' im weiteren Sinne in κ' enthalten, so auch $\lambda(\kappa'')$ in $\lambda(\kappa')$; 2) Grenzen κ' und κ'' aneinander, so überdecken sich $\lambda(\kappa')$ und $\lambda(\kappa'')$ teilweise; 3) Die Grösse der $w'_\nu = \lambda(\kappa)$ konvergiert mit der von x gleichmässig gegen Null. Dies sind aber gerade die drei Merkmale der Definition D_2 einer vollen Funktion, w.z.b.w.

Bemerkung über volle Funktionen. Es kann zufolge der klassischen Auffassung merkwürdig erscheinen, dass *volle*, d.h. für „*jeden*" Punkt des Einheitsintervallen $(0,1)$ definierte Funktion auch gleichmässig stetig ist. Definieren wir z.B. in der gewöhnlichen Weise $f(x) = -1$ für $0 \leq x \leq \frac{1}{2}$ und $f(x) = +1$ für $\frac{1}{2} < x \leq 1$, so ist $f(x)$ im Punkte $x = \frac{1}{2}$ unstetig. Eine derartige Funktion ist aber nach unserem Zahl- und Funktionsbegriff *nicht* voll. Wir können nämlich Punkte von $(0,1)$ angeben für die $f(x)$ nicht definiert ist. Ein derartiger Punkt $x = r$ wird z.B. wie folgt festgelegt.

Sei d_ν die ν-te Ziffer der Dezimalstellen $14159\ldots$ von π. Hat d_m die Eigenschaft, dass $d_m d_{m+1} \ldots d_{m+g}$ die Sequenz 0123456789 bilden, so nennen wir m „eine Zahl k" u.zw. soll die Ziffer d_{k_1} zum erstenmal, die Ziffer d_{k_2} zum zweiten mal, ..., diese Eigenschaft haben. Weiters sei $c_\nu = (-\frac{1}{2})^{k_1}$ für $\nu \geq k_1$ und

$c_\nu = (-\frac{1}{2})^\nu$ für $\nu < k_1$. Dann definiert die Fundamentalreihe $r = \frac{1}{2} + c_1, \frac{1}{2} + c_2, \ldots$
eine reelle Zahl r, für die (nach unserem heutigen mathematischen Wissen) keine
der drei Beziehungen $r < \frac{1}{2}, r = \frac{1}{2}$ und $r > \frac{1}{2}$ gilt. $f(x)$ *ist also für dieses r (das
sicher > 0 und < 1 ist) nicht definiert.* [7]

II.2.1.7 Spezialisierte Rechtecksketten

Zufolge unserer im vorigen Paragraphen gegebenen Definition D_2 für eine
volle Funktion erhalten wir als Bild der Funktion $y = f(x)$ eine ebene Punktmenge,
die durch Rechtecksketten $(RK)_\nu$ mit gleichmässig zusammenschrumpfenden Hö-
hen approximiert wird. Dabei ist diese Höhe von $(RK)_\nu$ bei bestimmten ν längs
$(0, 1)$ im allgemeinen wechselnd und $(RK)_{\nu+1}$ liegt im allgemeinen *im weiteren
Sinne* innerhalb $(RK)_\nu$.

Es ist nun für manche Beweisführungen vorteilhafter die Folge $(RK)_1, (RK)_2,$
$\ldots$ einer Funktion $f(x)$ zu ersetzen durch eine, dasselbe $f(x)$ darstellende Folge
$(RK)^\circ_{\nu_1}, (RK)^\circ_{\nu_2}, \ldots$ von „specialisierten" Rechtecksketten $(RK)^\circ_\nu$, die durch die
beiden folgenden Eigenschaften angezeichnet sind (vgl. Abb. II.2.3).

(a) $(RK)^\circ_{\nu_\rho}$ hat bei festem ν_ρ überall in $(0, 1)$ dieselbe Höhe
(b) $(RK)^\circ_{\nu_{\rho+1}}$ liegt *im engeren Sinne* innerhalb $(RK)^\circ_{\nu_\rho}$.

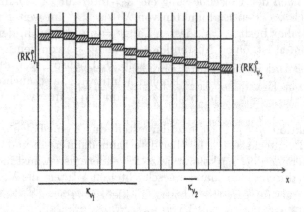

Abbildung II.2.3

Dass wir solche specialisierte Rechtecksketten jederzeit konstruieren können,
folgt so. Den κ_1-, κ_2- $\ldots$-Intervallen der x-Axe entsprechen die Rechtecksketten

---

[7] Natürliche kann man ein solches r auch durch andere Eigenschaften E definieren. Nämlich so,
dass man keine natürliche Zahl n mit der Eigenschaft E kennt und auch nicht die Unmöglichkeit
von „n hat die Eigenschaft E nicht" für jedes endliche n beweisen kann.

$(RK)_1, (RK)_2, \ldots$. Wir greifen aus dieser Fundamentalreihe von Rechtecksketten eine Teilfolge

$$(RK)_{\nu_1}, (RK)_{\nu_2}, (RK)_{\nu_3}, \ldots \tag{II.2.6}$$

heraus, derart, dass durch $f(x)$ an jedes κ_{ν_ρ}-Intervall ein λ_μ-Intervall mit

$$\mu \geq 3_{\rho+3} \tag{II.2.7}$$

zugeordnet ist. Das geht sicher, denn wir brauchen hierzu aus $(RK)_1, (RK)_2, \ldots$ nur diejenigen (RK) zu behalten, deren maximale Höhe höchsten ein $\lambda_{3.1+3} = \lambda_6$-Intervall, höchstens ein $\lambda_{3.2+3} = \lambda_9$-Intervall, u.s.f. beträgt.

Nun schliessen wir jedes der an die verschiedenen κ_{ν_ρ}-Intervalle κ' zugeordneten λ_μ-Intervalle (= Rechteckshöhen) ein in ein $\lambda_{3\rho}$-Intervall λ', das möglichst konzentrisch mit dem λ_μ-Intervalle liegt. Bei Zweideutigkeit soll das eingeschlossene λ_μ-Intervall möglichst nach oben liegen. Wir ersetzen so die $(RK)_{\nu_\rho}$ durch eine $(RK)_{\nu_\rho}^\circ$, die überall in $(0,1)$ die gleiche Höhe (= $\lambda_{3\rho}$-Intervall) aufweist.

Hierdurch ist die Forderung a) erfüllt. Dass auch b) erfüllt ist, beweisen wir so: Es ist jetzt jedem κ_{ν_ρ}-Intervalle κ' ein $\lambda_{3\rho}$-Intervall λ' zugeordnet (wo die Grösse von λ' mit der von κ' gleichmässig gegen Null konvergiert) und dieses Intervall λ' von der Länge a ist durch möglichst konzentrische Einschliessung eines λ_μ-Intervalles λ'' ($\mu \geq 3\rho + 3$) hervorgegangen. λ'' hat also von den Endpunkten von λ' einen Abstand $\geq \frac{3}{16}a$. Sei nun $_\circ\kappa'$ ein κ_{ν_ρ}-Intervall, das in weiterem Sinne innerhalb κ' gelegen ist. Ihm entspricht *vor* der Einschliessung ein λ_τ-Intervall $^\circ\lambda''$ ($\tau \geq 3\sigma + 3$), *nach* der Einschliessung ein $\lambda_{3\sigma}$-Intervall $_\circ\lambda'$. Dann hat $_\circ\lambda''$ einen Abstand $\geq \frac{3}{16}a$ von den Endpunkten von λ' (da $_\circ\lambda''$ im weiteren Sinne in λ'' enthalten ist). Daher besitzt $_\circ\lambda'$, dessen Länge $= \frac{1}{8}a$ ist und in dem $_\circ\lambda''$ im engeren Sinne enthalten ist, einen Abstand $> \frac{1}{16}a$ (nicht $\geq$!) von den Endpunkten von λ', d.h. $_\circ\lambda'$ liegt *im engeren Sinne* innerhalb λ'. Ebenso liegen die mit $_\circ\lambda'$ gleich grossen und $^\circ\lambda'$ teilweise überdeckenden λ-Intervalle, also auch die den an $_\circ\kappa'$ grenzenden, gleich grossen κ-Intervallen zugeordneten λ-Intervalle *im engeren Sinne* innerhalb λ'.

Eine volle Funktion $y = f(x)$ ist jetzt dargestellt durch eine Folge $L_1, L_2, L_3, \ldots$ von spezialisierten Rechtecksketten L_i über dem Einheitsintervall und ein zusammengehöriges Wertepaar (x_1, y_1) kommt jetzt folgendermassen zustande. Sei die Abszisse x_1 gegeben durch die ineinander geschachtelten λ-Intervalle $\lambda', \lambda'', \lambda'''$. Zu jedem dieser $\lambda^{(\mu)}$-Intervalle gehört eindeutig ein kleinstes Paar $\zeta_{\rho_\mu}^{(\mu)}$ von aneinandergrenzenden κ_{ν_ρ}-Intervallen, so, dass $\lambda^{(\mu)}$ im weiteren Sinn in diesem Doppelintervalle $\zeta_{\rho_\mu}^{(\mu)}$ enthalten ist. Die Ordinaten in den Endpunkten dieses Intervalles $\zeta_{\rho_\mu}^{(\mu)}$ schneiden aus der Rechteckskette L_{ρ_μ} ein Rechteck d_{ρ_μ} aus und $d_{\rho_1}, d_{\rho_2}, d_{\rho_3}, \ldots$ konvergiert gegen den Punkt $x_1, y_1 = f(x_1)$.

Aus dem vorigen Absatze folgt unmittelbar, dass zwei Folgen $L_1', L_2', L_3', \ldots$ und $L_1'', L_2'', L_3'', \ldots$ von specialisierten Rechtecksketten *dieselbe* volle Funktion $y = f(x)$ darstellen, wenn in jedem L_ν' ein L_ρ'' im engeren Sinne enthalten ist. Dass diese Bedingung auch notwendig ist, sieht man wie folgt. Sei a die Minimalentfernung der Grenzen von L'_ν und $L'_{\nu+1}$ und wählen wir ρ so gross, dass die Höhe von L''_ρ kleiner als $\frac{1}{2}a$ ist. Dann muss L''_ρ im engeren Sinne in L'_ν enthalten sein, weil man sonst eine Ordinate konstruieren könnte, deren Durchschnitte mit $L'_{\nu+1}$ und L''_ρ getrennt wären; man würde mithin für die beiden Funktionen verschiedene y-Werte bekommen.

Es folgt hieraus weiter, dass in dem hier betrachteten Falle auch umgekehrt in jedem L''_μ ein L'_σ im engeren Sinne enthalten ist. Letztere Tatsache kann man auch unabhängig von der Beziehung der beiden Rechtecksketten zu derselben Funktion $f(x)$ wie folgt nachweisen. Die Rechteckskette $L''_{\mu+1}$ habe (in vertikaler Richtung) einen Minimalabstand α von L''_μ und σ sei so gewählt, dass L'_σ eine Höhe $< \frac{1}{2}\alpha$ habe. Dann kann für keinen Wert von x der vertikale Durchschnitt von $L''_{\mu+1}$ ganz ausserhalb des vertikalen Durchschnittes von L'_σ liegen; denn sonst könnte man, gegen die Voraussetzung, kein L''_τ angeben, das ganz im engeren Sinne innerhalb L'_σ gelegen ist. Somit liegt L'_σ im engeren Sinne innerhalb L''_μ.

Extreme bei vollen Funktionen

Sei $f(x)$ eine *volle* Funktion, festgelegt durch die Folge $L_1, L_2, \ldots$ von spezialisierten Rechtecksketten. Wir setzen voraus, dass $f(0)$ angebbar von $f(1)$ verschieden sei und wählen z.B.:

$$f(0) = r, f(1) = s, r > s. \tag{II.2.8}$$

Jetzt definieren wir ein „*ablaufendes Intervall*"i_ρ der x-Axe. Dies soll ein, aus aneinandergrenzenden κ_{ν_ρ}-Intervallen der x-Axe bestehendes Intervall sein mit folgenden Eigenschaften (vgl. Abb. II.2.4).

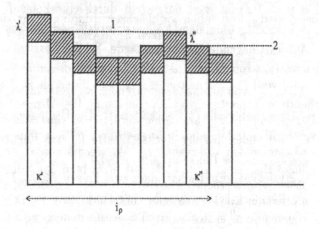

Abbildung II.2.4

Sei κ' das erste, κ'' das letzte der κ_{ν_ρ}-Intervalle von i_ρ, λ' bzw. λ'' das durch L_ρ an x' bzw. x'' zugeordnete λ-Intervall der y-Axe (λ' und λ'' haben dieselbe Länge a). Es soll nun λ'' um die halbe Intervall-Länge a tiefer als λ' liegen und jedes rechts von λ' bzw. rechts von λ'' gelegene Rechteck der Rechteckskette L_ρ tiefer als λ' bzw. tiefer als λ'' gelegen sein. L_ρ verläuft also innerhalb i_ρ nirgends mehr oberhalb der punktierten Linie 1, rechts von i_ρ nirgends mehr oberhalb der punktierten Linie 2.

Es sei nun $\varepsilon_1, \varepsilon_2, \varepsilon_3, \ldots$ eine abnehmende und gegen Null konvergierende Folge von gegebenen, positiven, rationalen Brüchen.

Dann können wir erstens ein ablaufendes Intervall $i_{\rho_1} = i^0_{\rho_1}$ bestimmen, das $< \varepsilon_1$ ist. Jede Rechteckskette der Höhe h besitzt nämlich wenigstens ebenso viele ablaufende Intervalle als es λ-Intervalle der Höhe h gibt, die im engeren Sinne zwischen r und s liegen. Diese ablaufenden Intervalle liegen überdies (eventuell bis auf ihre Endrechtecke) ausserhalb voneinander. Mithin muss, wenn ihre Anzahl unbeschränkt wächst (d.h. wenn h unbeschränkt abnimmt) das Minimum ihrer Länge unbeschränkt abnehmen.

Zweitens bestimmen wir eine zu $i^0_{\rho_1}$ gehöriges ablaufendes Intervall $i^0_{\rho_2} < \varepsilon_2$. Das geht ebenfalls. Sei nämlich $d_\rho(\rho > \rho_1)$ das oberhalb von $i^0_{\rho_1}$ gelegene Stück der Rechteckskette L_ρ und sei $_1\lambda'$ der vertikale Durchschnitt von L_{ρ_1} am linken Ende von $i^0_{\rho_1}$. Dann müssen alle zu $_1\lambda'$ gehörigen λ-Intervalle, die überdies vertikale Durchschnitte von d_ρ sind, die Anfangsdurchschnitte von Teilen von d_ρ sein, Teilen, die zu $i^0_{\rho_1}$ gehören und ablaufende Intervalle i_ρ erzeugen. Die Anzahl dieser λ-Intervalle nimmt mit ρ unbeschränkt zu. Denn: Alle diejenigen λ-Intervalle, deren Länge = Höhe von L_ρ und welche auf $_1\lambda'$ im engeren Sinne zwischen der unteren Grenze von L_{ρ_1} und der oberen Grenze von L_{ρ_1+1} enthalten sind, haben die verlangten Eigenschaften.

Drittens bestimmen wir ein zu $i^0_{\rho_2}$ gehöriges ablaufendes Intervall $i^0_{\rho_3} < \varepsilon_3$ u.s.w. u.s.w.

In vorstehender Konstruktion haben wir gleichzeitig dafür gesorgt, dass $_{\mu+1}\lambda'$ (= vertikaler Durchschnitt von $L_{\rho_{\mu+1}}$ am linken Ende von $i^0_{\rho_{\mu+1}}$) für jedes μ im *engeren Sinne* in $_\mu\lambda'$ enthalten ist.

Ferners können wir leicht erreichen, dass die *Folge* $i^0_{\rho_1}, i^0_{\rho_2}, \ldots$ durch ein Gesetz (betreffend die Auswahl von $i^0_{\rho_\nu}$ innerhalb $i^0_{\rho_{\nu-1}}$) zu einer Fundamentalreihe wird.

Durch diese Fundamentalreihe $i^0_{\rho_1}, i^0_{\rho_2}, \ldots$ ist dann eine Abszisse x^0 festgelegt. Sei $x^0 < x$. Dann kann ein $2^0_{\rho_h}$ bestimmt werden, das einschliesslich seiner Endpunkte links von x liegt; oder, anders ausgedrückt, x liegt innerhalb eines aus $\kappa_{\nu_{\rho_h}}$-Intervallen bestehenden Intervalles j_{ρ_h}, das rechts von $i^0_{\rho_h}$ gelegen ist (allenfalls fällt der linke Endpunkt von j_{ρ_h} mit dem rechten Endpunkt von $i^0_{\rho_h}$ zusammen). Daher liegen alle vertikalen Durchschnitte von ℓ_{ρ_h} oberhalb j_{ρ_h} (allenfalls bis auf ihren obersten Endpunkte) ganz unterhalb $_h\lambda'$. Daher liegt auch $f(x)$ unterhalb $_h\lambda'$. Weil nun $y^0 = f(x^0)$ durch eine zusammenschrumpfende Intervallschachtelung $_1\lambda', _2\lambda', _3\lambda', \ldots$ bestimmt ist, liegt $f(x^0)$ *im engeren Sinne* innerhalb $_h\lambda'$, d.h. es ist $f(x^0) > f(x)$.

Einen solchen x-Wert x^0, der die Eigenschaft hat, dass aus $x^0 < x$ $f(x^0) > f(x)$ folgt für alle x eines gewissen, den Punkt x_0 enthaltenen Intervalles α, nennen wir ein „vorwärtsgerichtetes Maximum" von $f(x)$. In unserem Falle fällt α mit dem vollen Einheitsintervall zusammen.

Die eben durchgeführte Konstruktion eines vorwärtsgerichteten Maximums im Einheitsintervalle lässt sich jetzt leicht verallgemeinern. Sei τ ein Intervall, das dem Wertebereich von $f(x)$ angehört und wofür.

$$\tau \text{ unterhalb } f(1) = r \text{ oder } \tau \text{ oberhalb } f(0) = s \tag{II.2.9}$$

gelegen ist. Seien weiters τ_1 und τ_2 zwei innerhalb τ gelegenen Intervalle, wobei τ_1 in endlicher Entfernung oberhalb τ_2 liegt. Diese letztere Bedingung tritt jetzt an Stelle von (1).

Wir können dann zwei solche x-Werte x_1 und x_2 bestimmen, wo wegen (2) $x_2 > x_1$ ist, dass $f(x_1)$ in τ_1 und $f(x_2)$ in τ_2 enthalten ist. Die Wiederholung obiger Konstruktion ergibt dann ein zwischen x_1 und x_2 liegendes, vorwärtsgerichtetes Maximum x^0 von $f(x)$, wobei $f(x^0)$ in τ liegt. Da τ bis auf die Bedingungen (2) willkürlich wählbar ist, gibt dies den **Satz 17:**

Eine volle Funktion, deren Endwert s kleiner ist als der Anfangswert r, besitzt unendlich viele vorwärtsgerichtete Maxima (und ebenso unendlich viele „rückwärtsgerichtete Minima"), deren Ordinaten im Wertebereich der Funktion überall dicht liegen.

Bemerkung. In der klassischen Theorie besagt ein grundlegender Satz der Analysis, dass $f(x)$ in $(0,1)$ wenigstens ein Maximum $f(x_0)$ besitzt, d.h. dass es wenigstens ein x_0 gibt, für des $f(x_0) \geq f(x)$ in ganzen abgeschlossenen Intervalle $(0,1)$ gilt. Die Unrichtigkeit dieses Satzes ersehen wir aus folgendem Beispiel. Es sei a eine ungerade natürliche Zahl. Wir nummerieren die irreduziblen echten Brüche $\frac{a}{2^n}$ $(n = 1, 2, 3, \ldots)$, indem wir die Fundamentalreihe anschreiben:

$$\frac{1}{2}; \frac{1}{4}, \frac{3}{4}; \frac{1}{8}, \frac{3}{8}, \frac{5}{8}, \frac{7}{8}; \frac{1}{16}, \frac{3}{16}, \cdots \tag{II.2.10}$$

Es bezeichne dann δ_m die m-te Zahl aus (3). Wir konstruieren zu jedem m eine in $0 \leq x \leq 1$ stetige Funktion $g_m(x)$ indem wir im Punkte $x = \delta_m$ die Ordinate $y = 2^{-m}$ auftragen und deren oberen Endpunkt geradlinig mit $x = 0$ und $x = 1$ verbinden. Das Bild von $y = g_3(x)$ sieht also z.B. so aus (Abb. II.2.5):

Jetzt setzen wir:

$$f_m(x) = g_m(x) \text{ wenn } m = k_1, \text{ sonst } f_m(x) \equiv 0.$$

Hierbei ist die wiederholt gebrauchte hypothetische Zahl k_1 so definiert: d_{k_1} ist die k_1-te Ziffer der Dezimalstellen d von π bei der zum ersten Mal die Erscheinung auftritt, dass $d_{k_1}, d_{k_1+1}, d_{k_1+2}, \ldots, d_{k_1+g}$ eine Folge 0123456789 bilden.

Die durch

$$f(x) = \sum_{m=1}^{m=\infty} f_m(x)$$

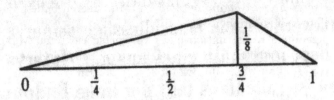

Abbildung II.2.5

dargestellte volle Funktion besitzt dann im obigen Sinne kein Maximum.

Teil III

Wiener Vortrag: Mathematik, Wissenschaft und Sprache

Mathematik, Wissenschaft und Sprache

Vortrag, gehalten in Wien am 10.III.1928 über Einladung des Komitees zur Veranstaltung von Gastvorträgen ausländischer Gelehrter der exakten Wissenschaften

I.

Mathematik, Wissenschaft und Sprache bilden die Hauptfunktionen der Aktivität der Menschheit, mittels deren sie die Natur beherrscht und in ihrer Mitte die Ordnung aufrecht erhält. Diese Funktionen finden ihren Ursprung in drei Wirkungsformen des Willens zum Leben des einzelnen Menschen: 1. die mathematische Betrachtung, 2. die mathematische Abstraktion und 3. die Willensauferlegung durch Laute.

1. Die mathematische Betrachtung kommt als Willensakt im Dienste des Selbsterhaltungstriebes des einzelnen Menschen in zwei Phasen zustande, die der zeitlichen Einstellung und die der kausalen Einstellung. Erstere ist nichts anderes als das intellektuelle Urphänomen der Auseinanderfallung eines Lebensmomentes in zwei qualitativ verschiedene Dinge, von denen man das eine als dem anderen weichend und trotzdem als durch den Erinnerungsakt behauptet empfindet. Dabei wird gleichzeitig das gespaltene Lebensmoment vom Ich getrennt und nach einer als Anschauungswelt zu bezeichnenden Welt für sich verlegt. Die durch die zeitliche Einstellung zustande gekommene zeitliche Zweiheit oder zweigliedrige zeitliche Erscheinungsfolge läßt sich dann ihrerseits wieder als eines der Glieder einer neuen Zweiheit auffassen, womit die zeitliche Dreiheit geschaffen ist, usw. In dieser Weise entsteht mittels Selbstentfaltung des intellektuellen Urphänomens die zeitliche Erscheinungsfolge beliebiger Vielfachheit. Nunmehr besteht die kausale Einstellung im Willensakt der „Identifizierung" verschiedener sich über Vergangenheit und Zukunft erstreckender zeitlicher Erscheinungsfolgen. Dabei entsteht ein als kausale Folge zu bezeichnendes gemeinsames Substrat dieser identifizierten Folgen. Als besonderer Fall der kausalen Einstellung tritt auf die gedankliche Bildung von Objekten, d.h. von beharrenden (einfachen oder zusammengesetzten) Dingen

© Springer-Verlag GmbH Deutschland, ein Teil von Springer Nature 2020
D. van Dalen und D. E. Rowe, *L. E. J. Brouwer: Intuitionismus*, Mathematik im Kontext, https://doi.org/10.1007/978-3-662-61389-4_11

der Anschauungswelt, wodurch gleichzeitig die Anschauungswelt selbst stabilisiert wird. Wie gesagt, sind die beiden Stufen der mathematischen Betrachtung keineswegs passive Einstellungen, sondern im Gegenteil Willensakte: es kann jedermann die innere Erfahrung machen, daß man nach Willkür entweder sich ohne zeitliche Einstellung und ohne Trennung zwischen Ich und Anschauungswelt verträumen, oder die letztere Trennung aus eigener Kraft vollziehen und in der Anschauungswelt die Kondensation von Einzeldingen hervorrufen kann. Und ebenso willkürlich ist die sich nie unumgänglich aufzwingende Gleichsetzung verschiedener zeitlicher Folgen.

Die einzige Rechtfertigung der mathematischen Betrachtung ist gelegen in der „Zweckmäßigkeit" der aus ihr hervorgehenden „mathematischen Handlung", worunter wir folgendes verstehen. Die kausale Einstellung setzt den Menschen instand, von einer Erscheinungsfolge eine spätere, instinktiv erwünschte, aber nicht durch einen direkten Impuls herbeizuführende, als Zweck zu bezeichnende Erscheinung, indirekt durch kühle Berechnung zu erzwingen, indem man aus der Folge eine frühere, vielleicht an sich nichts begehrenswertes besitzende, als Mittel zu bezeichnende Erscheinung hervorruft, die dann die erwünschte Erscheinung als Folge nach sich zieht.

Selbstverständlich besitzt eine kausale Folge keine weitere Existenz außer als Korrelat einer mathematische Handlungen hervorrufenden Einstellung des menschlichen Willens und kann von der Existenz eines kausalen Zusammenhanges der Welt unabhängig vom Menschen keine Rede sein. Im Gegenteil, der sogenannte kausale Zusammenhang der Welt ist eine nach außen wirkende Gedankenkraft im Dienste einer dunklen Willensfunktion des Menschen, der sich dadurch die Welt mehr oder weniger wehrlos unterwirft, in analoger Weise wie die Schlange ihre Beute wehrlos macht durch ihren hypnotisierenden Blick und der Tintenfisch durch Bespritzung mit seinem Sekret.

Die Konsequenz der kausalen Einstellung bringt weiter mit sich, daß der Mensch schon auf niedrigen Kulturstufen zur Stabilisierung seines kausalen Einflußgebietes um sich herum eine ihm untergebene Sphäre der Ordnung zu schaffen sucht, in welcher er erstens die ihm dienstbaren kausalen Folgen isoliert, d.h. vor störenden Nebenerscheinungen schützt, und zweitens neue kausale Folgen herbeiführt, sowohl durch die materielle Konstruktion von neuen beharrenden Objekten und Instrumenten, wie durch die mehr oder weniger organisierte Unterjochung des Willens seiner Mitmenschen unter den eigenen Willen.

2. Der volle Ausbau des Getriebes der mathematischen Handlungen wird aber erst auf höheren Kulturstufen ermöglicht, und zwar durch die mathematische Abstraktion, mittels deren man die Zweiheit ihres dinglichen Inhaltes beraubt und nur als leere Form, als gemeinsames Substrat aller Zweiheiten übrig behält. Es ist dieses gemeinsame Substrat aller Zweiheiten, das die Urintuition der Mathematik bildet, deren Selbstentfaltung u. a. das Unendliche als gedankliche Realität einführt und zwar in hier nicht näher zu erörternder Weise zunächst die Gesamtheit der natürlichen Zahlen, sodann diejenige der reellen Zahlen und schließlich die ganze reine Mathematik liefert.

Die Wirkung der mathematischen Abstraktion beruht darauf, daß viele kausale Folgen erheblich leichter zu beherrschen sind, wenn man sie auf Teilsysteme derartiger reinmathematischer Systeme projiziert, d. h. ihre inhaltlosen Abstraktionen als Teilsysteme in derartige ausgedehntere reinmathematische Systeme einbettet. Hierdurch werden nämlich auch die innerhalb des ausgedehnteren Systems bestehenden Beziehungen zur Übersicht über das beschränktere System verwendbar, was für die letztere übersicht manchmal eine durchgreifende Vereinfachung mit sich bringt. In dieser Weise kommen die wissenschaftlichen Theorien zustande, in denen neben den Elementen der kausalen Folgen das bei der übersicht eine zentralisierende Rolle spielende erweiterte reinmathematische System als Hypothese auftritt. Speziell als exaktwissenschaftliche Theorien werden gewisse wissenschaftliche Theorien bezeichnet, die sich erstens auf ganz besonders stabile (sei es ausschließlich als Naturgesetze beobachtete, sei es als technische Tatsachen künstlich hervorgerufene) kausale Folgen beziehen, bei denen zweitens durch die Hypothesen eine große Vereinfachung erzielt wurde und bei denen drittens die kausalen Folgen speziellen Werten von zahlenmäßigen Parametern entsprechen, welche mit ihrem vollen Wertegebiet dem überlagerten mathematischen System angehören. Insbesondere bei den exaktwissenschaftlichen Theorien ereignet sich das Phänomen des heuristischen Charakters wissenschaftlicher Hypothesen, das darin besteht, daß zu ursprünglich als hypothetisch eingefügten Folgen hinterher, im überlagernden reinmathematischen System die gleiche Stelle einnehmende, wirkliche kausale Folgen der Anschauungswelt entdeckt werden.

3. Die zunächst im Dienste des Willens des einzelnen Menschen fungierende mathematische Betrachtung bzw. mathematische Handlung kann nun genau wie jede zunächst autonome aggressive oder defensive Tätigkeit als Arbeit in den Dienst eines befehlenden Willens, sei es des Einzelwillens eines anderen Menschen, sei es des Parallelwillens einer Menschengruppe oder der gesamten Menschheit, gestellt werden. Dies geschieht entweder durch als Suggestion zu bezeichnende direkte Angst- oder Schreckensanjagung, Lockung, Phantasieerregung oder animale Beherrschungskraft, oder indirekt mittels Vernunftdressur, d.h. derartige Beeinflüssung der Erfahrung des dienstbar zu machenden Individuums, daß bei ihm eine, Hoffnung auf Lust oder Furcht vor Unlust als den Arbeitswillen bestimmenden Affekt auslosende, mathematische Betrachtung hervorgerufen wird.

Unter den allen Menschen vom Parallelwillen der gesamten Menschheit auferlegten mathematischen Betrachtungen ist vor allem zu nennen die Voraussetzung der hypothetischen, „objektiven Raumzeitwelt" als gemeinsame Trägerin aller zeitlichen Erscheinungsfolgen aller Individuen; weiter die exakten und die technischen Wissenschaften, insofern sie nicht in der Form von Fabrikgeheimnissen speziellen Interessen dienen.

Als von einer beschränkteren (z.B. staatlich oder beruflich zusammengehaltenen) Menschengruppe ihren Angehörigen auferlegte mathematische Betrachtung ist in erster Linie zu erwähnen die Anerkennung und Einhaltung der Organisation der Gruppe, d.h. des Stromnetzes der Willensübertragung, mittels deren innerhalb der Gruppe die Aufzwingung der einzelnen mathematischen Betrachtungen und

Handlungen als Arbeit stattfindet. Diese Organisation der einzelnen Menschengruppen hat deshalb einen viel weniger stabilen Charakter als die exakten und die technischen Wissenschaften, weil sie erstens nie alle von ihr zu berücksichtigenden äußeren materiellen Umstände beherrscht und demzufolge, um zweckmäßig zu bleiben, sich fortwährend dem Wechsel der äußeren materiellen Umstände anpassen muß, und weil zweitens ihre Effektivität nicht nur von ihrer organisatorischen Zweckmäßigkeit, sondern auch von der Treue und von der Zufriedenheit[1]) der ihr unterstellten Individuen abhängt, welche sich immer nur unvollkommen herbeiführen und aufrecht erhalten lassen. Denn die Treue wird vor allem an den höheren Stellen durch die Kollision der persönlichen mit den Gruppeninteressen gefährdet und die Zufriedenheit ist vor allem an den niedrigeren Stellen dadurch eine mangelhafte, daß die niedriger gestellten im allgemeinen zwar einsehen, daß die für die Angehörigen der Gruppe bestehenden gemeinsamen Wünsche und Nöte gewisse organisatorische Einrichtungen erfordern, nicht aber daß gerade die obwaltende Organisation die einzig richtige ist, und daß ihnen selbst darin die richtige Stellung zugeteilt wurde.

Um nun Treue und Zufriedenheit in den organisierten Menschengruppen, wenn auch unvollkommen, so doch leidlich zu erhalten, würden die in die Organisation aufgenommenen Mittel der Vernunftdressur bei weitem nicht ausreichen; jede Organisation ist vielmehr genötigt, überdies die Propaganda zu betreiben von moralischen Theorien, d.h. von mathematischen Betrachtungen, welche die Notwendigkeit der bestehenden Organisation außer auf egoistisch zu erfassende gemeinsame Zwecke und Nöte, überdies auf moralische, d.h. sich der egoistischen Betrachtung entziehende, Werte der Lebenshaltung zurückführen. Unmittelbar sich darbietende Beispiele sind die von der Gemeinschaft geschützten und propagierten moralischen Werte der religiösen Gebote sowie der Begriffe Vaterland, Eigentum und Familie.

Die Propaganda der moralischen Werte ist, weil sie fast keine Vernunftdressur benutzen kann, vor allem auf Suggestion, insbesondere Phantasieerregung angewiesen. übrigens beruht die Machtstellung der moralischen Werte nicht ausschließlich auf der organisierten Propaganda der entsprechenden Menschengruppe, sondern auch auf der stillen Wirkung derjenigen mathematischen Betrachtungen der einzelnen Individuen, in welche die moralischen Werte als Ablehnungen egoistischer Triebe anderer eingehen.

In den organisierten Menschengruppen kommt auf primitiven Kulturstufen und in den primitiven Beziehungen die Willensübertragung durch eine einfache Gebärde zustande und als solche ist insbesondere der Schrei effektiv. In den zur Organisation einer höheren Menschengemeinschaft gehörigen Verhältnissen dagegen sind die aufzuerlegenden Arbeiten zu verschiedenartig und zu kompliziert, um durch einfache Schreie veranlaßt werden zu können. Um die regelmäßige Veranlassung dieser Arbeiten durch bittende oder befehlende Laute zu ermöglichen, muß

---

[1]Die Unzufriedenheit der einzelnen Individuen wirkt deshalb zersetzend auf die Gruppenorganisation, weil sie die Bildung von Teilgemeinschaften zeitigt, welche auf die Umformung der Organisation der Hauptgemeinschaft abzielende mathematische Betrachtungen anstellen.

vielmehr die Gesamtheit der Verordnungen, Objekte und Theorien, welche bei den von den DienstÂbaren verlangten mathematischen Handlungen eine Rolle spielen, selber einer mathematischen Betrachtung unterzogen werden. Den Elementen des zur aus dieser mathematischen Betrachtung erwachsenen wissenschaftlichen Theorie gehörigen reinmathematischen Systems werden sprachliche Elementarsignale zugeordnet, mit denen nach derselben wissenschaftlichen Theorie entnommenen grammatikalischen Regeln die organisierte Sprache operiert, welche die übergroße Mehrzahl der in den Kulturgemeinschaften nötigen Willensübertragungen zu bewerkstelligen erlaubt. Die Sprache ist also durchaus eine Funktion der Aktivität des sozialen Menschen. Wenn auch der einzelne Mensch in der Einsamkeit die Sprache zur Gedächtnisunterstützung braucht, so ist dies nur dem Umstande zuzuschreiben, daß er dabei die Wissenschaften und die Organisation der Gemeinschaft zu berücksichtigen hat. Und wenn auch tatlose transzendente Vorgänge von der Sprache begleitet werden, so ist dies darauf zurückzuführen, daß die gesamte menschliche Aktivität dem transzendenten Influx des freien Willens unterworfen ist.

II.

Nun gibt es aber für Willensübertragung, insbesondere für durch die Sprache vermittelte Willensübertragung, weder Exaktheit, noch Sicherheit. Und diese Sachlage bleibt ungeschmälert bestehen, wenn die Willensübertragung sich auf die Konstruktion reinmathematischer Systeme bezieht. Es gibt also auch für die reine Mathematik keine sichere Sprache, d.h. keine Sprache, welche in der Unterhaltung Mißverständnisse ausschließt und bei der Gedächtnisunterstützung vor Fehlern (d.h. vor Verwechslungen verschiedener mathematischer Entitäten) schützt. Diesem Umstande ist nicht dadurch abzuhelfen, daß man, wie es die formalistische Schule macht, die mathematische Sprache (d.h. das zur Hervorrufung reinmathematischer Konstruktionen bei anderen Menschen dienende Zeichensystem) selber einer mathematischen Betrachtung unterzieht, ihr durch Umarbeitung die Genauigkeit und Stabilität eines materiellen Instrumentes oder eines Phänomens der exakten Wissenschaft verleiht und sich dabei in einer Sprache zweiter Ordnung oder Übersprache über sie verständigt. Denn erstens kann beim Gebrauche der mathematischen Sprache diese Übersprache zwar mit großer Wahrscheinlichkeit (weil sie sich auf eine übersichtliche endliche Menge von beharrenden Objekten und auf die daraus abstrahierte reine Mathematik eines endlichen Systems bezieht), aber dem Wesen der Sprache entsprechend, doch nicht mit absoluter Sicherheit vor Mißverständnissen und Fehlern schutzen, zweitens würde, auch wenn letzteres der Fall wäre, damit die Möglichkeit von Mißverständnissen hinsichtlich der durch eine derartige exakte mathematische Sprache angedeuteten reinmathematischen Konstruktionen keineswegs beseitigt sein.

Die Bestrebungen der formalistischen Schule, deren Ursprung nach dem obigen auf den falschen Glauben an eine magische, wenigstens an eine über ihren

Charakter als Willensübertragungsmittel hinausgehende Tragweite der Sprache zurückzuführen ist, lassen sich in diesem Lichte erklären als natürliche Konsequenz eines viel älteren, primäreren, folgenschwereren und tiefer eingewurzelten Irrtums, nämlich des leichtsinnigen Vertrauens auf die klassische Logik. Dieses Vertrauen ist wie folgt entstanden: Schon im Altertum verfügte man über eine sehr vollkommene (d.h. Mißverständnisse praktisch ausschließende) Sprache der mathematischen Betrachtung von endlichen Gruppen von je als einheitlich und beharrend aufgefaßten Dingen der objektiven Raumzeitwelt. Für diese Sprache bestehen gewisse Formen des überganges von zutreffenden (d.h. tatsächliche mathematische Betrachtungen andeutenden) Aussagen auf andere zutreffende Aussagen, welche als Gesetze der Identität, des Widerspruchs, des ausgeschlossenen Dritten und des Syllogismus bezeichnet und unter dem Namen logischer Prinzipien zusammengefaßt wurden. Wenn man diese Prinzipien rein sprachlich anwandte, d.h. mit ihrer Hilfe sprachliche Aussagen aus anderen sprachlichen Aussagen herleitete, ohne an die von diesen Aussagen angedeuteten mathematischen Betrachtungen zu denken, so erwies sich, daß sich die Prinzipien bewährten, d.h. von jeder in dieser Weise erhaltenen Aussage ließ sich hinterher konstatieren, daß sie bei jedem sprachlich erzogenen Menschen eine tatsachliche mathematische Betrachtung auslosen konnte, welche sich für alle sprachlich erzogenen Menschen in der „objektiven Raumzeitwelt" praktisch als „identisch" herausstellte.

Nun bewährten sich aber die logischen Prinzipien ebenfalls, wenn man sie ganz allgemein auf die Sprache der Wissenschaft oder auch der Begebenheiten des sonstigen praktischen Lebens kontrollierbar anÂwandte, wenigstens solange man dabei nur solche Ereignisse behandelte, welche von Naturgesetzen beherrscht wurden, auf deren Unerschütterlichkeit man zu vertrauen gelernt hatte. Demzufolge kam man dazu, den mittels der logischen Prinzipien hergeleiteten Aussagen auch dort zu trauen, wo sie keiner direkten Kontrolle zugänglich waren. Insbesondere wurde auch dem Prinzip des ausgeschlossenen Dritten dieses Vertrauen entgegengebracht und dies sogar in der erweiterten Form, nach welcher ein früheres Ereignis als stattgefunden angenommen wird, nicht nur auf Grund der Absurdität, sondern auch auf Grund der praktischen Unmöglichkeit, für eine feststehende Tatsache eine andere Erklärung zu finden. Auf dieses Vertrauen stützen sich nicht nur theoretische Wissenschaften wie die Paläontologie und die Kosmogonie, sondern auch staatliche Einrichtungen wie die Strafprozeßordnung. Allerdings kam es vor, daß man in Angelegenheiten der Anschauungswelt mittels logischer überlegungen zu falschen Ergebnisse gelangte, aber eine derartige Erfahrung hat immer nur eine geeignete Umformung der zugrunde gelegten Tatsachen bzw. Naturgesetze, nie eine Kündigung des Vertrauens auf die logischen Prinzipien gezeitigt.

Nun ist aber die Tatsache der praktischen Zuverlässigkeit der logischen Prinzipien, d.h. der Aussagenverknüpfungsgesetze der Sprache der Mathematik des Endlichen, in Angelegenheiten der Anschauungswelt nur eine Folge der allgemeineren Tatsache, daß die Menschheit die große Majorität der der Beobachtung zugänglichen Objekte und Mechanismen der Anschauungswelt in Bezug auf ausgedehnte Komplexe von Tatsachen und Ereignissen erfolgreich beherrscht, indem

sie das System der Zustände dieser Objekte und Mechanismen in der Raumzeitwelt als Teil eines endlichen diskreten, mit endlich vielen Verknüpfungsbeziehungen zwischen den Elementen versehenen Systems betrachtet und behandelt. M.
a. W. die praktische Zuverlässigkeit der logischen Prinzipien beruht darauf, daß
ein großer Teil der Anschauungswelt in bezug auf ihre endliche Organisation viel
mehr Treue und Zufriedenheit zeigt als die Menschheit selbst. Daß man von al-
tersher vor dieser nüchternen Interpretation blind war, wurde dadurch verursacht,
daß man den ausschließlichen Charakter der Worte als Willensübertragungsmittel
nicht erkannte und dieselben infolge eines unbesonnenen Aberglaubens als Andeu-
tungsmittel fetischartiger „Begriffe" betrachtete. Diese „Begriffe" sowie die zwischen
ihnen bestehenden Verknüpfungen sollten unabhängig von hier kausalen Einstellung des Menschen eine Existenz besitzen, und die logischen Prinzipien sollten die
Begriffe und ihre Verknüpfungen beherrschende aprioristische Gesetze darstellen.
Dementsprechend herrschte die Meinung, daß Begriffsverknüpfungen, welche aus
unleugbaren Axiomen (d.h. aus Begriffsverknüpfungen, welche Konstatierungen
unleugbarer Tatsachen oder Naturgesetze entsprechen) mit Hilfe der logischen
Prinzipien, eventuell mittels Adabsurdumführung ihres Gegenteiles, hergeleitet
waren, im Falle daß sie selber wiederum kontrollierbare Aussagen über die Anschauungswelt lieferten, diese Kontrolle jederzeit siegreich bestehen konnten, im
entgegengesetzten Falle aber mit gleicher Zuverlässigkeit als „ideale Wahrheiten" zu
betrachten waren. Derartige „ideale Wahrheiten" sind denn auch Jahrhunderte lang
mit zuversichtlichem Eifer von den Philosophen hergeleitet worden. Wenn die als
unbehagliche Nebenerscheinung dann und wann auftretenden Widersprüche Zweifel an der Richtigkeit dieser Entwicklungen entstehen ließen, so war dieser Zweifel
nie gegen die Zuverlässigkeit der logischen Prinzipien, sondern immer nur gegen
die Unleugbarkeit der Axiome, d.h. der den Entwicklungen zugrunde gelegten Begriffsverknüpfungen, gerichtet. Und manches Axiom hat man, eben auf Grund der
bei den aus demselben folgenden idealen Wahrheiten auftretenden Widersprüche,
verwerfen oder modifizieren müssen.

In Nachahmung der Philosophen haben schließlich auch die Mathematiker
beim Studium der reinen Mathematik der unendlichen Systeme die logischen
Prinzipien der Sprache der Endlichkeitsmathematik entnommen und skrupellos
angewandt. In dieser Weise wurden auch für die Mathematik der unendlichen
Systeme bzw. der in der Mengenlehre auftretenden, mittels des Komprehensions-
axioms geschaffenen, Mengen Aussagen „idealer Wahrheiten" hergeleitet, welche
von den Mathematikern für mehr als leere Worte gehalten wurden. Bis sich auch
hier, namentlich nach Einführung der Mengenlehre, Widersprüche auftaten, und
zwar solche, die sich nicht in einfacher Weise durch eine geeignete Umformung
der Axiome beseitigen ließen. Diesen (in der Mathematik: noch viel verblüffender
als in der Philosophie wirkenden) Widersprüchen ist man zunächst mit den oben
erwähnten formalistischen Bestrebungen zu Leibe gegangen. Und zwar werden
hierbei unter Aufrechterhaltung des Glaubens an einen von der Willensübertragung unabhängigen Sinn der Sprache, die axiomatischen Grundverknüpfungen der
mathematischen Begriffe und die zwischen den verschiedenen Verknüpfungen ma-

thematischer Begriffe bestehenden Formen des überganges (insbesondere sofern sie die Schaffung von Mengen und die Zulassung von Elementen zu den Mengen betreffen) einer gründlichen Analyse und Revision unterzogen, in welche selbstverständlich auch die sprachliche Wirkung der logischen Prinzipien mit hineinbezogen wird. Der Sinn der mathematischen Begriffe und Begriffsverknüpfungen wird dabei nicht naher erörtert und das Endziel der Bestrebungen (dem man allerdings noch nicht nahe gekommen ist) besteht in einer widerspruchsfreien Neugestaltung der mathematischen Sprache, die sich überdies bis auf geringe, die früheren Widersprüche umfassende, Amputationen über das ganze Lehrgebäude der bisherigen Mathematik erstrecken soll.

III.

Demgegenüber bringt der Intuitionismus die außersprachliche Existenz der reinen Mathematik zum Bewußtsein und untersucht, um auf dieser Grundlage die Richtigkeit der bisherigen Mathematik zu prüfen, zunächst, inwiefern die logischen Prinzipien, die beim Aufbau dieser Mathematik eine so große Rolle gespielt haben, auch in der Unendlichkeitsmathematik als praktisch zuverlässige Übergangsmittel zwischen reinmathematischen Konstruktionen fungieren können. Diese Untersuchung ergibt für die Prinzipien der Identität, des Widerspruchs und des Syllogismus ein positives, für das Prinzip des ausgeschlossenen Dritten dagegen ein negatives Resultat, d.h. es erweist sich, daß den Aussagen des letzteren Prinzips und den auf demselben beruhenden Schlußfolgerungen im Allgemeinen keine mathematische Realität, entspricht.

Um dies an einigen Beispielen zu erläutern, bezeichnen wir als fliehende Eigenschaft eine Eigenschaft, von der für jede bestimmte natürliche Zahl entweder die Existenz oder die Absurdität hergeleitet werden kann, während man weder eine natürliche Zahl, welche die Eigenschaft besitzt, bestimmen, noch die Absurdität der Eigenschaft für alle natürlichen Zahlen beweisen kann. Unter der Lösungszahl λ_f einer fliehenden Eigenschaft f wollen wir die (hypothetische) kleinste natürliche Zahl, welche die Eigenschaft besitzt, verstehen, unter einer Oberzahl bzw. Unterzahl von f eine natürliche Zahl, welche nicht kleiner bzw. kleiner als die Lösungszahl ist. Man sieht unmittelbar ein, daß für eine beliebige fliehende Eigenschaft jede natürliche Zahl entweder als Oberzahl oder als Unterzahl zu erkennen ist, wobei im ersteren Falle die fliehende Eigenschaft gleichzeitig ihren Charakter als solche verliert. Wir nennen die fliehende Eigenschaft f paritätsfrei, wenn man ihre Absurdität weder für die geraden noch für die ungeraden natürlichen Zahlen beweisen kann. Als die zur paritätsfreien fliehenden Eigenschaft f gehörige duale Pendelzahl p_f bezeichnen wir die als Limes der konvergenten Folge $a_1, a_2, \ldots$ bestimmte reelle Zahl, wo a_ν für eine beliebige Unterzahl von f gleich $(-\frac{1}{2})^\nu$, dagegen für eine beliebige Oberzahl ν von f gleich $(-\frac{1}{2})^{\lambda_f}$ ist. Diese duale Pendelzahl ist weder gleich Null noch von Null verschieden, im Gegensatz zum Prinzip des ausgeschlossenen Dritten. Verstehen wir unter einer nichtpositiven reellen Zahl eine reelle Zahl, die unmöglich positiv sein kann, dann ist die duale Pendelzahl weder positiv noch nichtpositiv, im Gegensatz zum Prinzip des ausgeschlossenen. Dritten. Nennen wir weiter die positiven und die nichtpositiven Zahlen beide mit Null vergleichbar und die reellen Zahlen, die unmöglich mit Null vergleichbar sein können, mit Null unvergleichbar, dann ist die duale Pendelzahl weder mit Null vergleichbar noch mit Null unvergleichbar, im Gegensatz zum Prinzip des ausgeschlossenen Dritten. Und nennen wir eine reelle Zahl g rational, wenn sie entweder gleich Null ist oder zwei solche positive oder negative ganze Zahlen p und q bestimmt werden können, daß $g = \frac{p}{q}$, und irrational, wenn die Annahme der Rationalität von g ad absurdum geführt werden kann, dann ist die obige duale Pendelzahl weder rational noch irrational, im Gegensatz zum Prinzip des ausgeschlossenen Dritten.

Bezeichnen wir als die zur paritätsfreien fliehenden Eigenschaft f gehörige duale Näherungszahl n_f die als Limes der konvergenten Folge $b_1, b_2,...$ bestimmte reelle Zahl, wo b_ν für eine beliebige Unterzahl ν von f gleich $(\frac{1}{2})^\nu$, dagegen für eine beliebige Oberzahl ν von f gleich $(\frac{1}{2})^{\nu_f}$ ist, und bringen wir in der mit einem rechtwinkligen Koordinatensystem versebenen Euklidschen Ebene eine gerade Linie l durch die Punkte $(1, p_f)$ und $(-1, n_f)$, dann sind die X-Achse und l erstens nicht parallel während doch ihre Parallelität nicht absurd ist; zweitens fallen sie nicht zusammen, während doch ihr Zusammenfallen nicht absurd ist; drittens schneiden sie sich nicht, wahrend doch ihr Sichschneiden nicht absurd ist.

Auch sind die X-Achse und l weder parallel, noch fallen sie zusammen, noch auch schneiden sie sich, so daß der auf dem Prinzip des ausgeschlossenen Dritten beruhende Satz, daß zwei Gerade der Euklidschen Ebene entweder parallel sind oder zusammenfallen oder aber sich schneiden, sich als hinfällig erweist.

Sollte der paritätsfreie Charakter von f verloren gehen, dann würde entweder für die Schneidung oder für die Parallelität die Gültigkeit des Prinzipes vom ausgeschlossenen Dritten zurückkehren. Aber erst wenn der Charakter von f als fliehende Eigenschaft überhaupt verloren geht, tritt das Prinzip für alle drei Eigenschaften der Parallelität, Zusammenfallung und Schneidung wieder in Kraft.

Betrachten wir das in der mit einem rechtwinkligen Koordinatensystem versehenen Euklidschen Ebene gelegene Einheitsquadrat q mit den Eckpunkten $(0,0)$, $(0,1)$, $(1,0)$, $(1,1)$. Bezeichnen wir die von q bestimmte Quadratfläche mit Q und den Punkt (p_f, p_f) mit P. Alsdann liegt P nicht auf Q, während doch die Inzidenz von P mit q nicht absurd ist; weiter gehört P nicht zu Q, während doch die Zugehörigkeit von P zu Q nicht absurd ist. Schließlich gehört P weder zu q noch zum Innengebiete von q noch zum Außengebiete von q, so daß der klassische, auf dem Prinzip des ausgeschlossenen Dritten beruhenden Jordanschen Kurvensatz, der besagt, daß eine einfache geschlossene Kurve die Ebene in der Weise in zwei Gebiete zerlegt, daß jeder Punkt der Ebene entweder zur Kurve oder zu einem von diesen Gebieten gehört, sich als hinfällig erweist.

Betrachten wir die unendliche Reihe mit positiven Gliedern $b_1 + b_2 + b_3 + ...$, wo die b_ν die oben angegebene Bedeutung haben. Diese Reihe konvergiert nicht, während doch ihre Konvergenz nicht absurd ist; ebenso divergiert sie nicht, während doch ihre Divergenz nicht absurd ist. Gleichzeitig erweist sich der auf dem Prinzip des ausgeschlossenen Dritten beruhende Satz, daß jede unendliche Reihe mit positiven Gliedern entweder konvergiert oder divergiert, als hinfällig. Auf diesem Satze aber, oder auf einem im wesentlichen äquivalenten, beruht eines der wichtigsten Konvergenzkriterien aus der Theorie der unendlichen Reihen, das Kummersche Konvergenzkriterium. Und tatsächlich zeigen Gegenbeispiele, daß dieses Kriterium sich der intuitionistischen Kritik gegenüber nicht aufrecht erhalten läßt.

Betrachten wir die algebraische Gleichung $x^3 - 3x + 2b^3 = 0$, wo $b = 1 + p_f$. Die Diskriminante dieser Gleichung ist gleich $-108(1 - b^6)$, also weder gleich Null noch von Null verschieden. Auf diese algebraische Gleichung ist also der zweite Gausssche Beweis der Wurzelexistenz nicht anwendbar. Sämtliche übrige klassische Beweise der Wurzelexistenz werden übrigens im Lichte der intuitionistischen Kritik ebenfalls hinfällig. Aber die Wurzelexistenz selber ist durch neue intuitionistische Beweise gesichert worden.

Die vorstehenden Beispiele werden verständlich machen, daß der Intuitionismus für die Mathematik weittragende Konsequenzen mit sich bringt. In der Tat müssen, wenn die intuitionistischen Einsichten sich durchsetzen, beträchtliche Teile des bisherigen mathematischen Lehrgebäudes zusammenbrechen und neue mit völlig neuem Stilgepräge errichtet werden. Und bei den Teilen, die bleiben, ist vielfach ein durchgreifender Umbau erforderlich.

Von weiteren Exkursen im Oberbau der Mathematik wollen wir aber hier Abstand nehmen und nur noch ein paar Bemerkungen grundsätzlicher Art machen. Allererst diese, daß mit dem Prinzip des ausgeschlossenen Dritten der indirekte Beweis, d.h. die Herleitung einer Eigenschaft durch reductio ad absurdum ihres Gegenteiles in dieser allgemeinen Form hinfällig wird. Denn die obige Pendelzahl p_f ist nicht rational, trotzdem ihre Irrationalität absurd ist, und nicht mit Null vergleichbar, trotzdem ihre Unvergleichbarkeit mit Null absurd ist. Interessant ist indessen, daß für negative Eigenschaften (d.h. Eigenschaften, die selber eine Absurdität zum Ausdruck bringen) die Methode des indirekten Beweises ungeschmälert in Kraft bleibt. Denn es gilt in der intuitionistischen Mathematik der Satz, daß Absurdität der Absurdität der Absurdität äquivalent ist mit Absurdität, so daß eine beliebige nichtverschwindende endliche Sequenz von Absurditätsprädikaten „Absurdität der Absurdität der ... der Absurdität", welche in der bisherigen Mathematik entweder die Richtigkeit oder die Absurdität aussagt, in der intuitionistischen Mathematik entweder mit der Absurdität oder mit der Absurdität der Absurdität äquivalent ist.

Schließlich bemerken wir noch, daß das Prinzip des ausgeschlossenen Dritten in der intuitionistischen Mathematik, obwohl nicht richtig, so doch, wenn man es ausschließlich für endliche Spezies von Eigenschaften gleichzeitig voraussetzt, widerspruchsfrei ist, was in erster Linie erklärt, daß die Irrtümer der bisherigen Mathematik sich so lange behaupten könnten, und in zweiter Linie als ermutigender Umstand für die formalistischen Bestrebungen gelten kann. Denn auf der Basis der intuitionistischen Einsichten lassen sich außer den unabhängig vom Prinzip des ausgeschlossenen Dritten entwickelbaren richtigen Theorien, auch unter Heranziehung dieses Prinzipes mit der obigen Einschränkung, nichtkontradiktorische Theorien herleiten, mit denen sich von der bisherigen Mathematik ein viel größerer Teil als mit den richtigen Theorien umfassen läßt. Eine geeignete Mechanisierung der Sprache dieser intuitionistisch-nichtkontradiktorischen Mathematik müßte also gerade das liefern, was die formalistische Schule sich zum Ziel gesetzt hat.

Dagegen kann die gleichzeitige Aussage des Prinzips des ausgeschlossenen Dritten für beliebige Spezies von Eigenschaften sehr wohl kontradiktorisch sein. So läßt sich von der folgenden Aussage die Kontradiktorität beweisen: Alle reellen Zahlen sind entweder rational oder irrational. Im Hinblick auf diese Tatsache wird beim Aufrichten des widerspruchslosen formalistischen Sprachgebäudes doch auf jeden Fall die größte Sorgfalt und Vorsicht erforderlich bleiben.

Literatur

Brouwer, L.E.J.

1907 *Over de Grondslagen van de Wiskunde* (diss.). Amsterdam, Englische Übersetzung in Collected Works I, 1975. Erweiterte Holländische Auflage (mit Korrespondenz und abgelehnten Fragmenten), (ed. D. van Dalen), Mathematisch Centrum, Amsterdam 1981.

1908 De onbetrouwbaarheid der logische principes. *Tijdschrift voor Wijsbegeerte* 2: 152–158 (Englische Übersetzung in *Coll. Works I*).

1912 Intuitionism and Formalism. *Bulletin of the American Mathematical Society* 20: 81–96.

1914 Referat über "A. Schoenflies und H, Hahn, Die Entwickelung der Mengenlehre und ihrer Anwendungen" (Leipzig und Berlin, 1913). *Jber. D. Math.-Verein* 23: 78–83 kursiv.

1918 Begründung der Mengenlehre unabhängig vom logischen Satz vom ausgeschlossenen Dritten. Erster Teil: Allgemeine Mengenlehre. *Verhandelingen der Koninklijke Akademie van Wetenschappen te Amsterdam.* Deel XII, no. 5: 1–43.

1921 Besitzt jede reelle Zahl eine Dezimalbruch-Entwickelung? *Mathematische Annalen* 83: 201–210.

1923 Begründung der Funktionenlehre unabhändig vom logischen Satz vom Ausgeschlossenen Dritten. Erster Teil, Stetigkeit, Messbarkeit, Derivierbarkeit. *Verhandelingen der Kon. Ak. van Wet. te Amsterdam* 2: 1–24.

1925 Zur Begründung der intuitionistischen Mathematik I. *Mathematische Annalen* 93: 244–257.

1926 Zur Begründung der intuitionistischen Mathematik II. *Mathematische Annalen* 95: 453–472.

1927 Zur Begründung der intuitionistischen Mathematik III. *Mathematische Annalen* 96: 451–488.

© Springer-Verlag GmbH Deutschland, ein Teil von Springer Nature 2020
D. van Dalen und D. E. Rowe, *L. E. J. Brouwer: Intuitionismus*, Mathematik im Kontext, https://doi.org/10.1007/978-3-662-61389-4

1928 Intuitionistische Betrachtungen über den Formalismus. *Sitzungs-berichte der Preußischen Akademie der Wissenschaften,* 48–52.

1929 Mathematik, Wissenschaft und Sprache. *Monatshefte für Mathe-matik und Physik* 36: 153–164.

1948a Essentieel negatieve eigenschappen. *Indag. Math.* 10, 322-323 (Eng-lische Übersetzung in *Coll. Works I*).

1948b Consciousness, Philosophy and Mathematics. *Proc. 10th Intern. Congress Phil., III.* Amsterdam, 1235–1249.

1949 De non-aequivalentie van de constructieve en de negatieve orderelatie van het continuum. *Indag. Math.* 11: 37–39 (Englische Über-setzung in *Coll. Works I*).

1950 Sur la possibilité d'ordonner le continu. *Comptes Rendus Ac. Sc.* 230, 349-350.

1951 Addenda en corrigenda over de rol van het principium tertii exclusi in de wiskunde. *Indag. Math.* 16: 104–105.

1975 *Collected Works I.* Ed. A. Heyting, Amsterdam: North-Holland.

1981 *The Cambridge Lectures.* Ed. D. van Dalen. Cambridge: Cam-bridge University Press.

1992 *Intuitionismus.* Ed. D. van Dalen. Mannheim: Bibliographisches Institut.

Dalen, D. van

2011 *The Selected Correspondence of L.E.J. Brouwer,* (Sources and Stu-dies in the History of Mathematics and Physical Sciences), London: Springer.

2013 *L.E.J. Brouwer–Topologist, Intuitionist, Philosopher. How Mathe-matics is Rooted in Life,* London: Springer.

Dummett, M. A. E.

2000 *Elements of Intuitionism,* Oxford: Clarendon Press.

Hesseling, D. E.

2003 *Gnomes in the Fog. The Reception of Brouwer's Intuitionism in the 1920s,* Basel: Birkhäuser.

Heyting, A.

1956 *Intuitionism. An Introduction,* Amsterdam: North-Holland.

Hilbert, D.

1922 Neubegründung der Mathematik. Erste Mitteilung, *Abhandlungen aus dem Mathematischen Seminar der Hamburgischen Universität* 1: 157–177.

Kleene, S.C.

1965 *The Foundations of Intuitionistic Mathematics*, Amsterdam: North-Holland.

Martino, E.

1988 Brouwer's Equivalence between Virtual and Inextensible Order. *Hist. and Phil. of Logic* 9: 57–66.

Mancosu, P.

1998 *From Brouwer to Hilbert: The Debate on the Foundations of Mathematics in the 1920s*, New York: Oxford University Press.

Rowe, D.E.

2018 *Otto Blumenthal, Ausgewählte Briefe und Schriften I, 1897–1918*, Mathematik im Kontext, Heidelberg: Springer.

Rowe, D.E. und Felsch, V.

2019 *Otto Blumenthal, Ausgewählte Briefe und Schriften II, 1919–1944*, Mathematik im Kontext, Heidelberg: Springer.

Schoenflies, A.

1921 Zur Axiomatik der Mengenlehre, *Mathematische Annalen* 83: 174–200.

Stigt, W.P. van

1979 The rejected parts of Brouwer's dissertation, On the Foundations of Mathematics. *Historia Mathematica* 6: 385–404.

1990 *Brouwer's Intuitionism*, Studies in the History and Philosophy of Mathematics, vol. 2, Amsterdam: North-Holland.

Weyl, H.

1918 *Das Kontinuum*, Leipzig: Veit & Co.

1921 Über die neue Grundlagenkrise der Mathematik, *Mathematische Zeitschrift* 10: 39–79.

Index

© Springer-Verlag GmbH Deutschland, ein Teil von Springer Nature 2020
D. van Dalen und D. E. Rowe, *L. E. J. Brouwer: Intuitionismus*, Mathematik
im Kontext, https://doi.org/10.1007/978-3-662-61389-4

Printed in the United States
By Bookmasters